职业教育
计算机
系列教材

大数据分析与应用实战

黄金凤◎主　编
郑美容　胡　晶◎副主编
郝林倩　江先伟　李文亮　林道华◎参　编

同济大学出版社
TONGJI UNIVERSITY PRESS
·上海·

东软电子出版社

内 容 提 要

本书是面向高等职业院校大数据技术与应用专业核心课程的"双元"教材,通过对一个实际应用场景的贸易出口大数据分析项目的任务进行解构,深入浅出地介绍了大数据基础知识,大数据平台部署与运维,数据采集,数据清洗、处理和存储,数据分析,数据挖掘及数据可视化等内容,为学生在实践中解决遇到的大数据问题提供思路和方法。

本书按照"双元"教材要求编写,贯彻理论精简的原则,注重基础性、流程性,突出实践性,适合于大数据技术与应用专业作为专业教材使用,可作为其他专业的大数据方向选修课教材,同时也适用于大数据有关技术从业人员用于学习。

图书在版编目(CIP)数据

大数据分析与应用实战 / 黄金凤主编. —上海:同济大学出版社,2023.6
ISBN 978-7-5765-0595-5

Ⅰ.①大… Ⅱ.①黄… Ⅲ.①数据处理—教材 Ⅳ.①TP274

中国国家版本馆 CIP 数据核字(2023)第 000439 号

大数据分析与应用实战

黄金凤 主 编
郑美容 胡 晶 副主编

责任编辑	张 莉
助理编辑	屈斯诗
责任校对	徐逢乔
封面设计	渲彩轩
出版发行	同济大学出版社　www.tongjipress.com.cn
	(地址:上海市四平路 1239 号　邮编:200092　电话:021-65985622)
经　销	全国各地新华书店
排　版	南京文脉图文设计制作有限公司
印　刷	常熟市大宏印刷有限公司
开　本	787mm×1092mm　1/16
印　张	19
字　数	474 000
版　次	2023 年 6 月第 1 版
印　次	2023 年 6 月第 1 次印刷
书　号	ISBN 978-7-5765-0595-5
定　价	69.00 元

本书若有印装质量问题,请向本社发行部调换　　版权所有　侵权必究

前言

随着信息技术的发展,硬件成本不断降低,网络带宽获得大幅度提升,这些都为大量数据的传输和存储提供了基础;智能终端的普及和物联网技术的发展让更多的人和物连接到互联网中,成为数据的生产者;电子商务、社交网络、共享经济的发展也让人类活动轨迹越来越集中于网络上,并以数据的形式被记录下来。人类社会活动产生的数据与日俱增,涉及社会的方方面面,数据已经成为一种重要的生产要素,这些海量的数据被称为"大数据"。大数据蕴藏着巨大的价值,对大数据的运用和价值挖掘会给企业和社会带来新的机遇和变革。

数据作为人类活动的痕迹,就像金矿等待发掘。大数据中真正重要的是其新用途和新见解,而非数据本身。大数据的核心目标是数据驱动的智能化,是要解决具体的问题,可以是科学研究问题,也可以是商业决策问题,还可以是政府管理问题。正如党的十九大报告所提出的:"要推动互联网、大数据、人工智能和实体经济深度融合,培育新增长点,形成新动力。"

一些先进的大数据成功案例让人们对数据有完全不同于过往的观点,特别是对数据的认知主动性。在此基础上,逐步培养数据调用能力,包括数据获取能力、数据存储能力、数据预处理能力、数据呈现能力和数据决策能力。学生若具备了这些方面的能力与素养,并且能够较熟练地运用计算机进行大数据分析与处理,将来在工作中必定会如虎添翼,为基于具体业务场景下的数据分析提供支撑。

本书是由福建船政交通职业学院信息与智慧交通学院负责编写的校企合作"双元"教材,由黄金凤教授担任主编,郑美容、胡晶担任副主编。黄金凤负责项目案例解构与大纲编写,郑美容负责统稿。模块 1 由黄金凤编写,模块 2 由郑美容编写,模块 3 由胡晶编写,模块 4、模块 5 由郝林倩编写,模块 6 由江先伟编写,模块 7 由李文亮编写。

作为一部"双元"教材,在教材编写过程中,得到了北京新大陆时代教育科技有限公司的大力支持,特别感谢安徽工业经济职业技术学院朱晓彦老师在教材编写中参与的案例解析和验证等工作,并提出了很多建议。

限于编者的学识和水平,加之时间仓促,教材中难免有所疏漏甚至错误,敬请各位专家学者及读者批评指正,提出宝贵意见!

编者
2023 年 2 月

前言

模块 1　大数据基础知识 ··· 1
 1.1　引言 ··· 1
 1.2　大数据基本概念 ··· 1
 1.3　商务智能概念 ··· 7
 1.4　大数据关键技术 ··· 12
 1.5　项目需求及业务场景分析 ··· 14
 1.6　模块小结 ··· 18
 1.7　课后习题 ··· 19

模块 2　大数据平台部署与运维 ·· 20
 2.1　引言 ··· 20
 2.2　大数据平台系统架构 ··· 20
 2.3　集群安装部署 ··· 44
 2.4　部署 Ambari 平台 ·· 90
 2.5　集群运维与优化 ··· 100
 2.6　模块小结 ··· 122
 2.7　课后习题 ··· 122

模块 3　数据采集 ·· 124
 3.1　引言 ··· 124
 3.2　数据采集方式 ··· 125
 3.3　采集工具的准备 ··· 140
 3.4　采集贸易出口数据 ··· 151
 3.5　采集和存储日志数据 ··· 165
 3.6　课后习题 ··· 170

模块 4　数据清洗、处理和存储 ································· 172
- 4.1　引言 ······························· 172
- 4.2　ETL 技术 ···························· 172
- 4.3　大数据 ETL 过程说明 ···················· 177
- 4.4　案例数据结构说明 ······················· 178
- 4.5　Kettle 导入数据并完成清洗 ················· 180
- 4.6　模块小结 ···························· 197
- 4.7　课后习题 ···························· 198

模块 5　数据分析 ······················· 199
- 5.1　引言 ······························· 199
- 5.2　数据分析的定义及方法 ····················· 199
- 5.3　数据分析案例 ·························· 202
- 5.4　设计示例 ···························· 221
- 5.5　模块小结 ···························· 237
- 5.6　课后习题 ···························· 238

模块 6　数据挖掘 ······················· 239
- 6.1　引言 ······························· 239
- 6.2　数据挖掘概述 ·························· 239
- 6.3　分类与预测 ···························· 243
- 6.4　聚类分析 ···························· 254
- 6.5　数据挖掘的工具分析 ······················· 265
- 6.6　外贸出口数据挖掘 ························ 266
- 6.7　模块小结 ···························· 277
- 6.8　课后习题 ···························· 277

模块 7　数据可视化 ······················ 279
- 7.1　引言 ······························· 279
- 7.2　了解数据可视化 ·························· 279
- 7.3　数据可视化软件及工具 ····················· 281
- 7.4　使用工具对外贸数据进行可视化 ················· 290
- 7.5　分析不同数据可视化的渠道 ··················· 291
- 7.6　课后习题 ···························· 296

参考文献 ···························· 298

模块 1 大数据基础知识

1.1 引言

随着数字时代的发展,数据成为一种重要的生产要素。人类社会活动产生的数据与日俱增,涉及医疗、通信及能源等社会的方方面面,这些海量的数据称为"大数据"。大数据应用范围广泛,发展前景良好,对大数据的运用和价值挖掘会带来新的机遇和变革。

本模块通过讲述大数据的基本概念、大数据特点及应用场景、实施、运维流程、关键技术、产业模式以及发展趋势,帮助读者熟悉和了解大数据基础知识,为后续模块的学习打下坚实基础。

1.2 大数据基本概念

大数据开启了一次重大的时代转型,其本身就是一个抽象的概念。互联网、物联网、云计算、智慧城市的发展,使得数据的"摩尔定律"失效,同时数据飞速地增长,一个与物理空间平行的数字空间正在逐渐形成。在新的数字世界中,数据成为宝贵的生产要素,顺应趋势、积极谋变的国家和企业将乘势崛起,成为新的领军者,大数据正在开启一个崭新的时代。

1.2.1 大数据时代

最早提出大数据时代到来的是全球知名咨询公司麦肯锡,其称:"数据已经渗透到当今每一个行业和业务职能领域,成为重要的生产因素。人们对于海量数据的挖掘和运用,预示着新一波生产率增长和消费者盈余浪潮的到来。"此后,大数据的发展和研究成了各行业的热门话题,从而带动了政府、企业和研究机构对大数据的研究热情。2008 年,*Nature* 杂志推出的专刊从互联网科技、自然与环境、网络经济和金融等多个方面介绍了海量数据带来的挑战；2012年2月，《纽约时报》中一篇专栏写道，在商业、经济金融和其他多方面领域中，管理者更倾向于通过大数据分析来作出决策；2012年3月，以奥巴马为首的美国政府发布了"大数据研究和发展倡议"；2012年5月，联合国通过了政务白皮书《大数据促发展：挑战和机遇》来探讨大数据的作用和影响；在过去几年，欧盟对大数据基础建设投资一亿多欧元，世界各国都在加大对大数据的分析和研究。而在中国，2012年10月，第十七次全国统计科学讨论会开幕，其主题就是"大数据背景下的统计"；2014年2月在北京召开了以"科研大数据与数据科学"为主题的"科学数据大会"，研讨了大数据时代下数据的分析和应用以及科研数据带来的挑战和机遇。从互联网（Internet）诞生以来，驱动大数据爆发的标志性事件如图1-2-1所示。

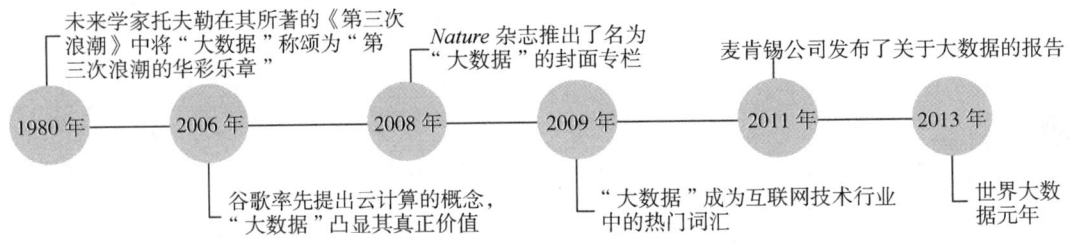

图1-2-1 大数据爆发的标志性事件

"大数据"作为一种概念和思潮由计算领域发端，逐渐延伸到科学和商业领域。大数据相关技术、产品、应用和标准不断发展，逐渐形成了包括数据资源与应用程序接口、开源平台与工具、数据基础设施、数据分析、数据应用等板块构成的大数据生态系统，并持续发展和不断完善，其发展热点从数据技术向数据应用，再向数据治理逐渐迁移。经过多年来的发展和沉淀，互联网及其延伸所带来的无处不在的信息技术应用以及信息技术的不断低成本化，使得人们更加容易和快速地积累大量的基础数据信息，催生了大数据现象的产生、发展和深化。

1.2.2 大数据概念与价值

在商业领域，大数据就是将关于消费者行为的海量相关数据收集起来，这些数据超越了传统的存储方式和数据库管理工具的功能范围，必须要用到大数据存储、搜索、分析和可视化等技术才能挖掘出巨大的商业价值。

1. 大数据概念的由来

半个世纪以来，随着计算机技术全面融入社会生活，信息爆炸已经积累到了变革的程度。互联网、移动互联网、物联网、车联网、定位系统、医学影像、安全监控、金融、电信等行业和领域都在不断产生着数据。

关于大数据的定义有很多，对于"大数据"，美国高德纳咨询公司给出了这样的定义：大数据是需要新处理模式才能具有更强的决策力、洞察发现力和流程优化能力，来适应海量、高增长率和多样化的信息资产。麦肯锡全球研究所给出的定义是：一种规模大到在获取、存储、管理、分析方面大大超出了传统数据库软件工具能力范围的数据集合，具有数据规模大、数据流转快速、数据类型多样和价值密度低四大特征。

2. 大数据的特征

大数据是一个仁者见仁、智者见智的宽泛概念。关于"什么是大数据"这个问题，大家比较认可关于大数据的"4V"说法。"4V"指大数据的四个特点：Volume（数据量大）、Variety（数据类型繁多）、Velocity（处理速度快）、Value（价值密度低），如图1-2-2所示。

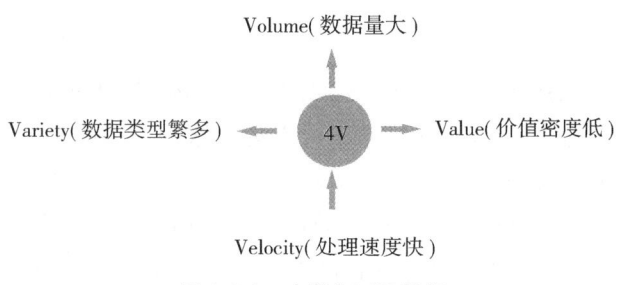

图 1-2-2　大数据 4V 特征

（1）Volume（数据量大）：非结构化数据的超大规模增长导致数据集合的规模不断扩大，数据单位已经从 GB 级到 TB 级再到 PB 级，甚至开始以 EB 和 ZB 来计数。根据互联网数据中心（Internet Data Center）作出的估测，数据一直都在以每年 50% 的速度增长，也就是说，每两年就增长一倍（大数据摩尔定律）。最近两年产生的数据量相当于之前产生的全部数据量。

（2）Variety（数据类型繁多）：大数据的数据类型丰富，包括结构化数据和非结构化数据，其中，前者占 10% 左右，主要是指存储在关系数据库中的数据；后者占 90% 左右，种类繁多，主要包括邮件、音频、视频、微信、微博、位置信息、链接信息、手机呼叫信息、网络日志等。

（3）Velocity（处理速度快）：数据处理速度快，时效性要求高，需要实时分析而非批量式分析。数据的输入、处理和分析连贯性的处理，这是大数据区别于传统数据挖掘最显著的特征。

（4）Value（价值密度低）：大数据信息价值密度相对较低。如随着物联网的广泛应用，信息感知无处不在，信息海量，但价值密度较低，存在大量不相关信息。大数据虽然看起来很美，但是价值密度却远远低于传统关系数据库中已有的那些数据。在大数据时代，很多有价值的信息都是分散在海量数据中的。以公安部门视频追踪为例，连续不间断监控过程中，可能有用的数据只有一两秒，但是具有很高的价值。

大数据的价值本质上体现为：提供了一种人类认识复杂系统的新思维和新手段。就理论上而言，在足够小的时间和空间尺度上，对现实世界数字化，可以构造一个现实世界的数字虚拟映像，这个映像承载了现实世界的运行规律，在拥有充足的计算能力和高效的数据分析方法的前提下，对这个数字虚拟映像的深度分析，将有可能理解和发现现实复杂系统的运行行为、状态和规律。应该说，大数据为人类提供了全新的思维方式和探知客观规律以及改造自然和社会的新手段,这也是大数据引发经济社会变革最根本的原因。

1.2.3 大数据处理的基本流程

大数据处理的基本流程主要包括数据采集、数据预处理、数据存储、数据处理与分析、数据展示(数据可视化)、数据应用等环节,其中数据质量贯穿于整个大数据流程,每一个数据处理环节都会对大数据质量产生影响作用。通常,一个好的大数据产品要有巨大的数据规模、快速的数据处理、精确的数据分析与预测、优秀的可视化图表以及简练易懂的结果解释。

1. 数据采集

大数据的采集是指利用多个数据库来接收发自客户端(Web 网站访问终端、App 移动应用终端或者物联网终端等)的数据,并且用户可以通过这些数据库来进行简单的查询和处理工作。比如,电商会使用传统的关系型数据库 MySQL 和 Oracle 等来存储每一笔事务数据,除此之外,Redis 和 MongoDB 这样的 NoSQL 数据库也常用于数据的采集。

在大数据的采集过程中,其主要特点和挑战是并发数高,因为有可能同时会有成千上万的用户来进行访问和操作,比如火车票售票网站和淘宝,它们并发的访问量峰值可达上百万次,所以需要在采集端部署大量数据库才能支撑运行。如何在这些数据库之间进行负载均衡和分片也需要深入地思考和设计。

2. 数据预处理

大数据采集过程中通常有一个或多个数据源,这些数据源包括同构或异构的数据库、文件系统、服务接口等,易受到噪声数据、数据值缺失、数据冲突等影响,因此需首先对收集到的大数据集合进行预处理,以保证大数据分析与预测结果的准确性与价值性。

大数据的预处理环节主要包括数据清理、数据集成、数据归约与数据转换等内容,可以大大提高大数据的总体质量,是大数据过程质量的体现。

(1)数据清理包括对数据的不一致检测、噪声数据的识别、数据过滤与修正等方面,有利于提高大数据的一致性、准确性、真实性和可用性等方面的质量;

(2)数据集成则是将多个数据源的数据进行集成,从而形成集中、统一的数据库、数据立方体等,这一过程有利于提高大数据的完整性、一致性、安全性和可用性等方面的质量;

(3)数据归约是在不损害分析结果准确性的前提下降低数据集规模,使之简化,包括维归约、数据归约、数据抽样等技术,这一过程有利于提高大数据的价值密度,即提高大数据存储的价值性;

(4)数据转换处理包括基于规则或元数据的转换、基于模型与学习的转换等技术,可通过转换实现数据统一,这一过程有利于提高大数据的一致性和可用性。

总之,数据预处理环节有利于提高大数据的数据质量,实现大数据的一致性、准确性、真实性、可用性、完整性、安全性和价值性,而大数据预处理中的相关技术是影响大数据过程质量的关键因素。

3. 数据处理与分析

（1）数据处理

大数据的分布式处理技术与存储形式、业务数据类型等相关，针对大数据处理的主要计算模型有 MapReduce、分布式内存计算系统、分布式流计算系统等。MapReduce 是一个批处理的分布式计算框架，可对海量数据进行并行分析与处理，它适合对各种结构化、非结构化数据的处理。分布式内存计算系统可有效减少数据读写和移动的开销，提高大数据处理性能。分布式流计算系统则是对数据流进行实时处理，以保障大数据的时效性和价值性。

总之，无论哪种大数据分布式处理与计算系统，都有利于提高大数据的价值性、可用性、时效性和准确性。大数据的类型和存储形式决定了其所采用的数据处理系统，而数据处理系统的性能与优劣直接影响大数据质量的价值性、可用性、时效性和准确性。因此在进行大数据处理时，要根据大数据类型选择合适的存储形式和数据处理系统，以实现大数据质量的最优化。

（2）数据分析

数据分析技术主要包括已有数据的分布式统计分析技术和未知数据的分布式挖掘、深度学习技术。分布式统计分析可由数据处理技术完成，分布式挖掘和深度学习技术则是在大数据分析阶段完成，包括聚类与分类、关联分析、深度学习等，可挖掘大数据集合中的数据关联性，形成对事物的描述模式或属性规则，可通过构建机器学习模型和海量训练数据提升数据分析与预测的准确性。

数据分析是大数据处理与应用的关键环节，它决定了大数据集合的价值性和可用性，以及分析预测结果的准确性。在数据分析环节，应根据大数据应用情境与决策需求，选择合适的数据分析技术，提高大数据分析结果的可用性、价值性和准确性，提升数据质量。

4. 数据可视化与应用

（1）数据可视化

数据可视化是指将大数据分析与预测结果以计算机图形或图像的直观方式显示给用户的过程，并可与用户进行交互式处理。数据可视化技术有利于发现大量业务数据中隐含的规律性信息，以支持管理决策。数据可视化环节可大大提高大数据分析结果的直观性，便于用户理解与使用，故数据可视化是影响大数据可用性和易于理解性的关键因素。

（2）数据应用

大数据应用是指将经过分析处理后挖掘得到的大数据结果应用于管理决策、战略规划等的过程，它是对大数据分析结果的检验与验证，大数据应用过程直接体现了大数据分析处理结果的价值性和可用性。大数据应用对大数据的分析处理具有引导作用。

在大数据收集、处理等一系列操作之前，通过对应用情境的充分调研，对管理决策需求信息的深入分析，可明确大数据处理与分析的目标，从而为大数据收集、存储、处理、分析等过程提供明确的方向，并保障大数据分析结果的可用性、价值性，满足用户的需求。

1.2.4 大数据应用场景

大数据无处不在，制造业、金融、汽车、互联网、电信、能源等社会各行各业都已经留下了大数据的印迹。

制造业：利用工业大数据提升制造业水平，包括产品故障诊断与预测、工艺流程分析、生产工艺改进、生产过程能耗优化、工业供应链分析与优化、生产计划与排程。

金融行业：大数据在高频交易、社交媒体情绪分析和信贷风险分析三大金融创新领域发挥着重大作用。

汽车行业：利用大数据和物联网技术的无人驾驶汽车，在不远的未来将走入我们的日常生活。

互联网行业：借助于大数据技术，可以分析客户行为，进行商品推荐和针对性广告投放。

电信行业：利用大数据技术实现客户离网分析，及时掌握客户离网倾向，出台客户挽留措施。

能源行业：随着智能电网的发展，电力公司可以掌握海量的用户用电信息，利用大数据技术分析用户用电模式，可以改进电网运行，合理设计电力需求响应系统，确保电网运行安全。

物流行业：利用大数据优化物流网络，提高物流效率，降低物流成本。

城市管理：可以利用大数据实现智能交通、环保监测、城市规划和智能安防。

生物医学：大数据可以帮助我们实现流行病预测、智慧医疗、健康管理，同时还可以帮助我们解读DNA，了解更多的生命奥秘。

体育娱乐：大数据可以帮助我们训练球队，决定投拍哪种题材的影视作品，以及预测比赛结果。

安全领域：政府可以利用大数据构建国家安全保障体系，企业可以利用大数据抵御网络攻击，警察可以借助大数据来预防犯罪。

个人生活：大数据还可以应用于个人生活，利用与每个人相关联的"个人大数据"，分析个人生活行为习惯，为其提供更加周到的个性化服务。

大数据的价值，远远不止于此，其对各行各业的渗透，大大推动了社会生产和生活的发展，将对未来产生重大而深远的影响。

1.2.5　大数据发展趋势

随着移动互联网、物联网、云计算产业的深入发展，大数据国家战略的加速落地，2019年大数据体量呈现爆发式增长态势。数据挖掘、机器学习、产业转型、数据资产管理、信息安全等大数据技术及应用领域面临新的发展突破，成为推动经济高质量发展的新动力。

大数据令人瞩目的应用领域是健康医疗、城镇化智慧城市、金融、互联网电子商务、制造业工业大数据；取得应用和技术突破的数据类型是城市数据、视频数据、语音数据、互联网公开数据、企业数据、人体数据、设备调控、图形图像；在数据资源流转上，能自行收集大量数据、能利用数据提供服务、能免费提供数据集、能下载和获得免费数据集；大数据的发展离不开数据科学、机器人和人工智能、智能计算或认知计算。

未来，人口红利将转变为网民红利，成为支撑应用驱动创新的主要因素。随着老龄化社会的到来,以往在经济发展中扮演重要角色的"人口红利"逐渐消失,与此同时,我国网民规模不断扩大,网民红利更加凸显,中国已是世界上产生和积累数据体量大、类型丰富的国家之一。依托庞大的数字资源与用户市场,中国企业在应用驱动创新方面更具优势,大量新应用和服务将层出不穷并迅速普及。

1.3 商务智能概念

随着信息技术的迅猛发展,当今企业的发展必须对瞬息万变的市场作出迅速反应,进行有效决策,而决策的正确性与及时性都必须建立在全面、准确、及时的信息基础上。从数据中提取商业知识的能力已经成为支持企业建立竞争优势不可或缺的条件。随着云计算和大数据的应用,各种数据量爆炸式增长。企业如何从海量数据中发掘对企业经营管理最有用的知识,并结合企业管理者的分析和判断为企业决策提供支持,需要商务智能技术为其提供新的理论基础和技术选择。商务智能逐渐成为影响世界经济发展、改变人类社会生活的重要领域。

1.3.1 商务智能的产生与定义

商务智能(Business Intelligence,BI),是能够帮助用户对自身业务经营作出正确明智的决策工具,如何利用企业积累的数据增加对业务情况的了解,帮助用户在业务管理及发展上作出及时、正确的判断,然后采用明智的行动,这就是商务智能。

美国高德纳咨询公司于1996年提出商务智能的概念,将其视为一类由数据仓库(或数据集市)、查询报表、数据分析、数据挖掘、数据备份和恢复等部分组成的,以"辅助企业制定决策"为目的的技术和应用。商务智能主要是将原始业务数据转为企业决策信息,与一般的信息系统不同,它在处理海量数据、数据分析和信息展现等多个方面都具有突出的性能。商务智能的关键是从许多来自不同的企业运作系统的数据中提取出有用的数据并进行清洗,以保证数据的正确性,然后经过抽取(Extract)、转换(Transform)和装载(Load),即ETL过程,合并到一个企业级的数据仓库中,从而得到企业数据的一个全局视图,在此基础上利用查询和分析工具、数据挖掘工具、联机分析处理工具等对其进行分析和处理,把数据转换成有用的信息,然后将这些信息发布到企业,支持企业管理者作出正确、有效的决策。

商务智能是融合了先进信息技术与创新管理理念的结合体,它具有以下特点。

(1)开放性:商务智能是面向企业内部环境,同外界环境保持动态互联的开放系统。

(2)强大的数据分析处理与展示功能:商务智能集成了在线分析处理、数据挖掘等多项数据分析技术。

(3)注重在系统的海量数据和信息中发现知识:为了在竞争中占得优势地位,必须识别和应用隐藏在所收集的数据中的知识。

(4)综合多项技术:商务智能所采用的技术并不是新的技术,而是已有的数据仓库、联机分析处理、数据挖掘等技术的综合。

(5) 服务于企业战略:商务智能对企业的内部数据进行分析,支持企业战略管理。

(6) 提升企业业绩:商务智能必须要促进业务或某一方面业务的顺利开展,提升业绩。

1.3.2 商务智能系统架构

商务智能系统是将数据仓库、联机分析处理和数据挖掘等技术结合起来应用到商务活动中,从不同的数据源收集数据,经过抽取、转换和装载,送入数据仓库或者数据集市,然后使用合适的查询与分析工具、数据挖掘工具和联机分析处理工具对信息进行处理,将信息转变成为辅助决策的知识,最后将知识呈现于用户面前,以实现技术服务决策的目的。

商务智能系统一般有数据仓库(或数据集市)、ETL 过程、联机分析处理、数据挖掘模型以及指标展现工具等几个核心模块,如图 1-3-1 所示。

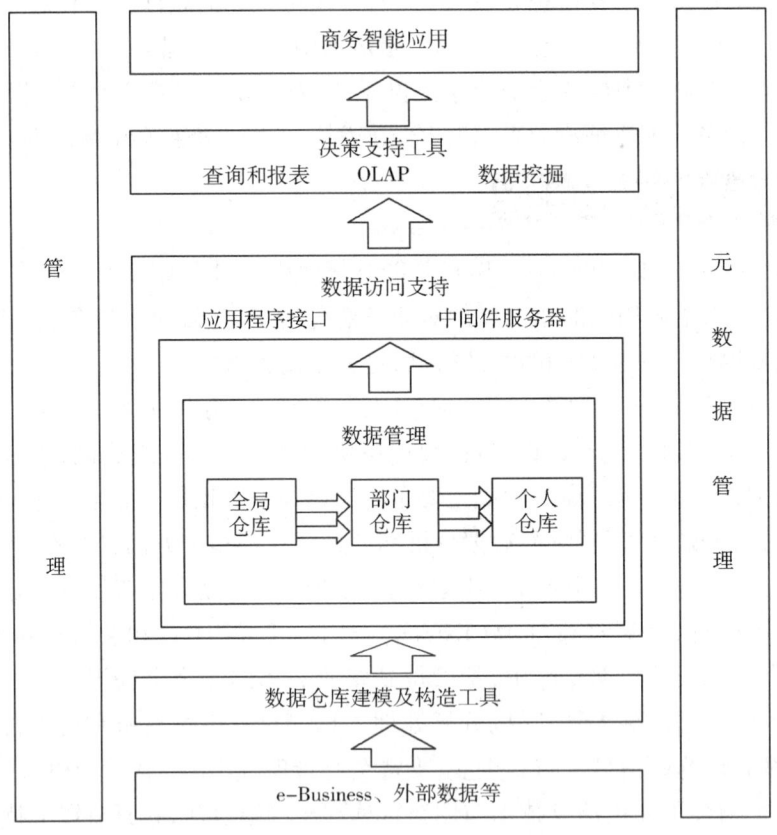

图 1-3-1 商务智能系统体系架构

从处理流程上看,商务智能系统主要由三个子系统组成:数据集成子系统、数据存储子系统和 BI 应用子系统。

(1) 数据集成子系统:提供一个解决企业的数据一致性与集成化问题的方案,通过数据整合、数据集中、数据交换等数据处理手段,将企业各个业务系统面向应用的数据重新按照面向统计分析的方式进行组织,屏蔽数据资源的异构性与分布性,从而实现统一的数据访问和数据集成。

（2）数据存储子系统（数据仓库）：数据仓库在现有各业务系统的基础上，对数据进行抽取、清理，并有效集成后，按照主题进行重新组织，最终确定数据仓库的物理存储结构，同时组织存储数据仓库元数据，包括数据仓库的数据字典、记录系统定义、数据转换规则、数据加载频率以及业务规则等信息。

（3）BI 应用子系统：通过对分析需要的数据按照多维数据模型进行再次重组，以支持用户多角度、多层次的分析，并利用数据分析工具从中发现有用的知识，支持企业的决策过程。该子系统主要包含各种数据分析工具、报表工具、查询工具、数据挖掘工具以及各种基于数据仓库或数据集市开发的应用。

1.3.3 商务智能核心技术

商务智能作为一套完整的解决方案，将数据仓库、联机分析处理和数据挖掘等结合起来应用到商业活动中，实现了技术服务决策的目的。商务智能核心技术主要由数据仓库、联机分析处理和数据挖掘三种主要技术组成。

1. 数据仓库

数据仓库的概念始于 20 世纪 80 年代中期，在业内被广泛接受的定义是由"数据仓库之父"比尔·恩门（Bill Inmon）在《建立数据仓库》一书中提出的"数据仓库是在企业管理和决策中面向主题的、集成的、与时间相关的、不可修改的数据集合"。与其他数据库应用不同的是，数据仓库更像一种过程，是对分布在企业内部各处的业务数据的整合、加工和分类的过程，即从多个数据源收集信息，以一种一致的存储方式保存所得到的数据集合。数据仓库是用以支持经营管理中的决策制定过程，与传统的数据库面向应用相对应。

数据仓库的生成包括数据源、数据整合和数据存储及管理三大环节，如图 1-3-2 所示。

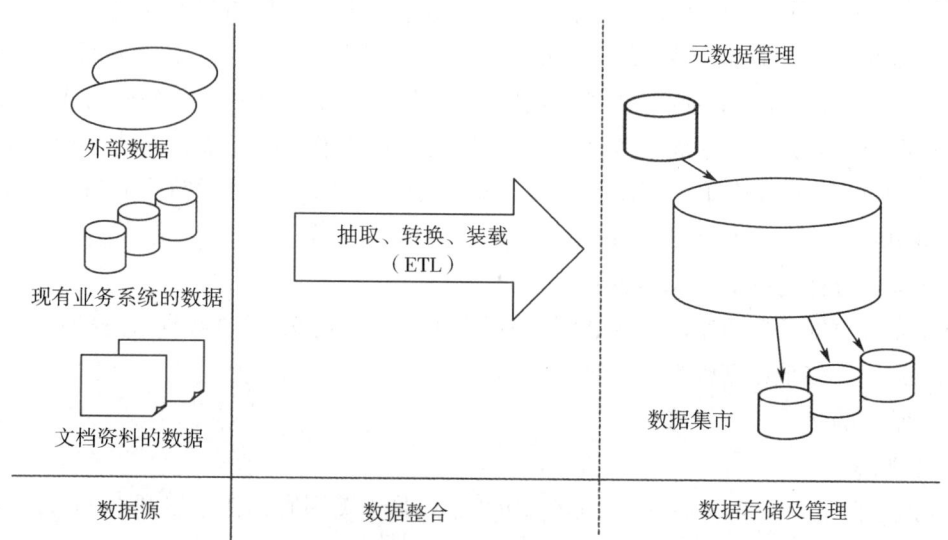

图 1-3-2　数据仓库的生成

（1）数据源：数据源包括外部数据、现有业务系统的数据和文档资料的数据等。

（2）数据整合：数据的 ETL，即数据抽取（Extract）、转换（Transform）、装载（Load）的过程，它是构建数据仓库的重要环节。

（3）数据存储及管理：元数据是数据仓库环境中除了数据以外的所有信息，它贯穿于数据仓库环境的各个环节，是数据仓库的百科全书。数据集市是为了特定的应用目的或者应用范围，而从数据仓库中独立出来的一部分数据，也可以称为部门数据或者主题数据。数据仓库管理包括安全和权限管理、跟踪数据的更新、数据质量检查、管理和检查更新元数据、审计和报告数据仓库的使用和状态、删除数据、复制分割和分发数据、备份、恢复和存储管理等。

数据仓库的建设不是一个简单的项目，而是将其目标分阶段逐步实现。首先为阶段任务选择合适的主题，其原则是把管理层最急需和数据易实现的主题放在第一位。数据仓库的设计与传统的计算机系统开发方式截然不同，因为建成后，仓库的预测结果仍需时间校验或分析验证。所以，成功的数据仓库始于对要开发领域业务过程的深刻理解，数据仓库的设计是业务知识与技术知识的完美结合。

对于数据仓库相关的知识，请读者自行补充以下内容：

（1）了解数据仓库的设计原则、数据仓库的规划、数据模型等基本知识；

（2）了解数据仓库的物理模型设计，包括确定数据的存储结构、确定索引分配策略、确定存储分配等；

（3）了解数据仓库的部署与维护，能够进行简单的数据仓库设计。

2. 联机分析处理

联机分析处理（On-Line Analytical Processing，OLAP）专门用于支持复杂的分析操作，为决策人员提供决策支持。1993 年，E. F. Codd 提出了多维数据库和多维分析的概念，即 OLAP，OLAP 可以根据分析人员的要求快速灵活地进行大数据量的多维度复杂查询，并以一种直观易懂的形式将查询结果提供给决策人员，以便制订正确的方案。与联机事务处理（On-Line Transaction Processing，OLTP）相比，联机分析处理具有灵活的分析功能、直观的数据操作和可视化的分析结果展示等优点，从而使用户对基于大量复杂数据的分析变得轻松、高效。OLAP 的基本多维分析操作有钻取（向上钻取 drill-up 和向下钻取 drill-down）、切片（slice）和切块（dice）以及旋转（pivot）等。

请读者自行补充以下知识内容：

（1）多维数据模型的基本概念，了解多维数据模型的定义、多维数据模型的数据结构；

（2）常用的多维数据模型；

（3）常用的多维分析操作。

3. 数据挖掘

"数据挖掘"（Data Mining）一词是在 1989 年 8 月于美国底特律市召开第 11 届国际联合人工智能学术会议上正式提出的，与知识发现（Knowledge Discovery in Database，KDD）混用。从 1995 年开始每一年一次的 KDD 国际学术会议将 KDD 和数据挖掘的研究推向了高潮。

从此,"数据挖掘"一词开始流行。

数据挖掘是指从数据集合中自动抽取隐藏在数据中的那些有用信息的非平凡过程,这些信息表现为:规则、概念、规律及模式等,它可帮助决策者分析历史数据及当前数据,并从中发现隐藏的关系和模式,进而预测未来可能发生的行为。它是一门涉及面很广的交叉性学科,涉及数据库、人工智能、数理统计、可视化、并行计算等。

数据挖掘的研究融合了多个不同学科领域的技术与成果,使得目前的数据挖掘方法表现出多种多样的形式。从统计分析类的角度来说,统计分析技术中使用的数据挖掘模型有线性分析、非线性分析、回归分析、逻辑回归分析、单变量分析、多变量分析、时间序列分析、最近序列分析、最近邻算法和聚类分析等方法。通过这些技术可以检查那些异常形式的数据,然后利用各种统计模型和数据模型解释这些数据,解释隐藏在这些数据背后的市场规律和商业机会。

作为商务智能的三个技术支柱,数据仓库、联机分析处理和数据挖掘三者之间存在千丝万缕的关系。首先,三者都是在数据仓库的基础上发展起来的,都是决策支持技术。其中,数据仓库是利用综合数据得到宏观信息,利用历史数据进行预测;联机分析处理技术是在关系数据库的基础上发展起来的,其利用多维数据集和数据聚集技术对数据仓库中的数据进行组织和汇总,用联机分析处理和可视化工具对这些数据迅速进行评价,将复杂的分析查询结果快速地返回给用户,以支持决策;数据挖掘是从数据库中挖掘知识,也用于决策支持。其次,三者之间的差别在于,数据仓库是商务智能的基础,主要用于存储相关数据,属于商务智能数据仓库环境部分,而联机分析处理与数据挖掘都是数据仓库的分析工具,属于商务智能数据分析环境部分。由此可见,数据仓库拥有丰富的数据,但只有联机分析处理和数据挖掘才能使数据变成有价值的信息,才能体现出数据仓库的辅助决策功能;而联机分析处理和数据挖掘一定要建立在数据仓库上,并且数据仓库可以提高两者的工作效率,使之有更大的发展空间。

请读者自行补充以下知识内容:

(1)了解数据对象与属性类型,数据的基本统计描述,数据可视化,度量数据的相似性和相异性等基本知识;

(2)了解各种数据预处理的基本方法,了解数据立方体技术,掌握挖掘频繁模式、关联和相关性的基本概念和方法等;

(3)了解各种数据挖掘的方法,包括决策树、朴素贝叶斯分类、基于规则的分类、随机森林、支持向量机等。

1.3.4 大数据与商务智能(BI)

商务智能是深化组织信息化的重要工具,它的出现为企业决策层提供了决策分析与风险规避工具,为组织提供了资源优化与价值评价的平台,为组织信息化提供了从运营层向决策层发展的支撑。而大数据作为传统数据库、数据仓库以及商务智能概念外延的扩展、手段的扩充,获得了各界更多的关注,产生了更多的视角,解决了更多的问题,也进一步推动了商务智能的发展。两者相互促进，共同在海量的、庞大而繁杂的数据中挖掘出对用户有用的信息，揭示潜藏在数据背后的商机，从而为用户更快更好地作出决策提供帮助。

商务智能与大数据的区别主要表现在以下方面。

（1）数据量。大数据系统处理的数据量是拍字节级别以上的，商务智能系统出来的数据量是太字节级别的，相对大数据来说不太大。

（2）数据特征。智能商务处理的大部分是结构化数据，而大数据处理的数据中 85% 是非结构化数据。

（3）信息来源。商务智能数据的来源主要是企业交易数据，而大数据的信息来源除了企业交易数据，还有更多的社会日常运作和各种服务中实时产生的数据。

（4）涉及技术。商务智能使用了 ETL、OLTP、数据仓库、OLAP、数据挖掘和可视化报表技术。大数据技术是在 BI 技术基础上，再利用云计算技术、Hadoop、HBase、Hive、HDFS、MapReduce、ZooKeeper、Sqoop、Flume 等。

（5）数据来源。商务智能的数据从数据仓库中随机抽取，而大数据的数据更倾向于从 Web、社交网络、RFID 传感器等获取非结构化海量数据，数据不是随机抽取，而是全量数据。

（6）因果与关联。商务智能强调数据的因果分析，而大数据则是采用关联分析。比如沃尔玛公司的啤酒与尿布案例就是典型的大数据案例。

（7）个性化。商务智能基于群体共性，帮助决策者掌握宏观统计趋势，适合运营指标支撑类问题。而大数据则强调个体刻画，精准分析每一个用户，适合于精准推荐类的营销类问题。

虽然商务智能可以处理的数据类型较少，处理的数据量级别不如大数据技术，但是也不能被大数据所取代。现代企业主要还是分析处理企业自身的内部数据和网上一些相关企业的数据，希望得到对管理者宏观决策有帮助的分析结果。智能商务和大数据应用已经成为社会的基础设施，必将帮助使用先进商务智能和大数据应用的企业有效提高运营性能和经济效益。

1.4 大数据关键技术

大数据技术是一系列使用非传统工具来对海量结构化、半结构化和非结构化的数据进行处理，从而获得分析和预测结果的数据处理技术。大数据关键技术涵盖数据收集、存储、处理和应用等方面的技术，根据大数据的特点和处理过程，大数据的关键技术一般包括大数据采集、大数据预处理、大数据存储及管理、大数据分析与挖掘、大数据展现与应用等。

1.4.1 大数据采集技术

大数据采集是大数据处理流程的第一步。数据是大数据处理的基础，数据的完整性和质量直接影响着大数据处理的结果。大数据采集是大数据处理很关键的一步。大数据的采集是指利用数据库等方式接收 RFID 射频数据、传感器数据等获得的各种类型的结构化、半结构化及非结构化的海量数据。因为数据源多种多样,数据量大,产生速度快,所以,大数据采集技术也面临着许多技术挑战,必须保证数据采集的可靠性和高效性,还要避免重复数据。

大数据采集一般包括以下两层。

(1) 大数据智能感知层:主要包括数据传感体系、网络通信体系、传感适配体系、智能识别体系及软硬件资源接入系统,实现对结构化、半结构化、非结构化的海量数据的智能化识别、定位、跟踪、接入、传输、信号转换、监控、初步处理和管理等。

(2) 基础支撑层:提供大数据服务平台所需的虚拟服务器,结构化、半结构化及非结构化数据的数据库及物联网资源等基础支撑环境。

大数据采集的方法主要有以下三种。

(1) 系统日志采集方法:系统日志采集主要是收集公司业务平台日常产生的大量日志数据,供离线和在线的大数据分析系统使用。高可用性、高可靠性、可扩展性是日志收集系统所具备的基本特征。目前使用最为广泛、用于系统日志收集的海量数据采集工具有 Hadoop 的 Chukwa、Apache Flume、Facebook 的 Scribe 和 LinkedIn 的 Kafka 等。这些工具均采用分布式架构,能够满足每秒数百兆字节的日志数据采集和传输需求。

(2) 网络数据采集方法:网络数据采集是指通过网络爬虫或者网络公开的 API 等方式,从网上获取数据信息。该方法可以将非结构化数据从网页中抽取出来,将其存储为统一的本地数据文件,并以结构化的方式存储。在互联网时代,网络爬虫主要是为搜索引擎提供最全面和最新的数据。在大数据时代,网络爬虫更是从互联网上采集数据的有力工具。

(3) 其他数据采集方法:对于企业生产经营数据或者学科研究数据等对保密性要求高的数据,可以通过与企业或者研究机构合作,使用特定系统接口等相关方式采集数据。

1.4.2 大数据预处理技术

数据预处理就是对采集的数据进行清洗、填补、平滑、合并、规格化以及检查一致性等处理,并对数据的多种属性进行初步组织,从而为数据的存储、分析和挖掘做好准备。数据预处理的主要目的是将这些复杂的数据转化为单一的或者便于处理的结构,以达到快速分析处理的目的。通常数据预处理包括三个部分:数据清理、数据集成和变换以及数据归约。

数据清理包含遗漏值处理、噪声数据处理以及不一致数据处理;数据集成是把多个原数据中的数据整合,存放到一个数据库中存储;数据变换主要过程有平滑、聚集、数据泛化、规范化以及属性构造;数据归约是指在对挖掘任务和数据本身内容理解的基础上,通过少量且具代表性的数据来缩减数据规模,从而在尽可能保持数据原貌的前提下,最大限度地精简数据量。

1.4.3 大数据存储及管理技术

大数据存储及管理的主要目的是用存储设备将采集到的数据存储起来,建立相应的数据库,并进行管理和调用。在大数据时代,从多个渠道获得的原始数据常常缺乏一致性,数据结构形式多样,并且数据量巨大,这就造成单机系统的性能不断下降,即使不断提升硬件配置也很难跟上数据增长的速度,直接导致传统的处理和存储技术可用性不强。

大数据存储及管理技术重点研究复杂结构化、半结构化和非结构化大数据存储、管理和处理技术,解决大数据的可存储、可表示、可处理、可靠性及有效传输等关键问题。

1.4.4 大数据分析及挖掘技术

大数据处理的核心就是对大数据进行分析,只有通过分析才能获取很多智能的、深入的、有价值的信息。其分析方法在大数据领域就显得尤为重要。

(1) 机器学习:机器学习(Machine Learning)是研究计算机怎样模拟或实现人类的学习行为,以获取新的知识或技能,重新组织已有的知识结构,使之不断改善自身的性能。

(2) 数据挖掘:数据挖掘是从大量的、不完全的、有噪声的、模糊的、随机的实际应用数据中,提取隐含在其中的、人们事先不知道的、但又是潜在有用的信息和知识的过程。

(3) 模式识别:模式识别指对表征事物或现象的各种形式的信息进行处理和分析,以对事物或现象进行描述、辨认、分类和解释的过程,是信息科学和人工智能的重要组成部分。

(4) 统计分析:对于大数据的统计分析主要利用分布式数据库或者分布式计算集群来对存储于其内的海量数据进行普通的分析和分类汇总等,以满足大多数常见的分析需求。

(5) 并行处理:大数据分析的三大挑战是数据量的膨胀、数据深度分析需求的增长和数据类型的不断多样化。大数据分析采用 MapReduce 等并行处理方式,将海量数据进行分解并分布存储,由数据挖掘系统并行处理,然后将多个局部处理结构合成最终的输出模式,实现海量数据挖掘。

1.4.5 大数据展现与应用技术

在大数据时代,数据井喷式增长,分析人员将这些庞大的数据汇总并进行分析,而分析出来的结果如何能形象地呈现给用户,这就需要数据可视化,即采用图表形式将数据更加直观形象地展现给用户,以便更好地作出决策。

目前,大数据重点应用在商业智能、政府决策、公共服务等领域,例如:商业智能技术,政府决策技术,电信数据信息处理与挖掘技术,环境监测技术,大规模基因序列分析比对技术,多媒体数据并行化处理技术,影视制作渲染技术,其他各种行业的云计算和海量数据处理应用技术等。

1.5 项目需求及业务场景分析

我国是贸易进出口大国,对贸易情况进行分析统计具有诸多现实的意义。

长期的贸易顺差,导致大量外贸企业养成被动等待客户上门的习惯,所谓的互联网思维也只是让业务员在网上不停地刷单和发布产品信息,企业对大形势、商品进出口明细或竞争对手等缺乏足够细致的了解,凭经验营销或设置库存等,结果往往不尽如人意。受国内外的各种因素影响,我国当前的贸易形势不容乐观,外贸出口企业面临着巨大的压力,其结果是,粗放型的贸易出口方式将举步维艰,只有精细化的"深耕细作"才能生存并发展。因此,怎么样充分利用各方面的数据和相关技术做好数据分析,变被动为主动,关系到广大外贸出口型企业的生死存亡。

进入大数据时代,大数据蕴含着巨大的商机,它可以给广大的外贸企业提供更精准的数据,通过分析和归并各类贸易数据详情,帮助企业更好地了解客户,分析和预测商品的进出口趋势,了解竞争对手,改进营销策略,使企业获得更好的发展。

1.5.1 外贸数据分析的需求

本节通过完整的贸易出口大数据分析案例,将一个原始的非结构化的价值密度较低的数据通过一系列 ETL 的技术处理过程,最终以结构化的方式存入大数据平台,形成价值密度较高的数据,并且通过大数据分析的手段对数据进行全方位的分析展示,完成数据赋能和价值变现。

某家小型的外贸企业通过政府授权的数据交易商获取某年的海关贸易数据,获取的原始信息包括以下两个部分。

(1)一份原始的贸易清单数据(origin.txt),该数据为某年外贸企业实际的贸易出口情况,包含如下信息:贸易企业名称、企业性质、供应商、产品名称、产品类型、原产地、海关 HS 编码、出口口岸、出口国、贸易方式、运输方式、目的港、买家、贸易金额、贸易单位、贸易数量。

(2)四份编码表数据:企业类型(enterprisenature.txt)、省份代码(cux_administration_region.txt)、贸易方式(modeoftrans.txt)、运输方式(modeoftransportation.txt)。

由于从海关获取的数据信息量较大,同时价值密度较低,该企业不具备专业的数据分析能力,无法快速提取对企业出口经营有效的信息,因此,企业委托专业数据分析机构对所获取的原始数据进行加工处理和深度分析。通过数据清洗等技术手段,形成价值密度较高的数据;通过梳理各类业务场景,如展示贸易交易明细及纵向的同比环比分析,或根据贸易品类、运输方式、目的港等多个维度查看贸易金额、交易量及横向对比竞争对手情况,或通过可视化方式展示各项业务间的关联等,最终完成数据赋能和价值变现。

该企业委托专业数据分析机构完成的业务场景见表 1-5-1。

表 1-5-1 业务场景要求

序号	分析方式	业务场景
1	报表分析	展示所用外贸企业的贸易明细数据,不做分类汇总
		以贸易企业类型维度来分组查询每家贸易企业下总贸易金额及贸易数量
		首页展示企业名称、类型等非数据类型的数据,通过点击企业名称进行下钻,跳转到这家贸易企业的明细数据以及总计

续表

序号	分析方式	业务场景
2	多维分析	根据"企业性质"维度统计各类企业的贸易出口总金额
		根据"企业类型"与"贸易方式"维度统计国有企业下各个贸易方式的贸易总金额
		根据"企业类型""贸易方式""原产地"维度统计国有企业以无偿援助方式出口的各个不同原产地的贸易总金额
		上个场景中,对原产地进行逐级下钻分析,分别展示各省、市、区县的贸易总金额
		分析国有企业以展览品方式出口的所属原产地的金额(指标)平均值
		分析国有企业以一般贸易方式出口的所属原产地(福建)汇总金额(指标)明细数据
3	可视化展示	按国家分类根据出口金额取前十个国家
		按国家分类根据交易笔数取前十个国家
		根据商品类别进行出口金额统计
		根据贸易方式进行统计
		根据物流方式统计出口金额
		根据供应商的企业类型进行统计
		将以上场景整合到一个页面,要求整体布局合理,所选图表组件能快速体现指标含义,颜色选择适中,业务逻辑清晰

1.5.2　外贸数据分析的目标

外贸出口大数据分析的业务环境可从以下四个方面着手完善。

（1）促进数据全面汇聚,打造外贸出口大数据平台。数据全面生成是影响大数据分析成效的关键要素。唯有不断输入全面、及时的数据原材料,大数据平台才能产生更多可观的产品;应加强信息系统数据资源整合,探索建立贸易数据资源池,并开放资源供贸易行业各相关单位使用。

（2）优化数据系统架构,增强系统处理能力。系统处理能力是构成大数据技术的关键基础。唯有创新技术手段、优化系统架构才能提高系统实时处理能力、提升数据使用价值;整合现有计算资源,通过科学的任务分配来优化系统处理模式,减少系统闲置;强化系统架构、计算框架、处理方法和测试基准的设计研究,利用大数据分布式并行处理技术减小数据仓库的扩容压力,提升数据作业处理速度及系统响应速度。

（3）推动数据标准建设,强化数据质量管理。数据标准、数据质量是影响大数据分析的关键因素。数据标准不统一则数据分析成本会增加,数据不准确则会导致数据分析结论不切实际。应建立关键数据标准,规范数据元管理,保证数据分类科学、含义分明、格式一致。

根据业务规范和指标体系建立的需要,强化数据传输流程改造,增强数据传输中系统自校能力;对数据质量进行全程监控、闭环管理,定期通过系统自检、人工核查等方式开展数据质量检查,并建立倒查机制、强化问责。

(4)拓展数据分析方法,提高数据使用价值。数据分析应用是大数据分析实现价值的关键环节。只有不断拓展分析方法和分析模型,才能更广范围、更深层次地使用数据、挖掘数据;应创新理论体系,探索微观数据对接宏观经济指标、贸易历史数据对接未来发展趋势、企业个体波动对接行业整体变化的理论方法和分析模型,提高数据服务于宏观分析、发展预测和风险管理的能力。

1.5.3 外贸数据分析系统的实现可行性

本次贸易出口分析项目建设根据数据分析目标,数据量的显示和要求,采用分布式系统基础架构 Hadoop 作为数据计算、存储的基础平台,该架构具有良好的性能和扩展性,用户可以在不了解分布式底层细节的情况下,开发分布式程序,以充分利用集群的优势进行高速运算和存储。

Hadoop 大数据生态技术体系提供了丰富多样的技术组件,采用何种组件,它们之间如何无缝衔接是构建稳定、可靠大数据平台的重要保证。

本案例通过完整的贸易出口大数据分析,将一个原始的非结构化的价值密度较低的数据通过一系列 ETL 的技术处理,最终以结构化的方式存入大数据平台,形成价值密度较高的数据,并且通过大数据分析的手段对数据进行全方位的分析展示,完成数据赋能和价值变现。

中国是贸易进出口大国,对贸易情况进行分析统计具有诸多现实的意义。本案例中的贸易数据包括贸易企业、企业类型、贸易品类、运输方式、海关口岸、出口目的地、贸易金额、贸易单位、贸易数量等,为数据的分维度分析提供了丰富的场景,最终的分析结果将以可视化的方式加以展示。

本案例完整展示了大数据的安装部署、数据整合、数据处理、数据清洗以及数据分析的全过程。

1.5.4 外贸数据分析系统的组成

本项目将采用以下技术组件:

(1)分布式文件系统(Hadoop Distributed File System,HDFS)

HDFS 是 Hadoop 体系中数据存储管理的基础,它是一个高度容错的系统,能检测和应对硬件故障,可以在低成本的通用硬件上运行。HDFS 简化了文件的一次性模型,通过流式数据访问,提供高吞吐量应用程序数据访问功能,适用带有数据集的应用程序。HDFS 提供一次写入多次读取的机制,数据以块的形式,同时分布存储在不同的物理机器上。

(2)分布式计算框架(MapReduce)

MapReduce 是一种分布式计算模型,用以进行海量数据的计算。它屏蔽了分布式计算框架细节,将计算抽象成 Map 和 Reduce 两部分,其中 Map 对数据集上的独立元素进行指定的切分操作,生成键—值(Key-Value)对形式的中间结果。Reduce 则对中间结果中相同"键"的所有"值"进行规约,以得到最终结果。MapReduce 非常适合在大量计算机组成的分布式并行环境里进行数据处理。

(3) 分布式列存数据库(HBase)

HBase 是一个建立在 HDFS 之上,面向结构化数据的可伸缩、高可靠、高性能、分布式和面向列的动态模式数据库。HBase 采用了 BigTable 的数据模型,即增强的稀疏排序映射表(Key-Value),其中,键由行关键字、列关键字和时间戳构成。HBase 提供了对大规模数据的随机、实时读写访问,同时,HBase 中保存的数据可以使用 MapReduce 来处理,它将数据存储和并行计算完美地结合在一起。

(4) 分布式资源管理器(YARN)

YARN 是下一代 MapReduce,即 MRv2,是在第一代 MapReduce 基础上演变而来的,主要是为了解决原始 Hadoop 扩展性差、不支持多计算框架而提出的。YARN 是下一代 Hadoop 计算平台,是一个通用的运行框架,用户可以编写自己的计算框架,在该运行环境中运行。

(5) 数据仓库工具(Hive)

Hive 定义了一种类似 SQL 的查询语言(HQL),将 HQL 转化为 MapReduce 任务在 Hadoop 上执行,通常用于离线分析。HQL 用于运行存储在 Hadoop 上的查询语句,Hive 使不熟悉 MapReduce 的开发人员也能编写数据查询语句,然后这些数据被翻译成 Hadoop 上面的 MapReduce 任务。

(6) 数据 ETL/同步工具(Sqoop)

Sqoop 是 SQL-to-Hadoop 的缩写,主要用于传统数据和 Hadoop 之间传输数据。数据的导入和导出本质上是 MapReduce 程序,充分利用了 MR 的并行化和容错性,Sqoop 利用数据库技术描述数据架构,用于关系数据库、数据仓库和 Hadoop 之间转移数据。

(7) 开源的 ETL 工具(Kettle)

Kettle 是进行数据处理的 ETL 工具,纯 Java 编写,能够在 Windows、Linux、Unix 上运行,Kettle 可以用来处理转换来自不同数据库的数据。

(8) BI 工具(Knowbi)

Knowbi 是基于大数据的 BI 设计与展示工具,基于模块化架构和开放标准,以便根据用户需求进行定制和集成。它还提供了一套全面的分析引擎,从传统报表、多维分析和图表展示工具到数据挖掘等。

1.6 模块小结

本章介绍了大数据的基本概念、商务智能概念、大数据关键技术、项目需求及业务场景分析。

1.7 课后习题

1. 选择题

(1) 商务智能系统一般有_____、ETL 过程、_____、数据挖掘模型以及指标展现工具等几个核心模块。以上空缺的选项是(　　)。

A. 数据仓库、OLAP 分析模型 B. 数据处理、数据仓库

C. 数据仓库、机器学习　　　 D. 模式识别、OLAP 分析模型

(2) 大数据是指其大小超出了典型数据库软件的采集、存储、管理和分析等能力的数据集。以下哪个不是大数据的主要特征(　　)。

A. 价值密度高　　　　　　　 B. 海量的数据

C. 多样的数据类型　　　　　 D. 快速的数据处理

(3) (　　)是指在对挖掘任务和数据本身内容理解的基础上,寻找依赖于发现目标的数据的有用特征,以缩减数据规模,从而在尽可能保持数据原貌的前提下,最大限度地精简数据量。

A. 数据集成　　　　　　　　 B. 数据转换

C. 数据归约　　　　　　　　 D. 数据预处理

2. 填空题

(1) 大数据处理的基本流程主要包括_____、数据预处理、_____、数据处理与分析、数据展示/数据可视化、数据应用等环节,其中_____贯穿于整个大数据流程,每一个数据处理环节都会对大数据质量产生影响。

(2) 商务智能作为一套完整的解决方案,是将_____、联机分析处理和_____等结合起来应用到商业活动中,实现技术服务于决策的目的。

(3) _____是研究计算机怎样模拟或实现人类的学习行为,以获取新的知识或技能,重新组织已有的知识结构,使之不断改善自身的性能。

(4) _____包含遗漏值处理、噪声数据处理以及不一致数据处理;_____是把多个原数据中的数据结合,存放到一个数据库中存储;_____主要过程有平滑、聚集、数据泛化、规范化以及属性构造。

3. 简答题

(1) 大数据的处理流程主要有哪些?

(2) 大数据需要用到哪些关键技术?

模块 2 大数据平台部署与运维

2.1 引言

大数据指的是数据规模庞大和复杂到难以通过现有的数据库管理工具或者传统的数据处理应用程序进行处理的数据集合。大数据对技术产生了巨大的挑战,谷歌由此提出了一整套解决方案和产品,并且诞生了基于谷歌技术的开源大数据平台 Hadoop。Hadoop 是目前生态系统最完整、参与开发人员最多的大数据计算平台之一。尽管 Hadoop 有诸多的竞争者,但其开发配置便利、可扩展性好、生态完整等优点,使其得到了广泛的认可,成了许多大数据应用系统的基础软件平台。

本模块介绍了 Hadoop 的发展历程、应用特性以及 Hadoop 生态系统中各自的组件,并重点介绍了 Hadoop 的两大核心组件 HDFS 和 MapRedude,以及 HBase、Hive 和 ZooKeeper 等 Hadoop 生态系统中的一些重要组件。最后详细演示了 Apache Hadoop 的本地/独立模式、伪分布模式和 Hadoop HA 的安装部署、HBase 和 Hive 的安装部署以及集群的运维与优化。

2.2 大数据平台系统架构

Hadoop 是大数据的领军平台,是一种分析和处理大数据的分布式系统架构,最初由雅虎的工程师道格·卡廷(Doug Cutting)和迈克·卡法雷拉(Mike Cafarella)在 2005 年合作开发,现为 Apache 基金会的开源项目。

2.2.1 Hadoop 简介

近年来,Hadoop 已经逐步成了大数据分析领域最受欢迎的解决方案,Hadoop 框架使用

Java 语言编写，在大量计算机组成的集群中实现了对海量数据的分布式计算。Hadoop 采用 MapReduce 分布式计算框架，根据 GFS 原理开发了 HDFS（分布式文件系统），并根据 BigTable 原理开发了 HBase 数据存储系统。Hadoop 凭借其优异的性能，在大数据企业获得了广泛的应用。雅虎、脸书、亚马逊、百度、阿里巴巴等众多互联网公司都以 Hadoop 为基础搭建自己的分布式计算系统。

Hadoop 是一个基础框架，允许用简单的编程模型在计算机集群上对大型数据集进行分布式处理。它的设计规模从单一服务器到数千台服务器，每个服务器都能提供本地计算和存储功能，框架本身具有可靠性、可扩展性，提供计算机集群高可用的服务，不依赖硬件来提供高可用性。用户可以在不了解分布式底层细节的情况下，轻松地在 Hadoop 上开发和运行处理海量数据的应用程序，充分利用集群的高速计算和存储功能。

1. Hadoop 的特性

Hadoop 被公认为行业大数据标准开源软件，在分布式环境下提供了海量数据的处理能力。它具有以下四个特性。

（1）高可靠性。Hadoop 采用分布式文件系统对数据冗余存储，它的部分副本失效不会影响数据的可用性。

（2）高扩展性。Hadoop 可以轻易地将集群扩展到数千节点的规模。

（3）高效性。Hadoop 采取分布式计算框架，可以将计算任务分配到集群多个节点中，实现数据的高效处理。

（4）低成本。Hadoop 可以部署在通用的 x86 服务器上，不需要采购价格昂贵的硬件设备。Hadoop 本身属于开源项目，软件成本大大降低。

2. Hadoop 的生态系统

Hadoop 是一个由 Apache 基金会开发的大数据分布式系统基础架构。用户可以在不了解分布式底层细节的情况下，轻松地在 Hadoop 上开发和运行处理大规模数据的分布式程序，充分利用集群的优势高速运算和存储。Hadoop 是一个数据管理系统，作为数据分析的核心，汇集了结构化和非结构化的数据，这些数据分布在传统的企业数据栈的每一层。Hadoop 也是一个大规模并行处理框架，拥有超级计算能力，定位于推动企业级应用的执行。Hadoop 又是一个开源社区，主要为解决大数据的问题提供工具和软件。

虽然 Hadoop 提供了很多功能，但仍然应该把它归类为由多个组件组成的 Hadoop 生态圈，这些组件包括数据存储、数据集成、数据处理和其他进行数据分析的专门工具。图 2-2-1 是一个 Hadoop 生态系统的图谱，详细列举了在 Hadoop 生态系统中出现的各种组件工具。Hadoop 的生态系统，主要由 HDFS、MapReduce、HBase、ZooKeeper、Pig、Hive 等核心组件构成，另外还包括 Sqoop、Flume 等框架，用来与其他企业系统融合。其中，HDFS 为海量数据提供了存储功能，而 MapReduce 为海量数据提供了计算能力。同时，Hadoop 生态系统也在不断增长，它新增了 Mahout、Ambari 等内容，以提供更新功能。

（1）分布式文件系统（HDFS）

Hadoop 分布式文件系统是 Hadoop 核心组件之一，使用 Java 实现的、可扩展的、分布式文件系统。HDFS 的机制是将大量数据分布到计算机集群上,数据一次写入,但可以多次读取用于分析。HDFS 可以容忍硬件出错,在某个节点发生故障时,可以及时由其他正常节点继续向用户提供服务。HDFS 在处理数据时,具有很高的数据吞吐率,对于大数据应用来说,HDFS 是一个非常好的分布式数据存储系统。

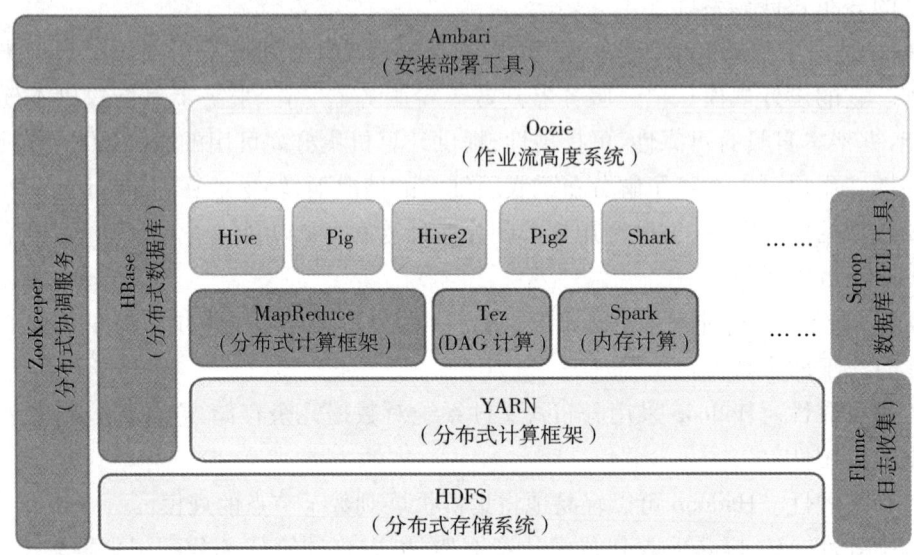

图 2-2-1　Hadoop 2.0 生态系统

(2) 离线计算框架(MapReduce)

Hadoop MapReduce 是谷歌 MapReduce 的开源实现。MapReduce 是一种编程模型,它将一个复杂的问题分解成处理子集的子问题,并将操作分为"Map"和"Reduce"两个过程。"Map"是对子问题分别进行处理,得到中间结果;"Reduce"是把子问题处理后的中间结果进行汇总处理,得到最终结果。Hadoop MapReduce 能够在由大量的普通配置的计算机组成的集群上处理超大数据集,具有易于编程、高扩展性和高容错性的特点。

(3) 资源管理系统(YARN)

Hadoop YARN(Yet Another Resource Negotiator,另一种资源协调者)是作业调度和集群资源调度的框架。YARN 是 Hadoop 2.0 新增系统,主要作用是负责集群的资源管理和统一调度,它可以统一管理多种计算框架,具有资源利用率高、运维成本低、数据共享方便等优点。

(4) 分布式数据库(HBase)

HBase 是一个高可靠性、高性能、面向列、可伸缩的分布式数据库,支持大表的结构化数据存储。它属于非关系型数据库,适合于结构化和非结构化数据存储,利用 HBase 技术可在廉价服务器上搭建大规模结构化存储集群;HBase 用于对大量数据进行快速读取/写入;HBase 将 ZooKeeper 用于自身的管理,以保证其所有组件都正常运行。

(5) 数据仓库(Hive)

Hive 提供类似于 SQL 的高级语言,用于执行对存储在 Hadoop 中数据的查询,Hive 允许不熟悉 MapReduce 的开发人员编写数据查询语句，它会将其翻译为 Hadoop 中的 MapReduce 作业。

（6）大数据流处理系统（Pig）

Pig 是 Hadoop 数据操作的客户端，是一个数据分析引擎，采用了一定的语法操作 HDFS 中的数据（Pig 应该说是一种语言，有人说 Pig 是类 SQL 的语言，这里只能说它的功能类似于 SQL 语言和数据库的关系，而且这里的 SQL 更像是 PLSQL，而不是标准 SQL，Hadoop 中更像标准 SQL 的应该是 Hive 或者叫 HiveQL），它的语言比较像 Shell 脚本，可以嵌入 Hadoop 的 Java 程序中，从而达到简化代码的目的，Pig 的脚本叫 Pig Latin，之所以说 Pig 是一个数据分析引擎，是因为 Pig 相当于一个翻译器，将 Pig Latin 语句翻译成 MapReduce 程序，而 Pig Latin 语句是一种用于处理大规模数据的脚本语言。Pig Latin 可完成排序（Order By）、过滤（Where）、求和（Sum）、分组（Group By）、关联（Join）等操作，支持自定义函数；Pig Latin 把类似 SQL 的语句转换成 MapReduce 过程进行处理，减少 Java 代码的书写，Pig 的运行方式有 Grunt Shell 方式、脚本方式和嵌入式方式。

（7）数据转换工具（Sqoop）

Sqoop 是一种用于在关系型数据库和数据仓库与 Hadoop 之间高效传输批量数据的工具。Sqoop 利用数据库来描述导入/导出数据的模式，可用于将数据从外部结构化数据存储导入 Hadoop 分布式文件系统，或从 Hadoop 系统中将数据导出到外部结构化数据存储中。

（8）日志处理系统（Flume）

Flume 是 Cloudera 提供的一种分布式的、高可靠的、高可用的，用于高效收集、聚合和移动大量日志数据的系统。它使用基于数据流的简单灵活的架构，支持在日志系统中指定各类数据发送方，用于收集数据；同时，它也具有对数据进行简单处理，并写到各种数据接收方的功能。

（9）分布式协同服务（ZooKeeper）

ZooKeeper 是一个开放源码的分布式应用程序协调服务，由 Google Chubby 的 Java 开源实现，是高可用的和可靠的分布式协同（coordination）系统，提供分布式锁之类的基本服务，用于构建分布式应用。ZooKeeper 被设计成可以在机器集群上运行，是一个具有高可用性的服务，是 Hadoop 和 HBase 的重要组件。它是一个为分布式应用提供一致性服务的软件，提供的功能包括：配置维护、域名服务、分布式同步、组服务等。

（10）工作流调度程序（Oozie）

Oozie 是由 Cloudera 公司贡献给 Apache 的基于工作流引擎的开源框架，是用于 Hadoop 平台的开源的工作流调度引擎，用来管理 Hadoop 作业，属于 Web 应用程序，它能够提供对 Hadoop MapReduce 和 Pig Jobs 的任务调度与协调。由 Oozie Client 和 Oozie Server 两个组件构成，Oozie Server 运行于 Java Servlet 容器（Tomcat）中的 Web 程序。

（11）大数据消息订阅系统（Kafka）

Kafka 最初由 LinkedIn 公司开发，是一个支持分区的（partition）、多副本的（replica）、基于 ZooKeeper 协调的分布式消息系统。它最大的特点就是可以实时地处理大量数据以满足各种需求场景，比如基于 Hadoop 的批处理系统、低延迟的实时系统、Storm/Spark 流式处理引擎、Web/Nginx 日志、访问日志、消息服务等等。用 Scala 语言编写，LinkedIn 于 2010 年贡献给了 Apache 基金会并成为顶级开源项目。

（12）DAG 计算框架（Tez）

Tez 是 Apache 开源的支持 DAG 作业的计算框架，是支持 Hadoop2.X 的重要引擎。它源于 MapReduce 框架，核心思想是将 Map 和 Reduce 两个操作进一步拆分，分解后的元操作可以任意灵活组合，产生新的操作，这些操作经过一些控制程序组装后，可形成一个大的 DAG 作业。

（13）内存 DGA 计算模型（Spark）

Spark 是一个 Apache 项目，是为 Hadoop 数据处理设计的快速、通用的计算引擎。Spark 提供了一个简单的、表述性的编程模型，支持各种应用程序。Spark 在内存中运行程序的速度比 Hadoop MapReduce 快 100 倍，比在磁盘上运行的速度快 10 倍。它内存计算的特性提高了在大数据环境下数据处理的实时性，同时保证了高容错性和高可伸缩性，允许用户将 Spark 部署在大量廉价硬件之上，形成集群。

（14）Hadoop 集群 Web 管理工具（Ambari）

Ambari 是最新加入 Hadoop 的项目，Ambari 项目旨在将监控和管理等核心功能加入 Hadoop 项目。Ambari 可帮助系统管理员部署和配置 Hadoop，升级集群以及监控服务，还可通过 API 集成其他的系统管理工具。

2.2.2 Hadoop 版本演进

当前 Apache Hadoop 版本非常多，在讲解 Hadoop 各版本之前，先要了解 Apache 软件的发布方式。

对于任何一个 Apache 开源项目，所有的基础特性均被添加到一个名为"trunk"的主代码线（main codeline），当需要开发某个重要的特性时，会专门从主代码线中延伸出一个分支（branch），这被称为一个候选发布版（candidate release），该分支将专注于开发该特性而不再添加其他新的特性，待 bug 修复之后，经过相关人士投票便会对外公开成为发布版（release version），并将该特性合并到主代码线中。需要注意的是，多个分支可能会同时进行研发，这样，版本高的分支可能先于版本低的分支发布。

由于 Apache 以特性为准延伸新的分支，故在介绍 Apache Hadoop 版本之前，先介绍几个独立产生 Apache Hadoop 新版本的重大特性。

（1）Append HDFS。Append 主要完成追加文件内容的功能，也就是允许用户以 Append 方式修改 HDFS 上的文件。HDFS 最初的一个设计目标是支持 MapReduce 编程模型，而该模型只需要写一次文件，之后仅进行读操作而不会对其修改，即"write-once read-many"，这就不需要支持文件追加功能。但随着 HDFS 变得流行，一些具有写需求的应用想以 HDFS 作为存储系统，比如，有些应用程序需要往 HDFS 上某个文件中追加日志信息，HBase 需使用 HDFS 具有 Append 功能以防止数据丢失等。

（2）HDFS RAID。Hadoop RAID 模块在 HDFS 之上构建了一个新的分布式文件系统 Distributed Raid File System（DRFS），该系统采用了 Erasure Codes 增强对数据的保护，有了这样的保护，可以采用更少的副本数来保持同样的可用性保障，进而为用户节省大量存储空间。具体可参考:https://issues.apache.org/jira/browse/HDFS/component/12313080。

(3) Symlink。让 HDFS 支持符号链接。符号链接是一种特殊的文件,它以绝对或者相对路径的形式指向另外一个文件或者目录(目标文件),当程序向符号链接中写数据时,相当于直接向目标文件中写数据。具体可参考:https://issues.apache.org/jira/browse/HDFS-245。

(4) Security Hadoop。HDFS 和 MapReduce 均缺乏相应的安全机制,比如在 HDFS 中,用户只要知道某个 block 的 blockID,便可以绕过 NameNode 直接从 DataNode 上读取该 block,用户可以向任意 DataNode 上写 block;在 MapReduce 中,用户可以修改或者中止任意其他用户的作业等。为了增强 Hadoop 的安全机制,从 2009 年起,Apache 专门抽出一个团队,从事为 Hadoop 增加基于 Kerberos 和 Deletion Token 的安全认证和授权机制的工作。具体可参考:https://issues.apache.org/jira/browse/Hadoop-4487。

(5) MRv1。第一代 MapReduce 计算框架由三部分组成:编程模型、数据处理引擎和运行时环境。其中,编程模型由新旧 API 两部分组成;数据处理引擎由 MapTask 和 ReduceTask 组成;运行时环境由 JobTracker 和 TaskTracker 两类服务组成。

(6) MRv2/YARN。MRv2 是针对 MRv1 在扩展性和多框架支持等方面的不足而提出来的,它将 MRv1 中的 JobTracker 包含的资源管理和作业控制两部分功能拆分,分别由不同的进程实现。考虑到资源管理模块可以共享给其他框架使用,MRv2 将其做成了一个通用的 YARN 系统,YARN 系统的引入使得计算框架进入了平台化时代。

(7) NameNode Federation。它是针对 Hadoop1.0 中 NameNode 内存约束限制其扩展性问题而提出的改进方案,可以使 NameNode 横向扩展成多个。其中,每个 NameNode 分管一部分目录,这不仅使 HDFS 扩展性得到增强,也使 HDFS 具备了隔离性。

(8) NameNode HA。HDFS NameNode 存在 NameNode 内存约束限制扩展性和单点故障两个问题。其中,第一个问题通过 NameNode Federation 方案解决,而第二个问题则通过 NameNode 热备方案(NameNode HA)实现。具体可参考:https://issues.apache.org/jira/browse/HDFS-1064。

目前为止的五个系列的 Hadoop 版本介绍如下。

(1) 0.20.X 系列。0.20.2 版本发布后,几个重要的特性没有基于 trunk 而是在 0.20.2 基础上继续研发。值得一提的主要有两个特性:Append 与 Security。其中,含 Security 特性的分支以 0.20.203 版本发布,而后续的 0.20.205 版本综合了这两个特性。需要注意的是,之后的 1.0.0 版本仅是 0.20.205 版本的重命名。0.20.X 系列版本是最令用户感到疑惑的,它们具有的一些特性,trunk 上没有;反之,trunk 上有的一些特性,0.20.X 系列版本却没有。

(2) 0.21.0/0.22.X 系列。这一系列版本将整个 Hadoop 项目分割成三个独立的模块,分别是 Common、HDFS 和 MapReduce。HDFS 和 MapReduce 都对 Common 模块有依赖,但是 MapReduce 对 HDFS 并没有依赖,这样,MapReduce 可以更容易运行在其他的分布式文件系统之上,同时,模块间可以独立开发。具体各个模块的改进如下。

Common 模块:最大的新特性是在测试方面添加了 Large-Scale Automated Test Framework 和 Fault Injection Framework。

HDFS 模块:主要增加的新特性包括支持追加操作与建立符号链接、Secondary NameNode

改进(Secondary NameNode 被剔除,取而代之的是 CheckpointNode,同时添加一个 BackupNode 的角色,作为 NameNode 的冷备)、允许用户自定义 Block 放置算法等。

MapReduce 模块:在作业 API 方面,开始启动新 MapReduce API,但仍然兼容老的 API。

0.22.0 在 0.21.0 的基础上修复了一些 bug 并进行了部分优化。

(3) 0.23.X 系列。0.23.X 是为了克服 Hadoop 在扩展性和框架通用性方面的不足而提出来的,它包括基础库 Common、分布式文件系统 HDFS、资源管理框架 YARN 和运行在 YARN 上的 MapReduce 四部分。其中,新增的 YARN 可对接入的各种计算框架(如 MapReduce、Spark 等)进行统一管理,该发行版自带 MapReduce 库,而该库集成了迄今为止所有的 MapReduce 新特性。

(4) 2.X 系列。同 0.23.X 系列一样,2.X 系列属于下一代 Hadoop,与 0.23.X 相比,2.X 增加了 NameNode HA 和 Wire Compatibility 等新特性。

(5) 3.X 系列。Hadoop3.X 中增加了很多特性,并且也改进了很多地方,是 Hadoop2.X 的升级。需要注意的是,在 Hadoop3.X 中,不能再使用 JDK1.7,而是需要升级到 JDK1.8 以上版本。Hadoop3.X 中引入了一些重要的功能和优化,包括 HDFS 可擦除编码、多 NameNode 支持、MR Native Task 优化、YARN 基于 CGroup 的内存和磁盘 IO 隔离、YARN container resizing 等。

Hadoop3.X 官方文档地址如下:http://hadoop.apache.org/docs/r3.0.1/。

整体来看,当前 Hadoop 有三大版本:Hadoop 1.0、Hadoop 2.0 和 Hadoop 3.0。第一代 Hadoop 称为 Hadoop 1.0,第二代 Hadoop 称为 Hadoop 2.0。第一代 Hadoop 包含三个大版本,分别是 0.20.X、0.21.X 和 0.22.X,其中,0.20.X 最后演化成 1.0.X,变成了稳定版,而 0.21.X 和 0.22.X 则具备 NameNodeHA 等新的重大特性。第二代 Hadoop 包含两个版本,分别是 0.23.X 和 2.X,它们完全不同于 Hadoop 1.0,是一套全新的架构,均包含 HDFS Federation 和 YARN 两个系统,相比于 0.23.X,2.X 增加了 NameNodeHA 和 Wire Compatibility 两个重大特性。Apache 软件基金会发布了分布式计算开源软件框架第三版,Apache Hadoop 3.0 是自 2013 年 Hadoop 2.0 发布以来的第一个主要版本。Hadoop 的成长历史如图 2-2-2 所示。

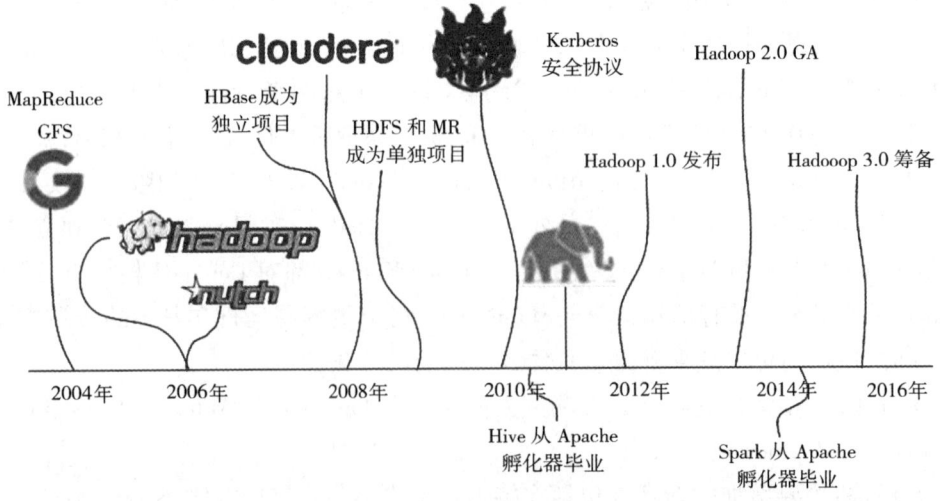

图 2-2-2 Hadoop 的成长历史

2.2.3 分布式文件系统 HDFS

HDFS 源自 2003 年 10 月 Google 发表的一篇 GFS，谷歌公司为了存储海量数据而设计了 GFS，HDFS 基本上可以认为是 GFS 的简化版，它是 Hadoop 的一个分布式文件系统。它与现有的分布式文件系统有许多相似之处，但 HDFS 具有高容错性，可部署在低成本硬件上。

1. HDFS 体系架构

HDFS 采用主/从（master/slave）架构，一个集群由一个名称节点（NameNode）和若干个数据节点（DataNode）组成。NameNode 是一个中心服务器，负责管理文件系统的命名空间（NameSpace）及客户端对文件的访问；集群中的 DataNode 一般是集群中的一台服务器，负责管理所在节点的数据存储。客户端（Client）通过 NameNode 和 DataNode 的交互来访问文件系统。HDFS 体系结构如图 2-2-3 所示。HDFS 将一个文件分割成一个或者多个块，这些块被存储在一组数据节点中。一个名称节点保存着集群上所有文件的目录树，以及每个文件数据块的位置信息。数据节点通常是一个节点或者一台机器，它是真正存放数据文件的节点，管理着从 NameNode 分配过来的数据块，并管理对应节点的数据存储。

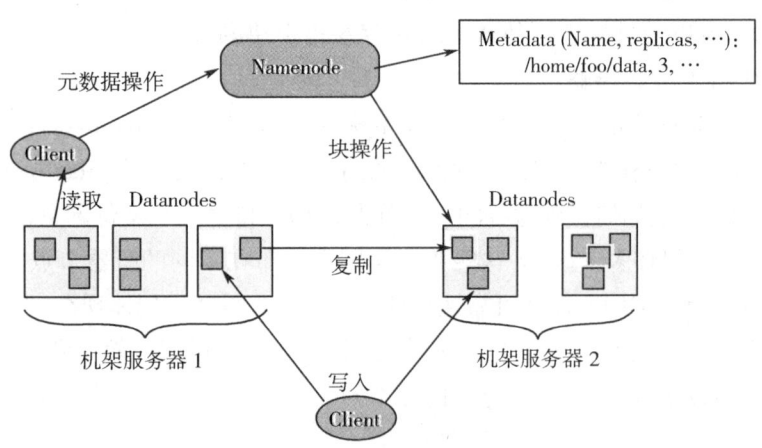

图 2-2-3 HDFS 体系结构

DataNode 中的数据块以文件的形式保存在其本地文件系统，并且会周期性地向 NameNode 发送心跳信息报告自己的状态。如果在一定时间周期内，NameNode 没有接收到 DataNode 的心跳信息，则认为 DataNode 处于离线状态，NameNode 不再分发读/写任务到该节点。

2. HDFS 相关概念

HDFS 的框架总体采用了 master/slave 架构，主要涉及客户端（Client）、名称节点（NameNode）、第二名称节点（SecondaryNameNode）和数据节点（DataNode）等。

（1）客户端（Client）

Client 是用户操作 HDFS 最常用的方式，通过与 NameNode 和 DataNode 交互从而访问 HDFS 中的文件。

(2)名称节点(NameNode)

NameNode 是集群中管理者用于存储 HDFS 的元数据(Metadata),维护文件系统命名空间,执行文件系统的命名空间操作,如打开、关闭、重命名文件或目录等。维护 HDFS 状态的镜像文件 FSImage 和日志文件 EditLog 等。FSImage 对元数据定期进行镜像操作,形成镜像文件;EditLog 存放一定时间内用户对 HDFS 进行的操作。

(3)第二名称节点(SecondaryNameNode)

SecondaryNameNode 主要的任务并不是为 NameNode 元数据进行热备份,而是定期合并 fsimage 和 edits 日志,并传输给 NameNode。这里需要注意的是,为了减小 NameNode 的压力,NameNode 自己并不会合并 fsimage 和 edits。

(4)数据节点(DataNode)

DataNode 是文件系统的工作节点,存放数据的节点。由客户端或者 NameNode 调度来存储和检索数据,并定期向 NameNode 发送其所存储的块的信息。

(5)块(Block)

Block 是文件系统读写的最小数据单元。HDFS 中考虑元数据大小、大数据工作效率和整个集群的吞吐量问题,以块为单位处理数据。早期版本默认值为 64 MB,Hadoop2.0 的默认值为 128 MB。可以通过配置参数或者编写程序指定块的大小。

3. HDFS 中副本放置策略

HDFS 作为 Hadoop 中的一个分布式文件系统,而且是专门为 MapReduce 所设计的,所以 HDFS 除了必须满足自己作为分布式文件系统的高可靠性外,还必须为 MapReduce 提供高效的读写性能,那么 HDFS 是如何做到这些的呢? 首先,HDFS 将每一个文件的数据进行分块存储,同时每一个数据块又保存多个副本,这些数据块副本分布在不同的机器节点上,这种"数据分块存储+副本"的策略是 HDFS 保证可靠性和性能的关键。具体实现体现在三个方面。

(1)文件分块存储之后按照数据块来读,提高了文件随机读的效率和并发读的效率。

(2)保存数据块若干副本到不同的机器节点,实现可靠性的同时也提高了同一数据块的并发读效率。

(3)数据分块非常切合 MapReduce 中任务切分。

在这里,副本的存放策略又是 HDFS 实现高可靠性和高性能的关键。

在分布式集群中,通常包含非常多的服务器,由于受到机架槽位和交换机网口的限制,通常大型的分布式集群都是由多个机架组成。机架内服务器之间的网络速度通常都会高于跨机架机器之间的网络速度,并且机架之间服务器的网络通信通常受到上层交换机间网络带宽的限制。Hadoop 的副本放置策略尽量减少了不同机架间网络传输的消耗,而且因为多机架,提高了容错率,在可靠性(Block 在不同的机架)和带宽(一个管道仅需穿越一个网络节点)中做了一个非常好的平衡。

Hadoop 默认的副本存放策略方案如下:

(1)把第一个副本放在和客户端同一个节点,如果客户端不在集群中,就随机选择一个节点存放;

（2）第二个副本会在与第一个副本不同的机架上随机选择一个节点；

（3）第三个副本会在与第二个副本相同的机架上随机选一个不同的节点；

（4）剩余的副本就完全随机选择存放的节点。

这样的策略优先保证本机架下对数据块所属文件的访问，如果此机架发生故障，也可以在另外的机架上找到该数据块的副本，既高效，又可容错。

4. HDFS 数据访问机制

HDFS 的文件访问机制为流式访问机制，即通过 API 打开文件的某个数据块之后，可以顺序读取或者写入某个文件。由于 HDFS 中存在多个角色，且对应的应用场景主要为一次写入、多次读取的场景，因此，其读与写的方式有较大的不同。读/写操作都由客户端发起，并且由客户端进行整个流程的控制，NameNode 和 DataNode 都是被动式响应。

（1）读取数据

客户端发送读取请求时，首先与 NameNode 进行连接。连接建立完成后，客户端会请求读取某个文件的某一个数据块。NameNode 在内存中进行检索，查看是否有对应的文件及文件块，若没有，则通知客户端对应文件或者文件块不存在；若有，则通知客户端对应的数据块存在哪些节点上。客户端接收到信息之后，与对应的 DataNode 连接，并开始进行数据传输。客户端会选择离它最近的一个副本数据进行读操作。读取文件的具体过程如图 2-2-4 所示。

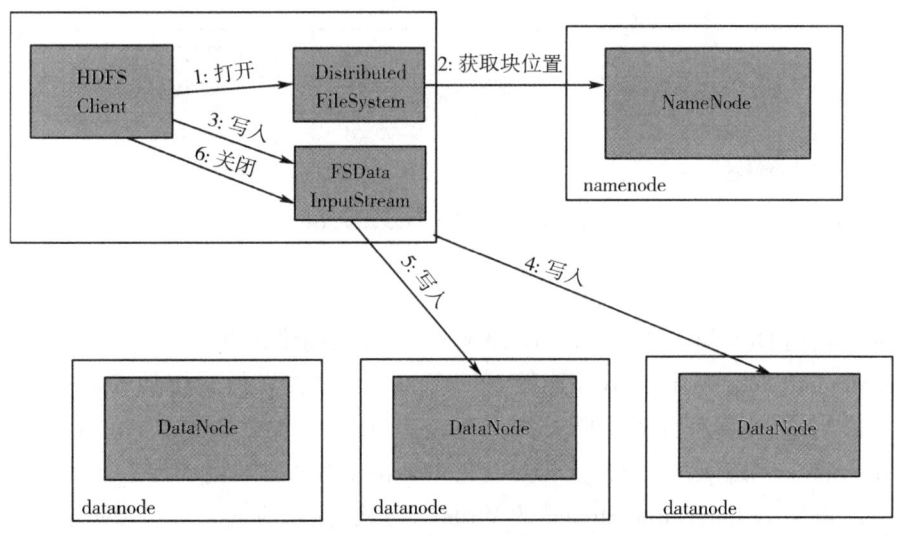

图 2-2-4 HDFS 读数据流程

具体步骤如下。

① Client 调用 DistributedFileSystem 的 Open( ) 方法打开文件。

② DistributedFileSystem 用 RPC 连接到 NameNode，请求获取文件的数据块的信息，NameNode 返回文件的部分或者全部数据块列表。对于每个数据块，NameNode 都会返回该数据块副本的 DataNode 地址，DistributedFileSystem 返回 FSDataInputStream 给客户端，用来读取数据。

③ Client 调用 FSDataInputStream 的 Read( ) 方法开始读取数据。

④ FSDataInputStream 连接保存此文件第一个数据块最近的 DataNode，并以数据流的形式读取数据。客户端多次调用 Read( )，直到达到数据块结束位置。

⑤ FSDataInputStream 连接保存此文件下一个数据块最近的 DataNode，并读取数据。

⑥ 当 Client 读取完所有数据块的数据后，调用 FSDataInputStream 的 Close( )方法关闭连接。

在读取数据的过程中，如果客户端在与数据节点通信时出现错误，则尝试连接包含此数据块的下一个节点。失败的数据节点将被记录，并且以后不再连接。

（2）写入数据

HDFS 是一个分布式文件系统，在 HDFS 上写文件的过程与单机文件系统上不太相同，其流程如图 2-2-5 所示。

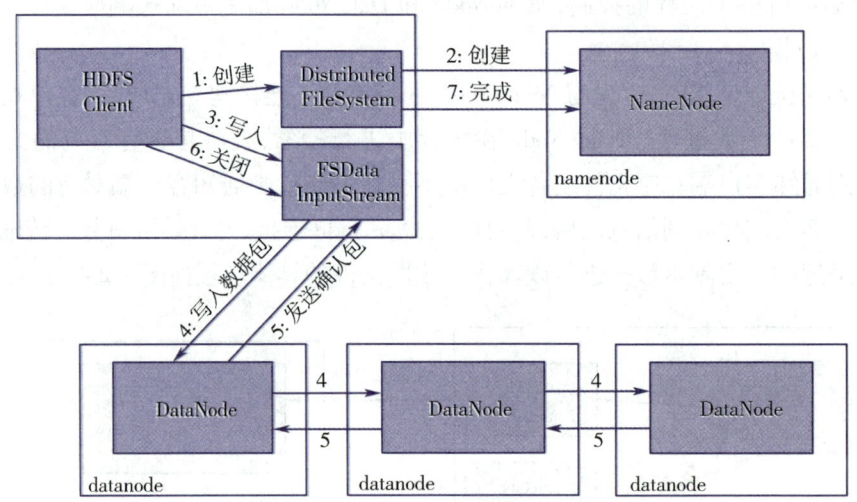

图 2-2-5　HDFS 写数据流程

具体步骤如下。

① Client 调用 DistributedFileSystem 的 Create( )方法创建文件。

② DistributedFileSystem 用 RPC 连接 NameNode，请求在文件系统的命名空间中创建一个新的文件。NameNode 首先确定原文件不存在，并且客户端有创建文件的权限，然后创建新文件。DistributedFileSystem 返回 FSDataOutputStream 给客户端用于写数据。

③ Client 调用 FSDataOutputStream 的 Write( )方法，向对应的文件写数据。

④ 当 Client 开始写入文件时，FSDataOutputStream 会将文件切分成多个分包（Packet），并写入其内部的数据队列。FSDataOutputStream 向 NameNode 申请用来保存文件和副本数据块的若干个 DataNode，这些 DataNode 形成一个数据流管道。队列的 Packet 被打包成数据包，发往数据流管道中的第一个 DataNode。第一个 DataNode 将数据包发送给第二个 DataNode，第二个 DataNode 将数据包发送到第三个 DataNode，以此类推，这样，数据包会流经管道上的各个 DataNode。

⑤ 为了保证所有的 DataNode 的数据都是准确的，接收到数据的 DataNode 要向发送者发送确认包（ACK Packet），确认包沿着数据流管道反向而上，依次经过各个 DataNode，并最

终发往客户端。当客户端收到应答时,就将对应的分包从内部队列删除。

⑥ 循环执行步骤③~⑤,直至数据全部写完。

⑦ 调用 FSDataOutputStream 的 Close() 方法,将所有的数据块写入数据流管道中的数据节点,并等待确认返回成功,最后通过 NameNode 完成写入。

5. HDFS HA 机制

HA 机制的基本思想是在集群中接入 2 个 NameNode(NN) 节点,若其中一个宕机,还有另一个节点可以继续提供服务。依据 HDFS 主从架构的原理,主节点 NameNode 只能有一个,DataNode 可以有多个。当集群中出现 2 个 NameNode 的时候,那么这两个节点就会争抢集群的共享资源,导致系统混乱、数据损坏,这种现象称为"脑裂",如同集群中出现了两个"大脑"。Hadoop2.0 提供的 HA 机制,可以解决 NameNode 单节点故障和集群中出现"脑裂"现象。

HDFS 的 HA 机制为两个 NameNode 配置 Active 和 Standby 状态, Active NameNode 是当前集群中正在工作的守护进程,负责 Client 对文件的请求与访问;Standby NameNode 则处于就绪准备状态,不参与集群的工作,Client 也请求不到这个 Standby NameNode,但其上所维护的数据与 Active NameNode 保持一致。如果出现故障,如机器崩溃或机器需要升级维护,这时可通过此种方式将当前的 Active NameNode 很快地切换到另外一台服务器上,如图 2-2-6 所示。

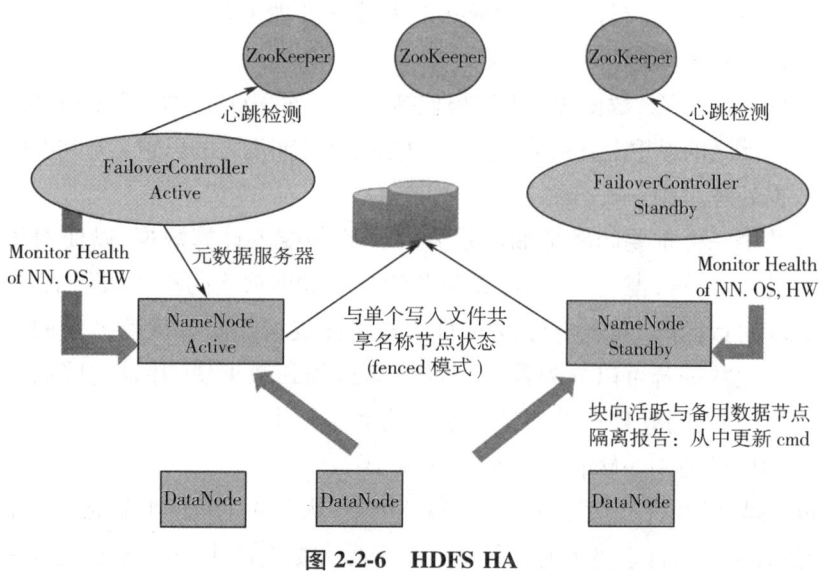

图 2-2-6 HDFS HA

HA 是为了解决单点问题,通过 JN(JournalNodes)集群共享状态,通过 ZKFC 选举 Active,监控状态,自动备援。具体流程如下。

(1) 在一个典型的 HDFS(HA) 集群中,将两台单独的服务器配置为 NameNode,在任何时间点,确保只有一个 NameNode 处于 Active 状态。Active NameNode 负责集群中的所有操作,Standby NameNode 处于备用状态,一旦 Active NameNode 节点出现故障,保证能够快速切换。

（2）为了能够实施同步 Active NameNode 和 Standby NameNode 的元数据信息，需要提供一个共享存储，同步 Edits 信息，保证数据状态的一致。Active NameNode 将数据写入共享存储系统，而 Standby NameNode 时刻监听该共享存储系统，一旦 Standby NameNode 发现有新的数据写入共享存储系统，则立刻实时读取这些数据，更新自己维护的元数据，保证与 Active NameNode 保持基本一致。这样，在紧急情况下，Standby NameNode 便可快速切换为 Active NameNode。

（3）DataNode(DN) 同时向 Active NameNode 和 Standby NameNode 发送数据块报告信息。同时，系统使用 ZooKeeper(ZK) 进行心跳检测监控，当监控到 Active NameNode 心跳不正常时，Active NameNode 失效，Standby NameNode 切换为 Active 状态。这样，就完成了两个 NameNode 之间发生故障时的热切换操作。

2.2.4 分布式计算框架 MapReduce

MapReduce 是谷歌公司于 2004 年提出的能并发处理海量数据的并行编程模型，特点在于简单易学、适用广泛，提供了一个统一的并行计算框架，把并行计算所涉及的诸多系统层细节都交给计算框架去完成，以此大大简化了程序员进行并行化程序设计的负担。MapReduce 采用"分而治之"策略，一个存储在分布式文件系统中的大规模数据集，会被切分成许多独立的分片(split)，这些分片可以被多个 Map 任务并行处理。开源的 Hadoop 系统实现了 MapReduce 计算模式，目前已成为成熟的大数据处理平台。

1. MapReduce 基本思想

使用 MapReduce 处理大数据的基本思想包括三个层面。首先，对大数据采取分而治之的思想。其次，将分而治之的思想上升到抽象模型。最后，将分而治之的思想上升到架构层面。

（1）大数据处理思想——分而治之

并行计算的第一个重要问题是如何划分计算任务或者计算数据，以便对划分的子任务或数据块同时进行计算。但是，一些计算问题的前后数据项之间存在很强的依赖关系，无法进行划分，只能串行计算。对于不可拆分的计算任务或相互间有依赖关系的数据无法进行并行计算。一个大数据若可以分为具有同样计算过程的数据块，并且这些数据块之间不存在数据依赖关系，则提高处理速度的最好办法就是并行计算。

（2）构建抽象模型——Map 函数和 Reduce 函数

MapReduce 是一种编程模型，用于大规模数据集(大于 1 TB)的并行运算。它们的主要思想，都是从函数式编程语言里借来的。每次一个步骤方法会产生一个状态，这个状态会直接当参数传进下一步中，而不是使用全局变量。MapReduce 框架根据函数式编程的思想模型，将复杂的、运行于大规模集群上的并行计算过程高度地抽象到 Map 和 Reduce 两个抽象的编程接口，为程序员提供了一个清晰的操作接口抽象描述，由用户去编程实现。

① Map( ) 函数。Map( ) 函数以 key-value 对作为输入，产生另外一系列 key-value 对作为中间输出写入本地磁盘。MapReduce 框架会自动将这些中间数据按照 key 值进行聚集，且 key 值相同(用户可设定聚集策略，默认情况下是对 key 值进行哈希取模)的数据被统一交给 Reduce( ) 函数处理。

② Reduce( )函数。Reduce( )函数以 key 及对应的 value 列表作为输入,经合并 key 相同的 value 值后,产生另外一系列 key-value 对作为最终输出写入 HDFS。

基于 MapReduce 的并行计算模型如图 2-2-7 所示。各个 Map 函数对所划分的数据并行处理,从不同的输入数据产生不同的中间结果。各个 Reduce 函数也各自并行计算,负责处理不同的中间结果。进行 Reduce 函数处理之前,必须等到所有的 Map 函数完成。因此,在进入 Reduce 函数前需要有一个同步屏障;这个阶段也负责对 Map 函数的中间结果数据进行收集整理处理,以便 Reduce 函数能更有效地计算最终结果,最终汇总所有 Reduce 函数的输出结果即可获得最终结果。

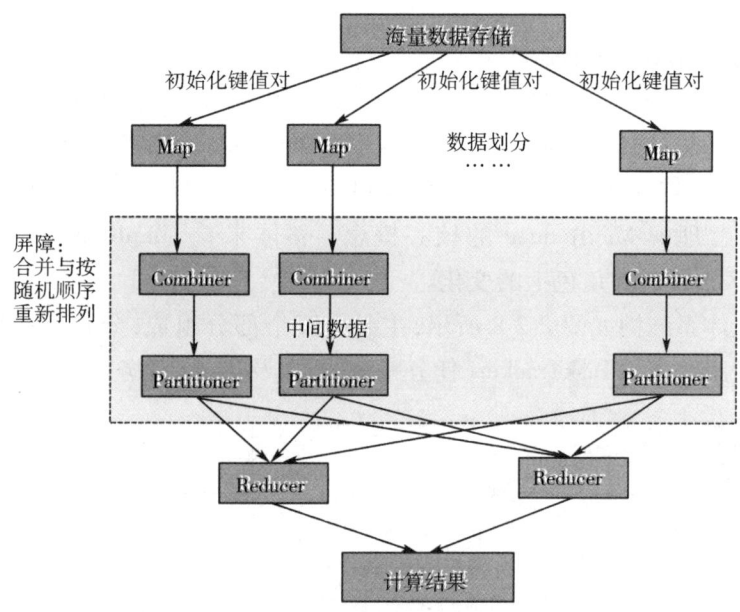

图 2-2-7　MapReduce 并行计算模型

Map 函数和 Reduce 函数都是以<key,value>作为输入的,然后按照一定的映射规则转换成一个或一批<key,value>进行输出,见表 2-2-1。

表 2-2-1　　　　　　　　　　Map 函数与 Reduce 函数

函数	输入	输出	说明
Map	<k1,v1> 如: <行号,"a b c">	List(<k2,v2>) 如: <"a",1> <"b",1> <"c",1>	①将小数据集进一步解析成一批<key,value>对,输入 Map 函数中进行处理 ②每一个输入的<k1,v1>会输出一批<k2,v2>。<k2,v2>是计算的中间结果
Reduce	<k2,List(v2)> 如:<"a",<1,1,1>>	<k3,v3> <"a",3>	输入的中间结果<k2,List(v2)>中的 List(v2)表示是一批属于同一个 k2 的 value

(3) 上升到架构——并行自动化并隐藏底层细节

MapReduce 提供了一个统一的计算框架，来完成计算任务的划分和调度，数据的分布存储和划分，处理数据与计算任务的同步，结果数据的收集整理，系统通信、负载平衡、计算性能优化、系统节点出错检测和失效恢复处理等。

MapReduce 通过抽象模型和计算框架把需要做什么与具体怎么做分开，为程序员提供了一个抽象和高层的编程接口和框架，程序员仅需要关心其应用层的具体计算问题，仅需编写少量的处理应用本身计算问题的程序代码。与具体完成并行计算任务相关的诸多系统层细节被隐藏起来，交给计算框架处理，从分布代码的执行，大到数千个，小到单个的节点集群的自动调度使用。

2. Hadoop MapReduce 架构

Hadoop 版本从 1.0 时代发展到了 2.0 时代，3.0 版本也已经发布了，目前广泛使用的还是 Hadoop2.0。Hadoop MapReduce 是 Hadoop 根据 MapReduce 原理实现的计算框架，目前有两个版本：MapReduce1.0 和基于 YARN 的 MapReduce2.0。MapReduce1.0 整体架构比较清晰，更适合初学者理解 MapReduce 的核心概念。整体来看，MapReduce1.0 与 MapReduce2.0 相比，主要区别在组件角色上的变化。

MapReduce 体系结构如图 2-2-8 所示，主要由四个部分组成，分别是：Client（客户端）、JobTracker（作业跟踪器）、TaskTracker（任务跟踪器）以及 Task（任务）。

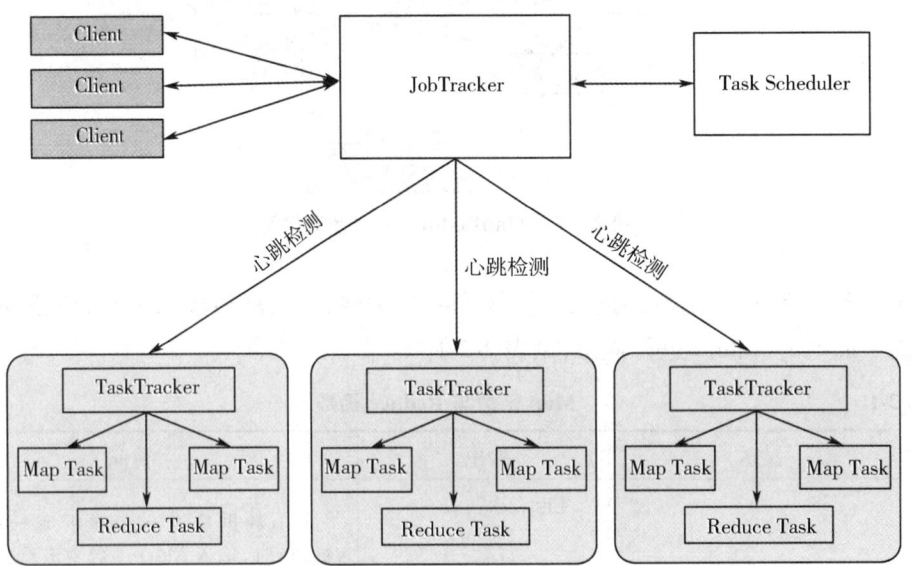

图 2-2-8　Hadoop MapReduce1.0 架构

（1）Client

每一个 Job 都会在用户端通过 Client 类将应用程序以及参数配置 Configuration 打包成 Jar 文件存储在 HDFS 上，并把路径提交到 JobTracker 的 master 服务，然后由 master 创建每一个 Task（即 MapTask 和 ReduceTask），将它们分发到各个 TaskTracker 服务中去执行。

（2）JobTracker

JobTracker 负责资源监控和作业调度。JobTracker 监控所有的 TaskTracker 与 Job 的健康状况，一旦发现失败，就将相应的任务转移到其他节点；同时 JobTracker 会跟踪任务的执行进度、资源使用量等信息，并将这些信息告诉任务调度器，而调度器会在资源出现空闲时，选择合适的任务使用这些资源。在 Hadoop 中，任务调度器是一个可插拔的模块，用户可以根据自己的需要设计相应的调度器。

（3）TaskTracker

TaskTracker 会周期性地通过 HeartBeat 将本节点上资源的使用情况和任务的运行进度汇报给 JobTracker，同时执行 JobTracker 发送过来的命令并执行相应的操作（如启动新任务、杀死任务等）。TaskTracker 使用"slot"等量划分本节点上的资源量。"slot"代表计算资源（CPU、内存等）。一个 Task 获取到一个 slot 之后才有机会运行，而 Hadoop 调度器的作用就是将各个 TaskTracker 上的空闲 slot 分配给 Task 使用。slot 分为 MapSlot 和 ReduceSlot 两种，分别提供给 MapTask 和 ReduceTask 使用。TaskTracker 通过 slot 数目（可配置参数）限定 Task 的并发度。

（4）Task

Task 分为 MapTask 和 ReduceTask 两种，均由 TaskTracker 启动。HDFS 以固定大小的 block 为基本单位存储数据，而对于 MapReduce 而言，其处理单位是 split。split 是一个逻辑概念，它只包含一些元数据信息，比如数据起始位置、数据长度、数据所在节点等。它的划分方法完全由用户自己决定。但需要注意的是，split 的多少决定了 MapTask 的数目，因为每一个 split 只会交给一个 MapTask 处理。split 与 block 的关系如图 2-2-9 所示。

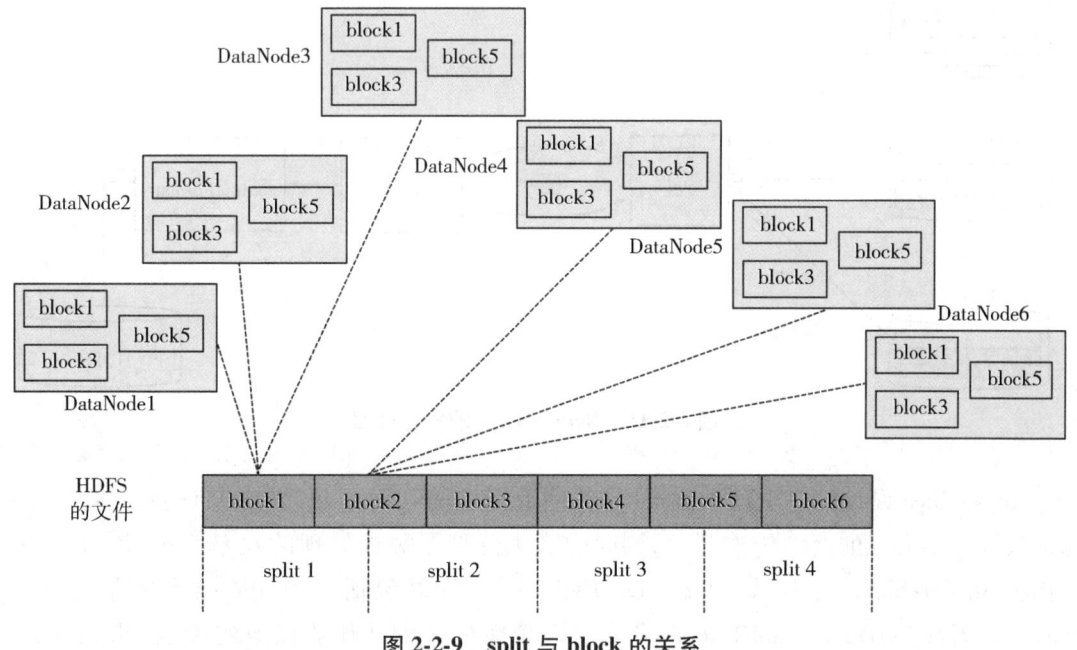

图 2-2-9　split 与 block 的关系

MapTask 的执行过程如图 2-2-10 所示。MapTask 先将对应的 split 迭代解析成一个个 key-value 对，依次调用用户自定义的 map() 函数进行处理，最终将临时结果存放到本地磁盘上。其中，临时数据被分成若干个 partition，每个 partition 将被一个 ReduceTask 处理。

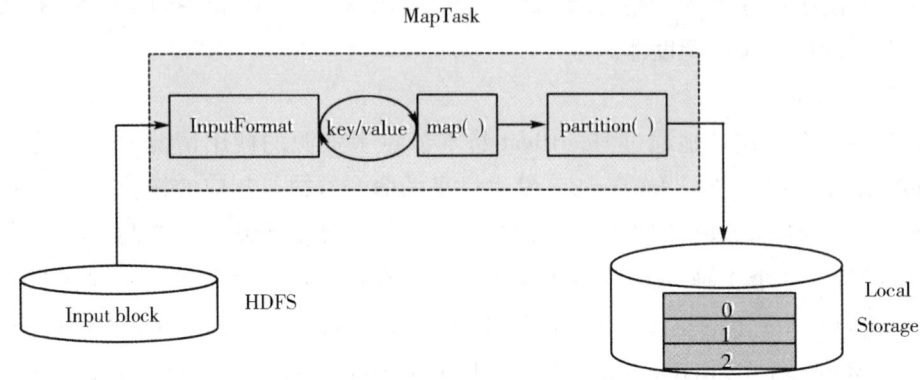

图 2-2-10 MapTask 的执行过程

ReduceTask 的执行过程如图 2-2-11 所示。该过程分为三个阶段：
① Shuffle 阶段从远程节点上读取 MapTask 中间结果；
② Sort 阶段按照 key 对 key-value 对进行排序；
③ Reduce 阶段依次读取<key,value list>，调用用户自定义的 Reduce 函数处理，并将最终结果存到 HDFS 上。

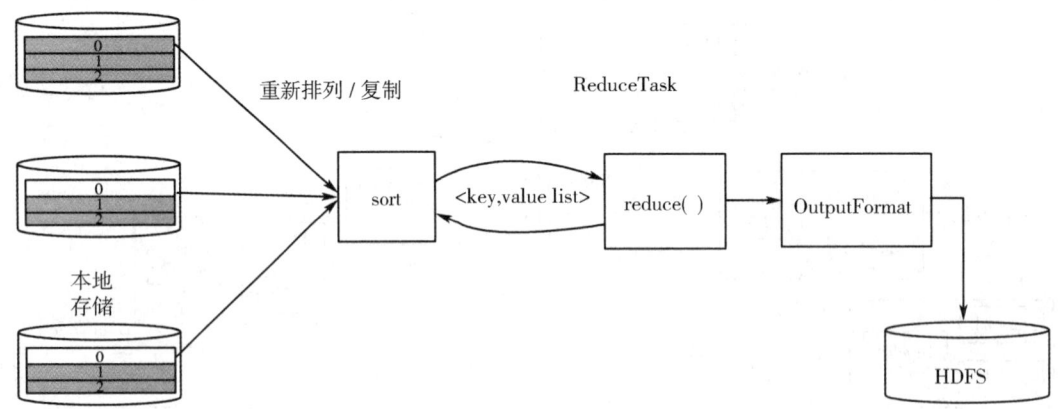

图 2-2-11 ReduceTask 的执行过程

MapReduce 设计的一个理念就是"计算向数据靠拢"，而不是"数据向计算靠拢"，因为，移动数据需要大量的网络传输开销,同时也大大降低了数据处理的效率。MapReduce 框架采用了 Master/Slave 架构,如图 2-2-12 所示。一个集群包括一个 Master 和若干个 Slave。Master 上运行 JobTracker,JobTracker 负责计算资源的分配和作业任务的调度;Slave 上运行 TaskTracker,TaskTracker 主要负责具体计算任务的执行,包括 MapTask 任务和 ReduceTask 任务。TaskTracker 会定期向 JobTracker 发送心跳信息,周期一般为 3 秒。客户端 Client 向 JobTracker 发起计算作业的请求,JobTracker 内部的 Task Scheduler 负责任务的调度,TaskTracker 负责具体任务的执行。通过这样的主从架构模型,来完成 MapReduce 的 Job 作业的执行。

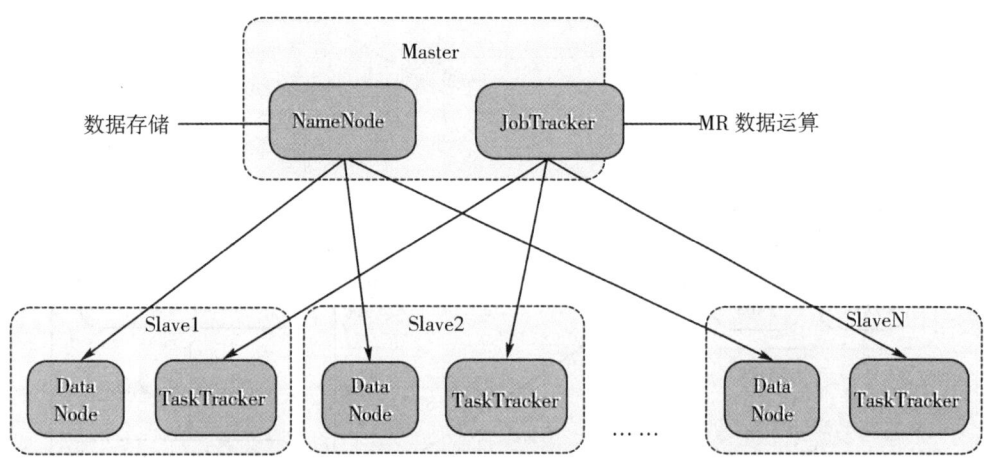

图 2-2-12　MapReduce Master/Slave 架构

3. Hadoop MapReduce 工作机制

一个 Hadoop MapReduce 作业(Job)的基本流程是,首先把存储在 HDFS 中的数据集切分为若干个独立的数据块,由多个 Map 任务(Task)以完全并行的方式处理这些数据。MapReduce 框架会对 Map 任务输出先进行排序,然后把结果作为输入传送给 Reduce 任务。一般来讲,每个 Map 和 Reduce 任务都会运行在集群的不同节点上,从而发挥集群的整体能力。作业的输入和输出都存储在文件系统中。MapReduce 框架负责整个任务的调度和监控,以及重新执行失败的任务。

(1) Hadoop MapReduce 的作业执行流程

Hadoop MapReduce 的作业执行流程如图 2-2-13 所示。

具体操作步骤如下。

① 作业提交与初始化。用户提交作业后,首先由 JobClient 实例将作业相关信息,比如将程序 jar 包、作业配置信息、分片原信息文件等上传到分布式文件系统(一般为 HDFS)上,其中,分片信息文件记录了每个输入分片的逻辑位置信息。然后 JobClient 通过 RPC 通知 JobTracker。JobTracker 收到新作业提交请求后,由作业调度模块对作业进行初始化:为作业创建一个 JobInProcess 对象以跟踪作业运行状况,而 JobInProcess 则会为每个 Task 创建一个 TaskInProgress 对象以跟踪每个任务的运行状态,TaskInProgress 可能需要管理多个"Task 运行尝试"(称为"Task Attempt")。

② 任务调度与监控。任务调度和监控均由 JobTracker 完成。TaskTracker 周期性地通过 Heartbeat 向 JobTracker 汇报本节点的资源使用情况,一旦出现空闲资源,JobTracker 会按照一定的策略选择一个合适的任务使用该空闲资源,这个过程由任务调度器完成。任务调度

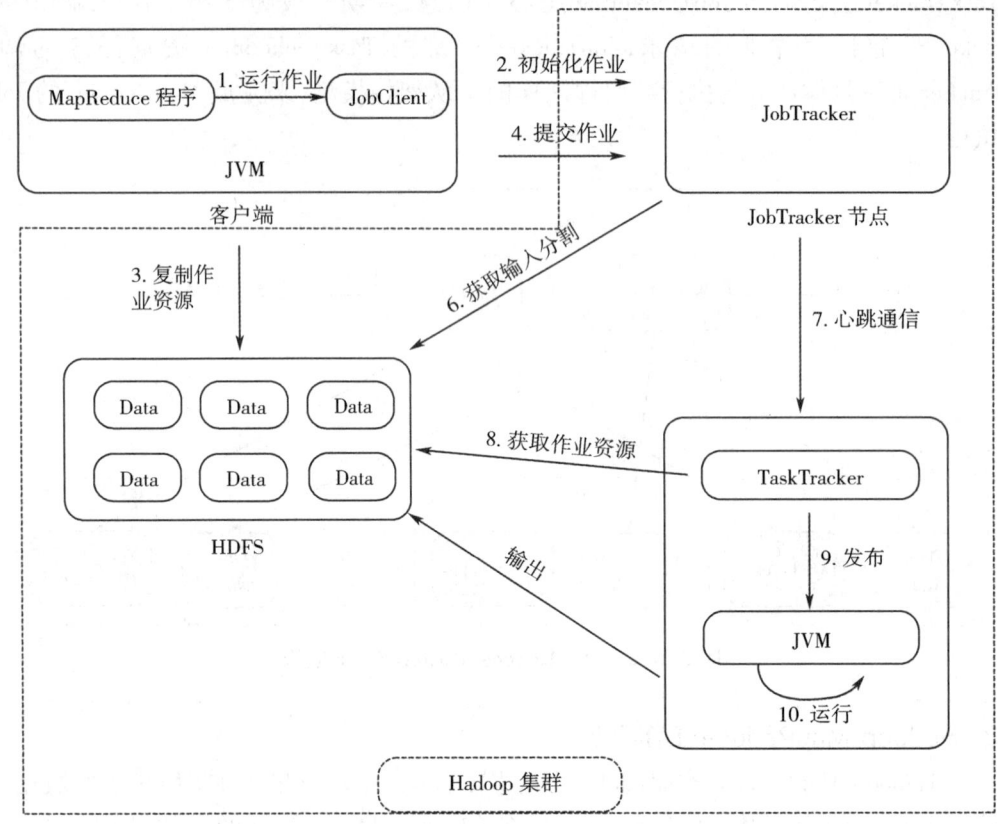

图 2-2-13 Hadoop MapReduce 的作业执行流程

器是一个可插拔的独立模块,且为双层架构,即首先选择作业,然后从该作业中选择任务,其中,选择任务时需要重点考虑数据本地性。此外,JobTracker 跟踪作业的整个运行过程,并为作业的成功运行提供全方位的保障。首先,当 TaskTracker 或者 Task 失败时,转移计算任务;其次,当某个 Task 执行进度远落后于同一个作业的其他 Task 时,为之启动一个相同的 Task,并选择计算快的 Task 结果作为最终结果。

③ 任务运行环境准备。运行环境准备包括 JVM 启动和资源隔离,均由 TaskTracker 实现。TaskTracker 为每个 Task 启动一个独立的 JVM,以避免不同 Task 在运行过程中相互影响;同时,TaskTracker 使用操作系统进程实现资源隔离以防 Task 滥用资源。

④ 任务执行。TaskTracker 为 Task 准备好运行环境后,便会启动 Task。在运行过程中,每个 Task 的最新进度首先由 Task 通过 RPC 汇报 TaskTracker,再由 TaskTracker 通过 RPC 汇报给 JobTracker。

⑤ 作业完成。待所有 Task 执行完毕后,整个作业执行成功。

在 Hadoop MapReduce 过程中,各个角色的作用如下。

① Job:是客户端程序想要完成的一系列工作的集合。包括输入数据,MapReduce 程序和配置信息。

② Task:Hadoop 将 Job 分解为 Tasks,有两种类型的 Task:MapTask 和 ReduceTask。

③ JobTracker TaskTracker:用来控制 Job 执行。TaskTracker 运行 Task,并向 JobTracker 报告进度信息。JobTracker 记录下每一个 Job 的进度信息,如果一个 Task 失败,JobTracker 会将其重新调度到另外的 TaskTracker 上。

(2) Hadoop MapReduce 的 Shuffle 阶段

Hadoop MapReduce 的 Shuffle 阶段是指从 Map 的输出开始,包括系统执行排序,以及传送 Map 输出到 Reduce 作为输入的过程。Shuffle 阶段可以分为 Map 端的 Shuffle 阶段和 Reduce 端的 Shuffle 阶段的工作过程。Shuffle 阶段的工作过程如图 2-2-14 所示。

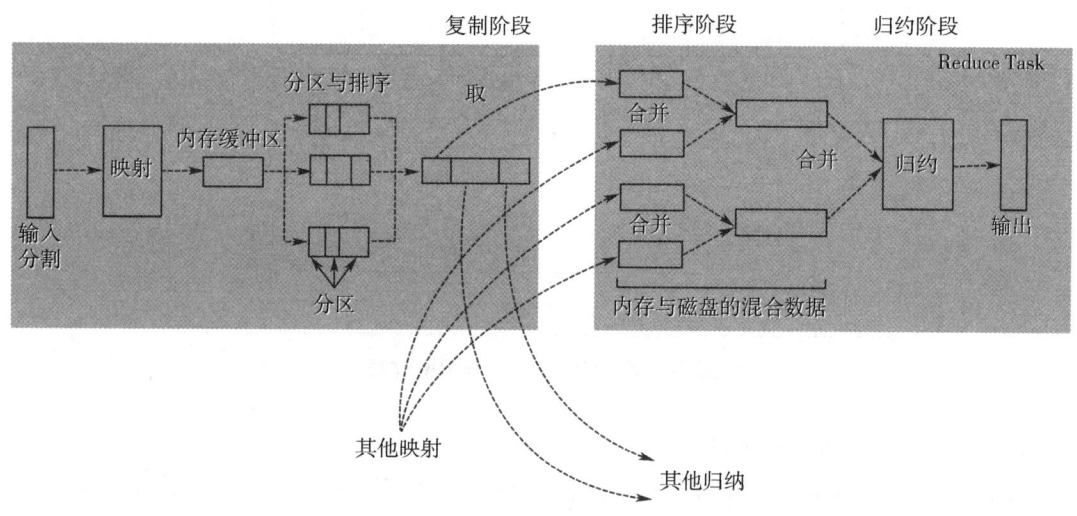

图 2-2-14 Shuffle 阶段的工作过程

① Map 端的 Shuffle 阶段

Map 的输出结果首先被写入缓存,当缓存满时,就启动溢写操作,把缓存中的数据写入磁盘文件,并清空缓存。当启动溢写操作时,首先需要把缓存中的数据进行分区,然后对每个分区的数据进行排序和合并,之后再写入磁盘文件。每次溢写操作会生成一个新的磁盘文件,随着 Map 任务的执行,磁盘中就会生成多个溢写文件。在 Map 任务全部结束之前,这些溢写文件会被归并成一个大的磁盘文件,然后通知相应的 Reduce 任务来领取属于自己处理的数据。Map 端 Shuffle 过程如图 2-2-15 所示。在 Map 端首先接触的是 InputSplit,在 InputSplit 中含有 DataNode 中的数据,每一个 InputSplit 都会分配一个 Mapper 任务,Mapper 任务结束后产生<k2,v2>的输出,这些输出先存放在缓存中,每个 Map 有一个环形内存缓冲区,用于存储任务的输出。默认大小 100 MB(io.sort.mb 属性),一旦达到阈值 0.8(io.sort.spill.percent),一个后台线程就把内容写到(spill)Linux 本地磁盘中的指定目录(mapred.local.dir)下的新建的一个溢出写文件。其次,写磁盘前,要进行分区、排序和合并等操作。通过分区,将不同类型的数据分开处理,之后对不同分区的数据进行排序,如果有合并器,还要对排序后的数据进行合并。等最后记录写完,将全部溢出文件合并为一个分区且排序的文件。最后将磁盘中的数据送到 Reduce 中,从图中可以看出

Map 输出有三个分区,有一个分区数据被送到图示的 Reduce 任务中,剩下的两个分区被送到其他 Reducer 任务中。而图示的 Reducer 任务的其他的三个输入则来自其他节点的 Map 输出。

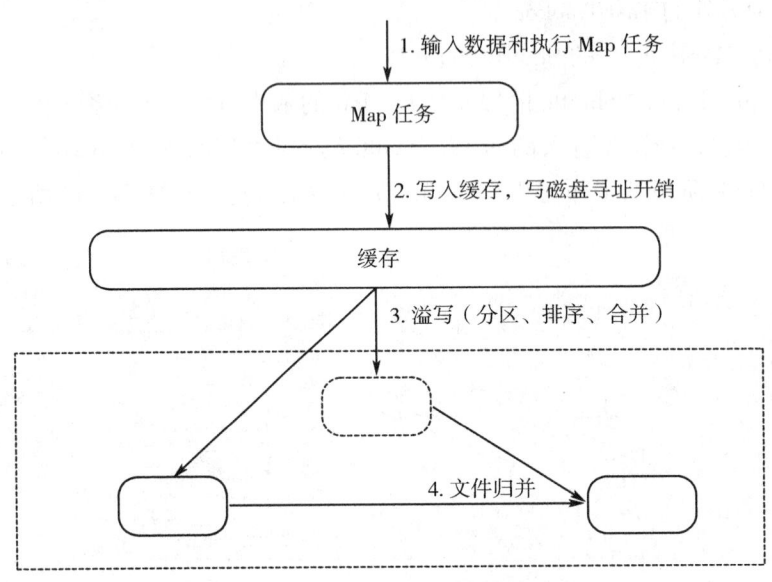

图 2-2-15　Map 端的 Shuffle 过程

② Reduce 端的 Shuffle 阶段

Reduce 任务从 Map 端的不同 Map 机器领回属于自己处理的那部分数据,然后对数据进行归并后交给 Reduce 处理。相对于 Map 端而言,Reduce 端的 Shuffle 过程非常简单,只需要从 Map 端读取 Map 结果,然后执行归并操作,最后输送给 Reduce 任务进行处理,把结果放到 HDFS 上。Reduce 端的 Shuffle 过程如图 2-2-16 所示。这里涉及两个阶段:Copy 阶段和 Merge 阶段。在 Copy 阶段,Reducer 通过 Http 方式得到输出文件的分区。Reduce 端可能从 n 个 Map 的结果中获取数据,而这些 Map 的执行速度不尽相同,当其中一个 Map 运行结束时,Reduce 就会从 JobTracker 中获取该信息。Map 运行结束后,TaskTracker 会得到消息,进而将消息汇报给 JobTracker,Reduce 定时从 JobTracker 获取该信息,Reduce 端默认有五个数据复制线程从 Map 端复制数据。在 Merge 阶段,如果形成多个磁盘文件会进行合并。从 Map 端复制来的数据首先写到 Reduce 端的缓存中,同样缓存占用到达一定阈值后会将数据写到磁盘中,同样会进行分区、合并、排序等过程。如果形成了多个磁盘文件还会进行合并,最后一次合并的结果作为 Reduce 的输入而不是写入到磁盘中。最后将合并后的结果作为输入传入 Reduce 任务中,当 Reducer 的输入文件确定后,整个 Shuffle 操作才最终结束,之后就是 Reducer 执行,最后 Reducer 会把结果存到 HDFS 上。

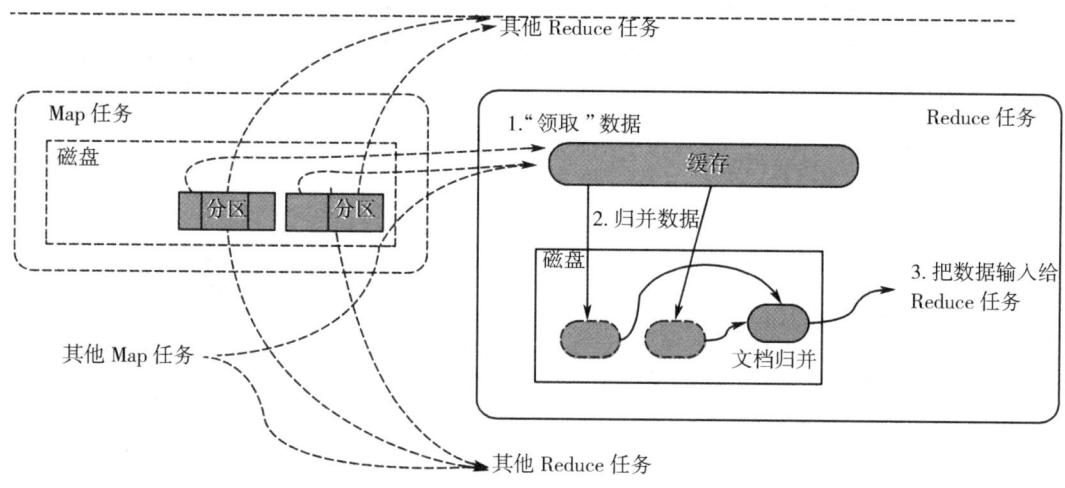

图 2-2-16 Reduce 端的 Shuffle 过程

2.2.5 集群资源管理器 YARN

回顾 MapReduce1.0 的设计思路和工作流程,可以看出,随着分布式系统集群的规模及工作负荷增大,原框架的缺陷就逐渐浮出水面,主要问题集中体现在:

(1) JobTracker 是 MapReduce 的集中处理点,存在单点故障;

(2) JobTracker 负责作业调度、任务进度监视、追踪任务、重启失败或过慢的任务,以及进行任务等级等工作,单个进程安排了大量职责,导致重大可伸缩性问题;

(3) TaskTracker 强制将作业作为一个整体分成 Map Task Slot 和 Reduce Task Slot,这些 Slot 不可替换,如果当前任务只有 Map 任务或者 Reduce 任务时,就会造成资源浪费;

(4) 通常 Hadoop1.0 时代,集群管理规模只能达到 4 000 台左右,影响了 Hadoop 的可扩展性和稳定性。

从 Hadoop2.0 开始,MapReduce1.0 被一个改进的版本 MapReduce2.0(YARN)取代,YARN(Yet Another Resource Negotiator,另一种资源协调者)修复了 MapReduce 中的明显不足,并对可伸缩性、可靠性和集群利用率进行了提升。YARN 把 JobTracker 由一个守护进程分为 ResourceManager(RM)和 ApplicationMaster(AM)两个守护进程,将 JobTracker 所负责的资源管理与作业调度分离。其中,ResourceManager 负责原来 JobTracker 管理的所有应用程序计算资源的分配、监控和管理;ApplicationMaster 负责每一个具体应用程序的调度与协同。YARN 的架构如图 2-2-17 所示,主要由 ResourceManager、ApplicationMaster、NodeManager、Container 四个组件构成。

(1) ResourceManager

YARN 分层结构的本质是 ResourceManager(RM),负责整个系统的资源管理和分配,主要包括调度器 Schedule 和 AM 两个核心组件。RM 将各个资源部分(计算、内存、带宽等)安排给基础 NM(YARN 得每个节点代理)。RM 还与 AM 一起分配资源，与 NM 一起启动和监视它们的基础应用程序。这里，AM 承担了以前的 TaskTracker 的一些角色，RM 承担了 JobTracker 的角色。

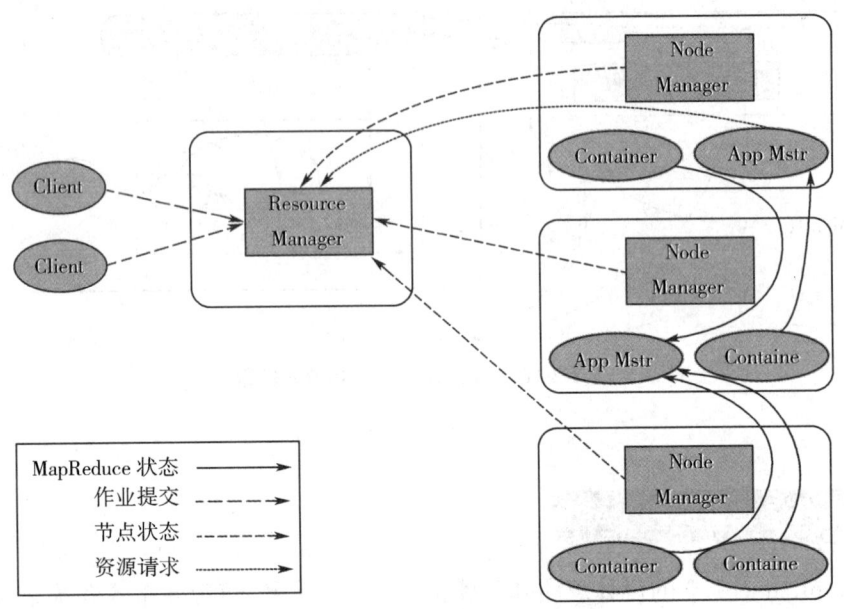

图 2-2-17 YARN 的架构

（2）ApplicationMaster(App Mstr/AM)

RM 接收用户提交的作业，按照作业的上下文信息以及从 AM 收集来的容器状态信息，启动调度过程，为用户作业启动一个 AM。这个 AM 负责向 RM 申请资源，由 AMLaucher 与对应 NodeManager 联系，并启动常驻在 NodeManager 中的 AM，这个 AM 将获得资源的容器 Container。每一个任务对应一个 Container，用于任务的运行、监控。

（3）NodeManager(NM)

NM 管理 YARN 集群中的每个节点。NM 提供针对集群中每个节点的服务，集群中每个节点都会拥有一个 NM 的守护进程，它会负责定时向 RM 汇报本节点上资源（如内存、CPU 等）的使用情况和 Container 的运行状态。

（4）Container

Container 是 YARN 中的资源抽象，它封装了某个节点上的多维度资源，如内存、CPU、磁盘、网络等，当 AM 向 RM 申请资源时，RM 为 AM 返回的资源便是用 Container 表示的。YARN 会为每个任务分配一个 Container，且该任务只能使用该 Container 中描述的资源。

MapReduce YARN 具体的工作过程如图 2-2-18 所示。具体步骤如下。

（1）作业提交

首先，Client 调用 job.waitForCompletion 方法，向整个集群提交 MapReduce 作业。Client 向 RM 申请一个作业 ID，RM 给 Client 返回该 Job 资源的提交路径和作业 ID。Client 提交 Jar

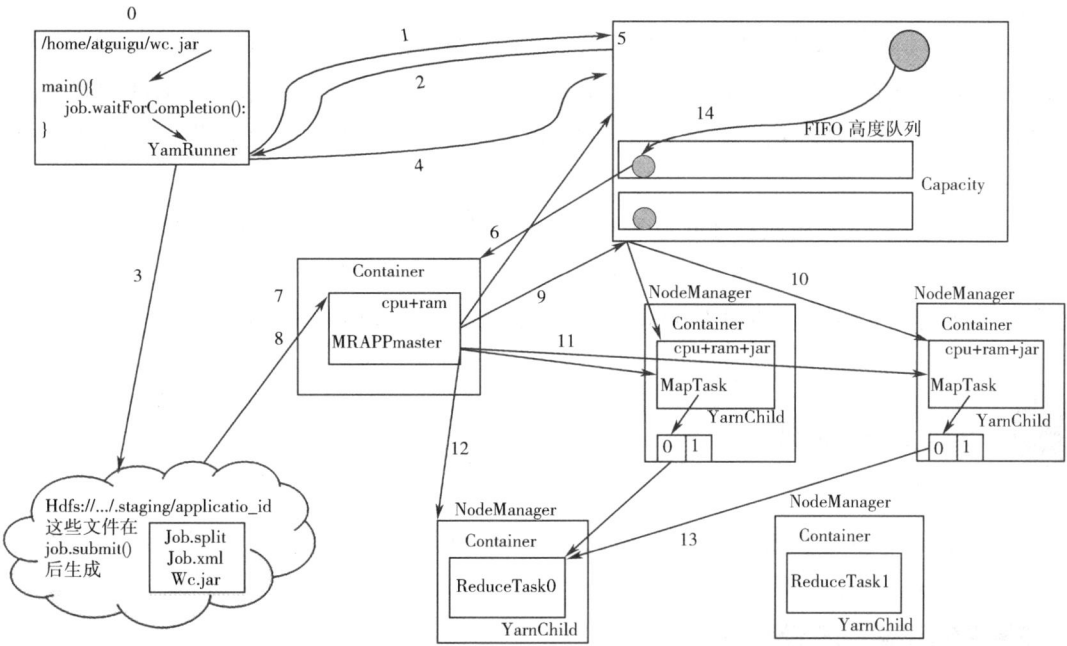

0—Mr 程序提交到客户端所在的节点　1—申请一个 Application　2—Application 资源提交路径 hdfs://.../staging 以及 Application
3—提交 Job 运行所需资源　4—资源提交完毕，申请运行 MRAppMaster　5—将用户的请求初始化成一个 Task　6—领取到 Task 任务
7—创建容器 Container　8—下载 Job 资源到本地　9—申请运行 MapTask 容器　10—领取到任务，创建容器　11—发送程序启动脚本
12—向 RM 申请 2 个容器，运行 ReduceTask 程序　13—Reduce 向 Map 获取相应分区的数据　14—程序运行完毕，MR 会向 RM 注销自己

图 2-2-18　MapReduce YARN 工作过程

包、切片信息和配置文件到指定的资源提交路径。Client 提交资源后，向 RM 申请运行 MRAppMaster。

（2）作业初始化

当 RM 收到 Client 的请求后，将该 Job 添加到容量调度器中。某一个空闲的 NM 领取到该 Job。该 NM 创建 Container，并产生 MRAppMaster，并下载 Client 提交的资源到本地。

（3）任务分配

MRAppMaster 向 RM 申请运行多个 MapTask 任务资源。RM 将运行 MapTask 任务分配给另外两个 NodeManager，这两个 NodeManager 分别领取任务并创建容器。

（4）任务运行

MR 向两个接收到任务的 NodeManager 发送程序启动脚本，这两个 NodeManager 分别启动 MapTask，MapTask 对数据分区排序。MRAppMaster 等待所有 MapTask 运行完毕后，向 RM 申请容器，运行 ReduceTask。ReduceTask 向 MapTask 获取相应分区的数据。程序运行完毕后，MR 会向 RM 申请注销自己。

（5）进度和状态更新

YARN 中的任务将其进度和状态（包括 counter）返回给应用管理器，客户端每秒（通过 mapreduce.client.progressmonitor.pollinterval 设置）向应用管理器请求进度更新，展示给用户。

（6）作业完成

除了向应用管理器请求作业进度外,客户端每5分钟都会通过调用waitForCompletion( )来检查作业是否完成。时间间隔可以通过 mapreduce. client. completion. pollinterval 来设置。作业完成之后,应用管理器和Container会清理工作状态。作业的信息会被作业历史服务器存储以备之后用户核查。

综上所述,YARN在执行Job过程中,将一个业务计算任务分解成为若干个Task来执行,执行的载体在YARN中被称为Container(容器),物理上是一个动态运行的JVM进程。在Task完成后,YARN会销毁Container,并重新分配,进行初始化,运行新的任务。

2.3 集群安装部署

安装Hadoop及集群相关的组件,安装Hadoop及各组件服务前需完成安装包版本的选择和准备安装的先决条件。

2.3.1 Hadoop平台部署

Hadoop可以运行在普通商用服务器上,即用户可以选择普通硬件供应商生产的标准化的、广泛有效的硬件来构建集群。Hadoop支持的运行模式有三种,分别是本地/独立模式(Local/Standalone Mode)、伪分布模式(PseudoDistributed Mode)和全分布模式(FullyDistributed Mode)。

本地/独立模式:无须运行任何守护进程(daemon),所有程序都在同一个JVM上执行。由于本地模式下测试和调试MapReduce程序较为方便,因此,这种模式适用于开发阶段。

伪分布模式:Hadoop对应Java守护进程都运行在物理机器上,模拟一个小规模机器的运行模式。

全分布模式:Hadoop对应的Java守护进程运行在一个集群上。

Hadoop各模式配置过程中,各组件主要由XML文件进行配置,各配置文件的主要作用见表2-3-1。

表 2-3-1　　　　　　　　　　各配置文件

文件名称	格式	描述
hadoop-env.sh	Bash 脚本	记录脚本中要用到的环境变量,以运行 Hadoop
core-site.xml	Hadoop 配置 XML	配置通用属性 Hadoop Core 的配置项,例如 HDFS 和用的 I/O 设置等
hdfs-site.xml	Hadoop 配置 XML	配置 HDFS 属性,Hadoop 守护进程的配置项,包括主 NameNode、辅助 NameNode 和 DataNode 等

续表

文件名称	格式	描述
mapred-site.xml	Hadoop 配置 XML	配置 MapReduce 属性，MapReduce 守护进程的配置项，包括 Jobtracker 和 Tasktracker（每行一个）
masters	纯文本	运行辅助 NameNode 的机器列表（每行一个）
slaves	纯文本	运行辅助 DataNode 和 Tasktracker 的机器列表（每行一个）
hadoop-metrics.properties	Java 属性	控制如何在 Hadoop 上发布的属性
log4j.properties	Java 属性	系统日志文件、NameNode 审计日志、Tasktracker 子进程的任务日志的属性
yarn-env.sh	Bash 脚本	运行 YARN 的脚本所使用的环境变量
yarn-site.xml	Hadoop 配置 XML	YARN 守护进程的配置设置，包括资源管理器、作业历史服务器、Web 应用程序代理服务器和节点管理器的设置

在配置过程中，不同模式的关键配置属性见表 2-3-2。

表 2-3-2　　　　　　　　　　　关键配置属性

组件名称	属性名称	独立模式	伪分布模式	全分布模式
Common	fs.default.name	file:///（默认）	hdfs://locahost/	hdfs://namenode/
HDFS	hdfs.replication	N/A	1	3（默认）
MapReduce	maprd.job.tracker	local	localhost:8021	jobtracker:8021
YARN	Yarn.resourcemanager.address	N/A	localhost:8032	resourcemanager:8032

1. 本地/独立模式搭建

（1）规划节点

Linux 操作系统的单节点规划，见表 2-3-3。

表 2-3-3　　　　　　　　　　　节点规划

IP	主机名	节点
192.168.100.10	localhost	控制节点

（2）基础准备

使用本地 PC 环境的 VMWare Workstation 软件进行实操，系统镜像使用提供的 CentOS-7-x86_64-DVD-1511.iso，JDK 使用版本 jdk-8u77-linux-x64.tar.gz，Hadoop 使用版本 hadoop-2.7.1.tar.gz。

(3）案例实施

要搭建本地/独立模式，需配置网络环境，安装 JDK，配置 SSH，最后安装 Hadoop。

① 基本环境配置。修改网络配置文件，操作如下：

```
[root@ localhost ~ ]# cat /etc/sysconfig/network-scripts/ifcfg-eno16777736
TYPE=Ethernet
BOOTPROTO=static
DEFROUTE=yes
PEERDNS=yes
PEERROUTES=yes
IPV4_FAILURE_FATAL=no
IPV6INIT=yes
IPV6_AUTOCONF=yes
IPV6_DEFROUTE=yes
IPV6_PEERDNS=yes
IPV6_PEERROUTES=yes
IPV6_FAILURE_FATAL=no
NAME=eno16777736
UUID=5ba2fc07-cd36-4cbb-9fdc-03b8c167112e
DEVICE=eno16777736
ONBOOT=yes
IPADDR=192.168.100.10
PREFIX=24
```

重启网络服务，使得配置生效，操作如下：

```
[root@ localhost ~ ]#systemctl network restart
Restarting network (via systemctl):                          [ OK ]
```

关闭防火墙，操作如下：

```
[root@ hadoop ~ ]# systemctl stop firewalld
[root@ hadoop ~ ]# systemctl disable firewalld
Removed symlink /etc/systemd/system/dbus-org.fedoraproject.FirewallD1.service.
Removed symlink /etc/systemd/system/basic.target.wants/firewalld.service.
```

② 上传资源包。打开 MobaXterm，输入账号、密码，连接 192.168.100.10，登录成功如图 2-3-1 所示。

通过连接工具，上传镜像文件，如图 2-3-2 所示。

③ 配置 SSH。集群、单节点模式都需要用到 SSH 登录，因为在 Hadoop 启动后，NameNode 是通过 SSH 来启动和停止各个 DataNode 上的各种守护进程，DataNode 上也能使

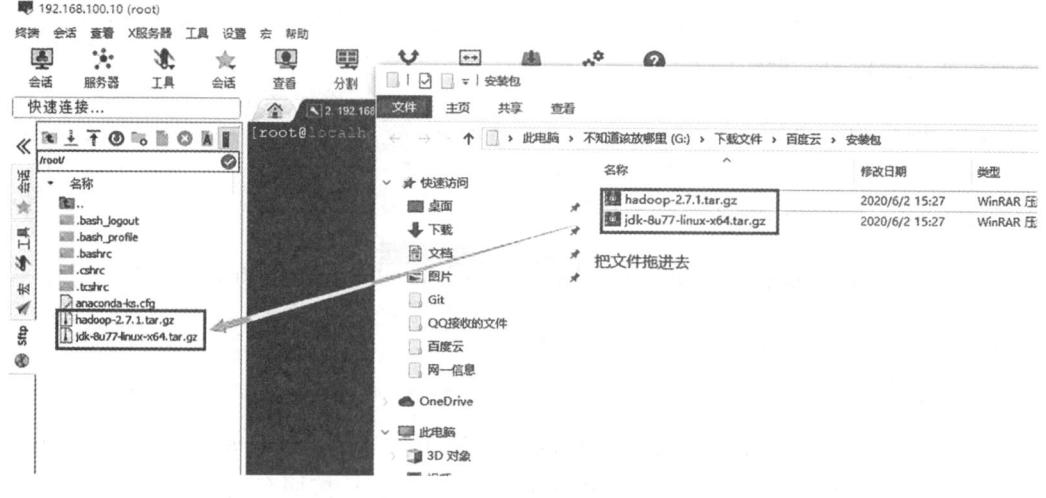

图 2-3-1 连接工具登录系统成功

图 2-3-2 上传资源包

用 SSH 无密码登录 NameNode，这就必须在节点之间执行指令的时候采取不需要输入密码的形式，故需要配置 SSH 运用无密码公钥认证的形式。

一般情况下，CentOS 默认已安装了 SSH client、SSH server，打开终端执行如下命令进行检验，查看是否包含了 SSH client 与 SSH server。操作如下：

[root@ localhost ~]# rpm -qa|grep ssh
openssh-server-6.6.1p1-22.el7.x86_64
openssh-6.6.1p1-22.el7.x86_64
openssh-clients-6.6.1p1-22.el7.x86_64
libssh2-1.4.3-10.el7.x86_64

如果不包含，则需要通过 yum 进行安装，操作命令如下：

```
[root@localhost ~]# yum install -y openssh-clients
[root@localhost ~]# yum install -y openssh-server
```

测试一下 SSH 是否可用,操作如下:

```
[root@localhost ~]# ssh localhost
The authenticity of host 'localhost (::1)' can't be established.
ECDSA key fingerprint is 54:aa:1d:f6:4e:a3:31:3e:13:fb:80:9d:70:71:f5:a6.
Are you sure you want to continue connecting (yes/no)? yes
Warning: Permanently added 'localhost' (ECDSA) to the list of known hosts.
root@localhost's password:
Last login: Tue Jun  2 12:17:20 2020 from 192.168.100.1
```

但这样登录是需要每次输入密码的,我们需要配置成 SSH 无密码登录比较方便。首先输入 exit 退出刚才的 SSH,就回到了我们原先的终端窗口。然后利用 ssh-keygen 生成密钥,并将密钥加入授权中。操作如下:

```
[root@localhost ~]# exit
logout
Connection to localhost closed.
```

进入 .ssh 目录,若没有该目录,则先执行一次 ssh localhost,操作如下:

```
[root@localhost ~]# cd ./.ssh/
[root@localhost .ssh]#
```

下面命令的作用是生成公钥和私钥,执行完这个命令后,会生成两个文件 id_rsa(私钥)、id_rsa.pub(公钥),-t rsa 是一种加密算法,提示部分直接按回车键。操作如下:

```
[root@localhost .ssh]# ssh-keygen -t rsa
Generating public/private rsa key pair.
Enter file in which to save the key (/root/.ssh/id_rsa):
Enter passphrase (empty for no passphrase):
Enter same passphrase again:
Your identification has been saved in /root/.ssh/id_rsa.
Your public key has been saved in /root/.ssh/id_rsa.pub.
The key fingerprint is:
77:97:64:79:58:40:46:00:11:4e:84:57:48:50:17:0f root@localhost.localdomain
The key's randomart image is:
+----[ RSA 2048]----+
|       .*O*E==..   |
|        .oo. + +   |
```

```
|           .. *.       |
|             o o       |
|         S . . o       |
|           ...         |
|       |               |
|       |               |
|       |               |
+-----------------+
```

将生成的公钥添加到当前用户的认证文件中，ssh localhost 不需要输入密码则为成功，操作如下：

```
[root@ localhost .ssh]# ssh localhost
Last login: Tue Jun  2 12:35:06 2020 from localhost
[root@ localhost ~]# exit
logout
Connection to localhost closed.
```

④ 修改主机名。使用下面命令修改主机名，并需要重新登录，才能使得主机名修改生效。可以使用快捷键 Ctrl+d 退出登录；Ctrl+r 重新登录。

```
[root@ localhost ~]# hostnamectl set-hostname hadoop
```

⑤ 添加映射。配置机器 IP 与机器名映射关系，增强 Hadoop 平台的健壮性。修改主机映射文件，操作如下：

```
[root@ hadoop ~]# vi /etc/hosts
[root@ hadoop ~]# cat /etc/hosts
127.0.0.1     localhost localhost.localdomain localhost4 localhost4.localdomain4
::1           localhost localhost.localdomain localhost6 localhost6.localdomain6
192.168.100.10 hadoop
```

⑥ JDK 安装与配置。上传 jdk-8u77-linux-x64.tar.gz 至 Linux 的 root 目录下，将 JDK 解压到指定目录下，并修改环境变量文件，使之生效后，验证 JDK 安装是否成功。具体操作如下：

创建 JDK 解压存放目录，操作如下：

```
[root@ hadoop ~]# mkdir /opt/java
```

解压 JDK 到该目录下，操作如下：

```
[root@ hadoop ~]# tar -zxvf jdk-8u77-linux-x64.tar.gz -C /opt/java/
```

配置环境变量,修改系统环境变量配置文件,操作如下:

[root@ hadoop ~]# vi /etc/profile

在文件末尾添加如下内容:

export JAVA_HOME=/opt/java/jdk1.8.0_77
export JRE_HOME=/opt/java/jdk1.8.0_77/jre
export CLASSPATH=.:$JAVA_HOME/lib:$JRE_HOME/lib
export PATH=$PATH:$JAVA_HOME/bin:$JRE_HOME/bin

运行以下命令,生效环境变量:

[root@ hadoop ~]# source /etc/profile

⑦ 安装 Hadoop。上传 hadoop-2.7.1.tar.gz 至 Linux 系统 root 目录,并将该文件解压至/usr/lcoal 目录下,并重命名/hadoop-2.7.1 目录为/hadoop,操作如下:

```
[root@ hadoop ~]# tar -zxvf hadoop-2.7.1.tar.gz -C /usr/local/
[root@ hadoop ~]# ll /usr/local/hadoop-2.7.1/
total 36
drwxr-xr-x. 2 10021 10021  4096 Jun 29  2015 bin
drwxr-xr-x. 3 10021 10021    19 Jun 29  2015 etc
drwxr-xr-x. 2 10021 10021   101 Jun 29  2015 include
drwxr-xr-x. 3 10021 10021    19 Jun 29  2015 lib
drwxr-xr-x. 2 10021 10021  4096 Jun 29  2015 libexec
-rw-r--r--. 1 10021 10021 15429 Jun 29  2015 LICENSE.txt
-rw-r--r--. 1 10021 10021   101 Jun 29  2015 NOTICE.txt
-rw-r--r--. 1 10021 10021  1366 Jun 29  2015 README.txt
drwxr-xr-x. 2 10021 10021  4096 Jun 29  2015 sbin
drwxr-xr-x. 4 10021 10021    29 Jun 29  2015 share
```

重命名安装目录,操作如下:

```
[root@ hadoop ~]# mv /usr/local/hadoop-2.7.1/ /usr/local/hadoop
[root@ hadoop ~]# ll /usr/local/
total 4
drwxr-xr-x. 2 root  root     6 Aug 12  2015 bin
drwxr-xr-x. 2 root  root     6 Aug 12  2015 etc
drwxr-xr-x. 2 root  root     6 Aug 12  2015 games
drwxr-xr-x. 9 10021 10021 4096 Jun 29  2015 hadoop
drwxr-xr-x. 2 root  root     6 Aug 12  2015 include
drwxr-xr-x. 2 root  root     6 Aug 12  2015 lib
```

```
drwxr-xr-x. 2 root    root        6 Aug 12   2015 lib64
drwxr-xr-x. 2 root    root        6 Aug 12   2015 libexec
drwxr-xr-x. 2 root    root        6 Aug 12   2015 sbin
drwxr-xr-x. 5 root    root       46 Jun  2 12:02 share
drwxr-xr-x. 2 root    root        6 Aug 12   2015 src
```

修改 hadoop-env.sh 配置文件,配置环境变量,操作如下:

```
[root@ hadoop ~]# vi /usr/local/hadoop/etc/hadoop/hadoop-env.sh
```

修改并添加如下变量:

```
# The java implementation to use.
export JAVA_HOME=/opt/java/jdk1.8.0_77
exportHadoop_INSTALL=/usr/local/hadoop
export PATH=$PATH:$Hadoop_INSTALL/bin:$Hadoop_INSTALL/sbin
exportHadoop_MAPRED_HOME=$Hadoop_INSTALL
exportHadoop_COMMON_HOME=$Hadoop_INSTALL
export YARN_HOME=$Hadoop_INSTALL
exportHadoop_CONF_DIR=$Hadoop_INSTALL/etc/hadoop
```

保存后运行以下命令使之生效,操作如下:

```
[root@ hadoop ~]source /usr/local/hadoop/etc/hadoop/hadoop-env.sh
```

配置文件 vi /etc/profile,添加 HADOOP_INSTALL 并修改 PATH,操作如下:

```
[root@ hadoop ~]# vi /etc/profile
export JAVA_HOME=/opt/java/jdk1.8.0_77
export JRE_HOME=/opt/java/jdk1.8.0_77/jre
exportHadoop_INSTALL=/usr/local/hadoop
export CLASSPATH=.:$JAVA_HOME/lib:$JRE_HOME/lib
export PATH=$PATH:$JAVA_HOME/bin:$JRE_HOME/bin:$Hadoop_INSTALL/bin:$Hadoop_INSTALL/sbin
```

⑧ 本地/独立模式验证。验证本地/独立模式,运行命令,如果看到如下 Hadoop 版本信息,则表示 Hadoop 单机模式安装成功。操作如下:

```
[root@ hadoop ~]# hadoop version
Hadoop 2.7.1
Subversion https://git-wip-us.apache.org/repos/asf/hadoop.git -r 15ecc87ccf4a0228f35af08fc56de536e6ce657a
Compiled by jenkins on 2015-06-29T06:04Z
Compiled with protoc 2.5.0
```

From source with checksum fc0a1a23fc1868e4d5ee7fa2b28a58a
This command was run using /usr/local/hadoop/share/hadoop/common/hadoop-common-2.7.1.jar

2. 伪分布模式搭建

Hadoop 也可以在伪分布模式的单节点上运行,每个 Hadoop 守护进程在单独的 Java 进程中运行。主要需要在本地/独立模式配置基础上,对 Common、HDFS 和 MapReduce 进行相应参数的配置。实验环境下,需要指明 HDFS 路径的逻辑名称、Block 副本数量、MapReduce 以 YARN 模式运行等参数的设置。

(1) Hadoop 伪分布模式配置参考

主要对 core-site.xml、hdfs-site.xml、mapred-site.xml、yarn-site.xml 四个核心配置文件进行参数的配置修改,操作如下:

① core-site.xml 配置

```
[root@ hadoop ~]# cd /usr/local/hadoop/etc/hadoop/
[root@ hadoop hadoop]#vi core-site.xml
```

添加配置内容如下:

```
<configuration>
<!--指定 hadoop 运行时产生临时文件的存储目录 -->
<property>
        <name>hadoop.tmp.dir</name>
        <value>file:/usr/local/hadoop/tmp</value>
</property>
<!--指定 Hadoop 所使用的文件系统 schema(URI),HDFS 的 NameNode 的地址-->
<property>
        <name>fs.defaultFS</name>
        <value>hdfs://localhost:9000</value>
</property>
</configuration>
```

这里,在 Hadoop 安装目录的文档中有所有配置文件的默认参数表,用户可以查看后,根据实际情况进行修改。hadoop.tmp.dir 的默认值是/tmp/hadoop-${user.name}。/tmp/是 Linux 系统的临时目录,如果不重新指定的话,默认 Hadoop 工作目录在 Linux 的临时目录,一旦 Linux 系统重启,所有文件将会清空,包括元数据等信息都会全部丢失,需要重新进行格式化,影响系统的稳定性。

② hdfs-site.xml 配置

```
[root@ hadoop hadoop]# vi hdfs-site.xml
```

添加配置内容如下:

```xml
<configuration>
<!--指定 HDFS 副本的数量-->
<property>
        <name>dfs.replication</name>
        <value>1</value>
</property>
<!--指定 NameNode 的元数据存储目录-->
<property>
        <name>dfs.namenode.name.dir</name>
        <value>file:/usr/local/hadoop/tmp/dfs/name</value>
</property>
<!--指定 DataNode 的数据存储目录-->
<property>
        <name>dfs.datanode.data.dir</name>
        <value>file:/usr/local/hadoop/tmp/dfs/data</value>
</property>
</configuration>
```

dfs.replication 的默认值是 3,由于 HDFS 的副本数不能大于 DataNode 数,而我们此时安装的 Hadoop 中只有一个 DataNode,所以将 dfs.replication 值改为 1。

③ mapred-site.xml 配置

将模板文件 mapred-site.xml.template 重命名为 mapred-site.xml,修改 mapred-site.xml 文件的配置,操作如下:

```
[root@hadoop hadoop]# cp mapred-site.xml.template mapred-site.xml
[root@hadoop hadoop]# vi mapred-site.xml
```

添加配置信息如下:

```xml
<configuration>
    <!--指定 MapReduce 作业在 YARN 模式下运行 -->
<property>
        <name>mapreduce.framework.name</name>
        <value>yarn</value>
</property>
</configuration>
```

④ yarn-site.xml 配置

如果想在 YARN 上执行作业,可以通过配置并运行 ResourceManager 守护进程和 NodeManager 守护进程,以伪分布模式运行 YARN 上的 MapReduce 作业。操作如下:

```
[root@ hadoop hadoop]# vi yarn-site.xml
```

添加配置信息如下:

```xml
<configuration>
    <!--指定 YARN 的 ResourceManager 的地址-->
<property>
        <name>yarn.resourcemanager.hostname</name>
        <value>hadoop</value>
</property>
<!--指定 reducer 获取数据的方式-->
<property>
        <name>yarn.nodemanager.aux-services</name>
        <value>mapreduce_shuffle</value>
</property>
<property>
        <name>yarn.nodemanager.aux-services.mapreduce.shuffle.class</name>
        <value>org.apache.hadoop.mapred.ShuffleHandler</value>
</property>
</configuration>
```

到此,便配置完成一个 HDFS 伪分布模式环境部署。

(2) 启动 Hadoop 集群

环境参数配置完成后,在 Hadoop 服务启动之前,需要对 Hadoop 平台进行格式化操作,然后可以使用相关脚本命令启动/关闭 Hadoop 服务。

① 格式化 NameNode

格式化是对 Hadoop 中的 DataNode 进行分块,并统计分块后所有初始元数据在 NameNode 中存储的位置,只需要在第一次启动 Hadoop 前执行。操作如下:

```
[root@ hadoop ~]# cd /usr/local/hadoop/bin/
[root@ hadoop bin]# ./hdfs namenode -format
```

如果显示 successfully formatted 或者 exitting with status 0 则显示配置成功,如果显示 exitting with status 1 则配置失败。如果格式化 NameNode 之后运行过 Hadoop,然后又想再格式化一次 NameNode,那么需要先删除第一次运行 Hadoop 后产生的 VERSION 文件,否则会出错。因为在第一次格式化 DFS 后,启动并使用了 Hadoop,后来又重新执行了格式化命令

（hdfs namenode-format），这时 NameNode 的 ClusterID 会重新生成，而 DataNode 的 ClusterID 保持不变。因此就会造成 DataNode 与 NameNode 之间的 ID 不一致。需要删除 dfs.data.dir（在 core-site.xml 中配置了此目录位置）目录里面的所有文件，重新格式化，最后重启。

② 启用 NameNode 及 DataNode 进程

开启 NameNode 进程和 DataNode 进程，操作如下：

```
[root@hadoop bin]# cd ../sbin/
[root@hadoop sbin]# ./start-dfs.sh
Starting namenodes on [localhost]
[root@hadoop sbin]# ./start-yarn.sh
starting yarn daemons
starting resourcemanager, logging to /usr/local/hadoop/logs/yarn-root-resourcemanager-hadoop.out
localhost: starting nodemanager, logging to /usr/local/hadoop/logs/yarn-root-nodemanager-hadoop.out
```

③ 验证集群

执行 jps 验证集群是否启动成功，操作如下：

```
[root@hadoop sbin]# jps
3088 SecondaryNameNode
3264 ResourceManager
2822 NameNode
2938 DataNode
3642 Jps
3356 NodeManager
```

到此，单机版伪分布式搭建成功。这里若没有 SecondaryNameNode，需要 stop-dfs.sh 关闭进程重新开启；如果没有 NameNode 与 DataNode，则需要检查前面的文件是否有配置错误。

④ 登录 HDFS 管理界面

打开浏览器，输入：http://192.168.100.10:8088 打开 YARN 管理界面，如图 2-3-3 所示。

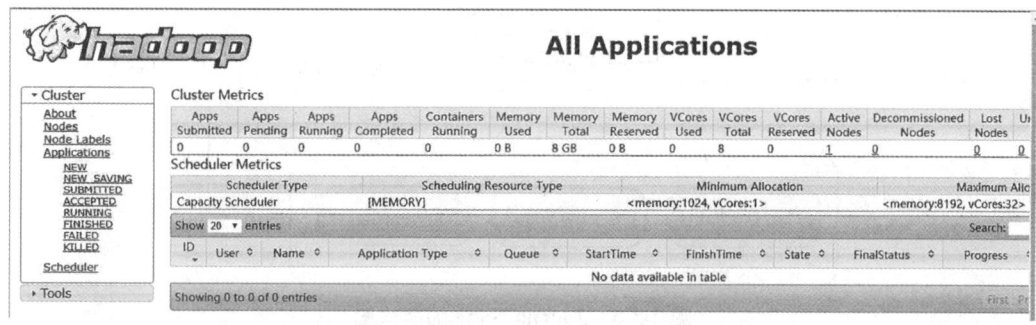

图 2-3-3　YARN 管理界面

登录 HDFS 管理界面（NameNode），在浏览器中输入：http://192.168.100.10:50070，如图 2-3-4 所示。

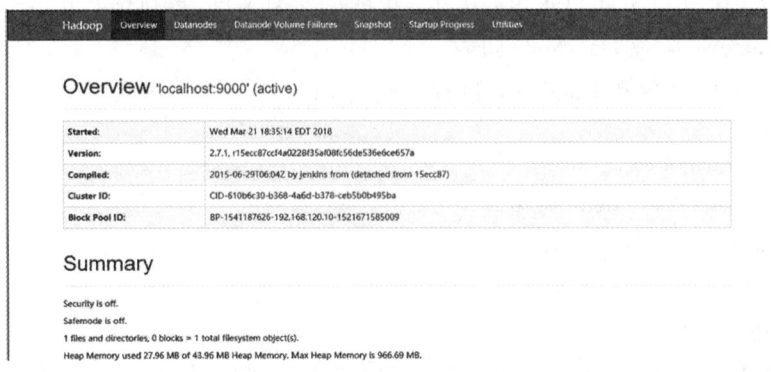

图 2-3-4　HDFS 管理界面

3. Hadoop HA 集群部署

Hadoop2.0 支持 HA，其中，NameNode 可以有多个（目前只支持两个）。每一个都有相同的职能。一个是 Active 状态的，一个是 Standby 状态的。当集群运行时，只有 Active 状态的 NameNode 是正常工作的，Standby 状态的 NameNode 是处于待命状态的，时刻同步 Active 状态 NameNode 的数据。一旦 Active 状态的 NameNode 不能工作，Standby 状态的 NameNode 就可以转变为 Active 状态继续工作，从而来实现集群的高可用性。

两个 NameNode 的数据其实是实时共享的。新 HDFS 采用了一种共享机制，Quorum Journal Node（JournalNode）集群或者 Network File System（NFS）进行共享。NFS 是操作系统层面的，JournalNode 是 Hadoop 层面的，我们这里使用 JournalNode 集群进行数据共享（这也是主流的做法）。JournalNode 的架构图如图 2-3-5 所示。

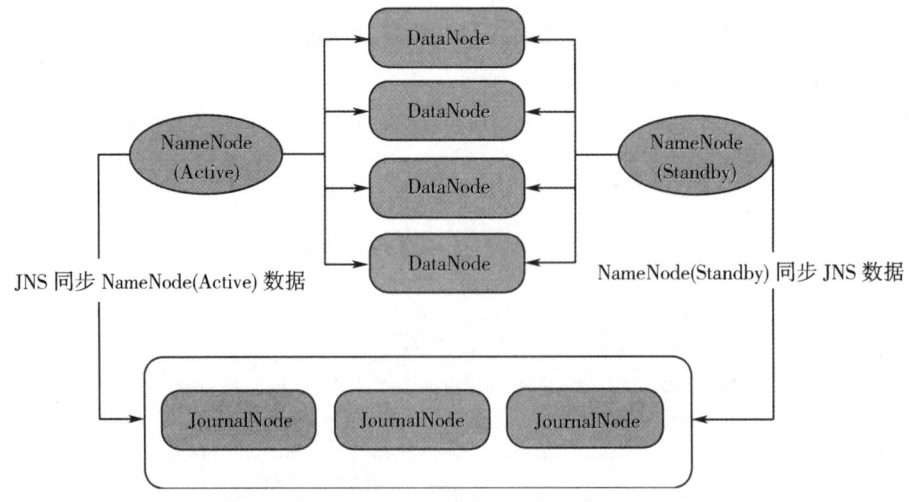

图 2-3-5　JournalNode 的架构图

两个 NameNode 为了数据同步,会通过一组称作 JournalNodes 的独立进程进行相互通信。当 Active 状态的 NameNode 的命名空间有任何修改时,会告知大部分的 JournalNodes 进程。Standby 状态的 NameNode 有能力读取 JNS 中的变更信息,并且一直监控 edit log 的变化,把变化应用于自己的命名空间。Standby 可以确保在集群出错时,命名空间状态已经完全同步。对于 HA 集群而言,确保同一时刻只有一个 NameNode 处于 Active 状态是至关重要的。否则,两个 NameNode 的数据状态就会产生分歧,可能丢失数据,或者产生错误的结果。为了保证这点,这就需要使用 ZooKeeper 了。首先 HDFS 集群中的两个 NameNode 都在 ZooKeeper 中注册,当 Active 状态的 NameNode 出故障时,ZooKeeper 能检测到这种情况,它就会自动把 Standby 状态的 NameNode 切换为 Active 状态。

(1) ZooKeeper 简介

ZooKeeper 是一个开源的分布式协调服务,ZooKeeper 的设计目标是将那些复杂且容易出错的分布式一次性封装起来,构成一个高效可靠的原语集,并以一系列简单易用的接口提供给用户使用。

ZooKeeper 是一个典型的分布式数据一致性解决方案,分布式应用程序可以基于 ZooKeeper 实现诸如数据发布/订阅、负载均衡、命名服务、分布式协调/通知、集群管理、Master 选举、分布式锁和分布式队列等功能。

ZooKeeper 一个最常用的使用场景就是用于担任服务生产者和服务消费者的注册中心,提供发布/订阅服务,如图 2-3-6 所示。服务生产者将自己提供的服务注册到 ZooKeeper 中心,服务消费者在进行服务调用的时候先到 ZooKeeper 中查找服务,获取到服务生产者的详细信息之后,再去调用服务生产者的内容与数据,如在 Dubbo 中,ZooKeeper 就担任注册中心的角色。

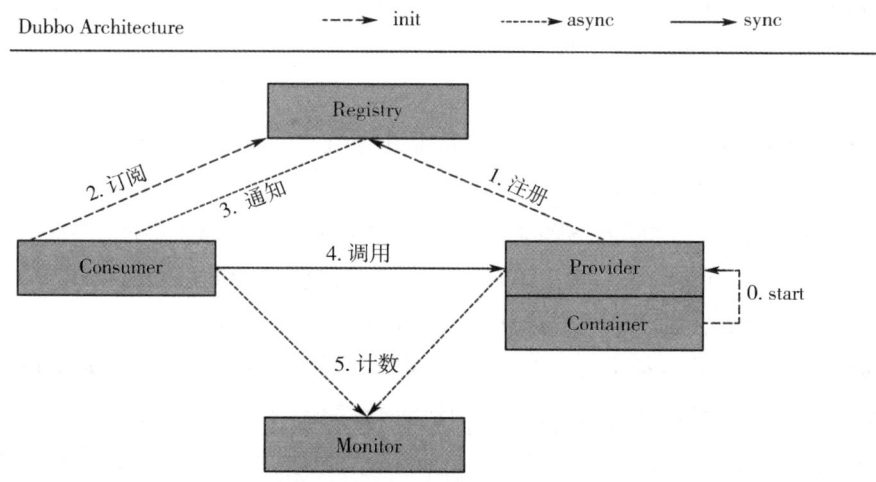

图 2-3-6　ZooKeeper 使用场景

在使用 ZooKeeper 的时候,最好使用集群版 ZooKeeper,而且最好使用集群版服务器构成 ZooKeeper 集群。ZooKeeper 容错中,当宕掉几个 ZooKeeper 服务器后,剩下的个数必须大于宕掉个数,整个 ZooKeeper 才能依然使用。假如集群中有 n 台 ZooKeeper 服务器,那么也就是剩下的服务器数必须大于 $n/2$，所以当 n 是奇数的时候则宕掉的最多为 $(n-1)/2$，当 n 为偶数时，宕掉的最多为 $n/2$，而剩下的最多的数量都是一样的。假如我们有 3 台，那么最大允许宕掉 1 台 ZooKeeper 服务器，如果我们有 4 台的时候也同样只允许宕掉 1 台。假如我们有 5 台，那么最大允许宕掉 2 台 ZooKeeper 服务器，如果我们有 6 台的时候也同样只允许宕掉 2 台。所以使用奇数台 ZooKeeper 就够了。

ZooKeeper 集群中分为 Leader、Follower、Observer 三种角色，如图 2-3-7 所示。ZooKeeper 集群中所有的机器通过一个 Leader 选举过程来选定一台 Leader 机器，Leader 既可以为客户端提供写服务又能提供读服务。Follower 和 Observer 都只提供读服务。Follower 和 Observer 唯一的区别是 Observer 不参与 Leader 的选举过程，也不参与写操作的"过半写成功"策略，因此 Observer 机器可以在不影响写性能的情况下提升集群的读性能。

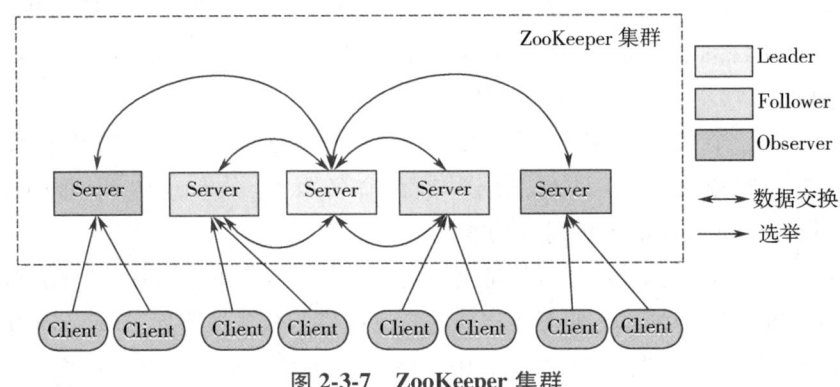

图 2-3-7　ZooKeeper 集群

当 Leader 服务器出现网络中断、崩溃退出或者重启等异常情况时，ZAB 协议就会进入恢复模式并选举产生新的 Leader 服务器。

选举 Leader 的过程如下。

① Leader election：选举阶段，节点在一开始都处于选举节点，只要有一个节点得到超半数节点的票数，它就可以当选准 Leader。

② Discovery：发现阶段，Follower 和准 Leader 进行通信，同步 Follower 最近接受的事务提议。

③ Synchronization：同步阶段，利用 Leader 在前一阶段获取到的最新提议历史，同步集群中所有副本，同步完成后，准 Leader 才成为真正的 Leader。

④ Broadcast：广播阶段，ZooKeeper 集群正式对外提供事务服务，并且 Leader 可以进行消息广播，同时如果有新节点加入，还需要对新节点进行同步。

（2）Hadoop HA 集群安装

表 2-3-4　　　　　　　　　　　　节点规划

IP 地址	主机名	节点
192.168.100.10	datanode1	集群节点
192.168.100.20	datanode2	集群节点

续表

IP 地址	主机名	节点
192.168.100.30	datanode3	集群节点
192.168.100.40	namenode1	集群节点
192.168.100.50	namenode2	集群节点

使用本地 PC 环境的 VMWare Workstation 软件进行实操，系统镜像使用提供的 CentOS-7-x86_64-DVD-1511.iso，JDK 使用版本 jdk-8u77-linux-x64.tar.gz，Hadoop 使用版本 hadoop-2.7.1.tar.gz，ZooKeeper 使用版本 zookeeper-3.4.14.tar.gz。案例实施如下。

① 基础环境配置

a. 主机名配置

使用 secureCRT 对三台云主机进行连接。三个节点修改主机名为 datanode1、datanode2、datanode3，命令如下：

datanode1 节点：

```
[root@localhost ~]# hostnamectl set-hostname datanode1
```

datanode2 节点：

```
[root@localhost ~]# hostnamectl set-hostname datanode2
```

datanode3 节点：

```
[root@localhost ~]# hostnamectl set-hostname datanode3
```

修改完之后重新连接 secureCRT，并查看主机名：

datanode1 节点：

```
[root@datanode1 ~]# hostnamectl
   Static hostname: datanode1
         Icon name: computer-vm
           Chassis: vm
        Machine ID: dae72fe0cc064eb0b7797f25bfaf69df
           Boot ID: c642ea4be7d349d0a929e557f23ce3dc
    Virtualization: kvm
  Operating System: CentOS Linux 7 (Core)
       CPE OS Name: cpe:/o:centos:centos:7
            Kernel: Linux 3.10.0-229.el7.x86_64
      Architecture: x86_64
```

datanode2 节点：

```
[root@datanode2 ~]# hostnamectl
    Static hostname: datanode2
          Icon name: computer-vm
            Chassis: vm
         Machine ID: dae72fe0cc064eb0b7797f25bfaf69df
            Boot ID: cfcaf92af7a44028a098dc4792b441f4
     Virtualization: kvm
   Operating System: CentOS Linux 7 (Core)
        CPE OS Name: cpe:/o:centos:centos:7
             Kernel: Linux 3.10.0-229.el7.x86_64
       Architecture: x86_64
```

datanode3 节点:

```
[root@datanode3 ~]# hostnamectl
    Static hostname: datanode3
          Icon name: computer-vm
            Chassis: vm
         Machine ID: dae72fe0cc064eb0b7797f25bfaf69df
            Boot ID: cff5bbd45243451e88d14e1ec75098c0
     Virtualization: kvm
   Operating System: CentOS Linux 7 (Core)
        CPE OS Name: cpe:/o:centos:centos:7
             Kernel: Linux 3.10.0-229.el7.x86_64
       Architecture: x86_64
```

b. 配置 hosts 文件

三个节点修改/etc/hosts 文件,三个节点均修改成命令如下:

```
#vi /etc/hosts
192.168.103.15 datanode1
192.168.103.5  datanode2
192.168.103.3  datanode3
```

c. 配置 YUM 源

将 CentOS-7-x86_64-DVD-1511.iso 挂载至/opt/centos 目录下,首先将五个节点/etc/yum.repo.d/目录下的文件移动到/media 目录下,命令如下:

```
[root@datanode1 ~]# mv /etc/yum.repos.d/* /media/
```

在五个节点上创建/etc/yum.repo.d/local.repo,文件内容如下:

```
[root@datanode1 ~]# cat /etc/yum.repos.d/local.repo
[centos]
name=centos
gpgcheck=0
enabled=1
baseurl=file:///opt/centos
```

② 搭建 ZooKeeper 集群

a. 安装 JDK 环境

五个节点安装 Java JDK 环境,五个节点均执行命令如下:

```
[root@datanode1 ~]# yum install -y java-1.8.0-openjdk*
[root@datanode1 ~]# java -version
openjdk version "1.8.0_65"
OpenJDK Runtime Environment (build 1.8.0_65-b17)
OpenJDK 64-Bit Server VM (build 25.65-b01, mixed mode)
```

b. 解压 ZooKeeper 软件包

将 zookeeper-3.4.14.tar.gz 软件包上传至三个节点的/root 目录下,进行解压操作,三个节点均执行命令如下:

```
[root@datanode1 ~]# tar zxvf zookeeper-3.4.14.tar.gz
```

c. 修改三个节点配置文件

进入 zookeeper-3.4.14/conf 目录下,修改 zoo_sample.cfg 文件为 zoo.cfg,并编辑该文件内容,操作如下:

```
[root@datanode1 ~]# cd zookeeper-3.4.14/conf/
[root@datanode1 conf]# mv zoo_sample.cfg zoo.cfg
[root@datanode1 conf]# vi zoo.cfg
[root@datanode1 conf]# grep -n '^'[a-Z] zoo.cfg
2:tickTime=2000
5:initLimit=10
8:syncLimit=5
12:dataDir=/tmp/zookeeper
14:clientPort=2181
29:server.1=192.168.100.10:2888:3888
30:server.2=192.168.100.20:2888:3888
31:server.3=192.168.100.30:2888:3888
```

[命令解析]

initLimit：ZooKeeper 集群模式下包含多个 zk 进程，其中一个进程为 leader，余下的进程为 follower。当 follower 最初与 leader 建立连接时，它们之间会传输相当多的数据，尤其是 follower 的数据落后 leader 很多。initLimit 配置 follower 与 leader 之间建立连接后进行同步的最长时间。

syncLimit：配置 follower 和 leader 之间发送消息，请求和应答的最大时间长度。

tickTime：tickTime 则是上述两个超时配置的基本单位，例如对于 initLimit，其配置值为 5，说明其超时时间为 2 000 ms * 5 = 10 s。

server.id = host：port1：port2：其中 id 为一个数字，表示 zk 进程的 id，这个 id 也是 dataDir 目录下 myid 文件的内容。host 是该 zk 进程所在的 IP 地址，port1 表示 follower 和 leader 交换消息所使用的端口，port2 表示选举 leader 所使用的端口。

dataDir：其配置的含义跟单机模式下的含义类似，不同的是集群模式下还有一个 myid 文件。myid 文件的内容只有一行，且内容只能为 1~255 之间的数字，这个数字亦即上面介绍 server.id 中的 id，表示 zk 进程的 id。

[注意]

datanode2 和 datanode3 节点的操作与修改的配置和 datanode1 节点一样。

d. 创建 myid 文件

在三台机器 dataDir 目录（此处为/tmp/zookeeper）下，分别创建一个 myid 文件，文件内容分别只有一行，其内容为 1、2、3。即文件中只有一个数字，这个数字即为上面 zoo.cfg 配置文件中指定的值。ZooKeeper 是根据该文件来决定集群各个机器的身份分配。

datanode1 节点：

```
[root@ datanode1 ~]# mkdir /tmp/zookeeper
[root@ datanode1 ~]# vi /tmp/zookeeper/myid
[root@ datanode1 ~]# cat /tmp/zookeeper/myid
1
```

datanode2 节点：

```
[root@ datanode2 ~]# mkdir /tmp/zookeeper
[root@ datanode2 ~]# vi /tmp/zookeeper/myid
[root@ datanode2 ~]# cat /tmp/zookeeper/myid
2
```

datanode3 节点：

```
[root@ datanode3 ~]# mkdir /tmp/zookeeper
[root@ datanode3 ~]# vi /tmp/zookeeper/myid
[root@ datanode3 ~]# cat /tmp/zookeeper/myid
3
```

e. 修改主机映射并配置 ssh 免密码登录

为了方便配置信息的维护,在 hadoop 配置文件中使用主机名来标识一台主机,那么需要在集群中配置主机与 ip 的映射关系。

修改集群中每台主机/etc/hosts 文件,操作如下:

```
[root@ datanode1 ~]# cat /etc/hosts
127.0.0.1       localhost localhost.localdomain localhost4 localhost4.localdomain4
::1             localhost localhost.localdomain localhost6 localhost6.localdomain6
192.168.100.10 datanode1
192.168.100.20 datanode2
192.168.100.30 datanode3
192.168.100.40 namenode1
192.168.100.50 namenode2
```

集群在启动的过程中需要 ssh 远程登录到别的主机上,为了避免每次输入对方主机的密码,我们需要对所有节点配置免密码登录。

在所有节点上生成公钥:

```
[root@ datanode1 ~]# ssh-keygen
```

一路 enter 确认即可生成对应的公钥。

将公钥拷贝到所有节点上:

```
[root@ datanode1 ~]# ssh-copy-id root@ datanode1
[root@ datanode1 ~]# ssh-copy-id root@ datanode2
[root@ datanode1 ~]# ssh-copy-id root@ datanode3
[root@ datanode1 ~]# ssh-copy-id root@ namenode1
[root@ datanode1 ~]# ssh-copy-id root@ namenode2
```

③ 安装 Hadoop

namenode1 配置 hadoop,并复制到其余节点。

a. 解压安装包

```
[root@ namenode1 ~]# tar zxvf hadoop-2.7.1.tar.gz
```

b. 修改配置文件

修改 etc/hadoop/hadoop-env.sh,操作如下:

```
[root@ namenode1 ~]# vi hadoop-2.7.1/etc/hadoop/hadoop-env.sh
```

添加如下配置信息:

```
<! --注意根据实际路径来填写-->
```

```
export JAVA_HOME=/usr/lib/jvm/java-1.8.0-openjdk-1.8.0.65-3.b17.el7.x86_64
```

修改 etc/hadoop/core-site.xml,操作如下:

```
[root@namenode1 ~]# vi hadoop-2.7.1/etc/hadoop/core-site.xml
```

添加如下配置信息:

```xml
<configuration>
<property>
    <name>fs.defaultFS</name>
    <value>hdfs://mycluster</value>
</property>
<property>
    <name>hadoop.tmp.dir</name>
    <value>file:/root/hadoop-2.7.1/tmp</value>
</property>
<property>
    <name>ha.zookeeper.quorum</name>
    <value>datanode1:2181,datanode2:2181,datanode3:2181</value>
</property>
</configuration>
```

修改 etc/hadoop/hdfs-site.xml,操作如下:

```
[root@namenode1 ~]# vi hadoop-2.7.1/etc/hadoop/hdfs-site.sh
```

添加如下配置信息:

```xml
<configuration>
<property>
    <name>dfs.namenode.name.dir</name>
    <value>file:/root/hadoop-2.7.1/tmp/dfs/name</value>
</property>
<property>
    <name>dfs.datanode.data.dir</name>
    <value>file:/root/hadoop-2.7.1/tmp/dfs/data</value>
</property>
<property>
    <name>dfs.replication</name>
    <value>3</value>
</property>
```

```xml
<!--HA 配置 -->
<property>
    <name>dfs.nameservices</name>
    <value>mycluster</value>
</property>
<property>
    <name>dfs.ha.namenodes.mycluster</name>
    <value>nn1,nn2</value>
</property>
<!--namenode1 RPC 端口 -->
<property>
    <name>dfs.namenode.rpc-address.mycluster.nn1</name>
    <value>namenode1:9000</value>
</property>
<!--namenode1 HTTP 端口 -->
<property>
    <name>dfs.namenode.http-address.mycluster.nn1</name>
    <value>namenode1:50070</value>
</property>
<!--namenode2 RPC 端口 -->
<property>
    <name>dfs.namenode.rpc-address.mycluster.nn2</name>
    <value>namenode2:9000</value>
</property>
    <!--namenode1 HTTP 端口 -->
<property>
    <name>dfs.namenode.http-address.mycluster.nn2</name>
    <value>namenode2:50070</value>
</property>
    <!--HA 故障切换 -->
<property>
    <name>dfs.ha.automatic-failover.enabled</name>
    <value>true</value>
</property>
<!-- journalnode 配置 -->
<property>
    <name>dfs.namenode.shared.edits.dir</name>
    <value>qjournal://datanode1:8485;datanode2:8485;datanode3:8485/mycluster</value>
```

```xml
    </property>
    <property>
        <name>dfs.client.failover.proxy.provider.mycluster</name>
        <value>org.apache.hadoop.hdfs.server.namenode.ha.ConfiguredFailoverProxyProvider</value>
    </property>
    <!--发生 failover 时,Standby 的节点要执行一系列方法把原来那个 Active 节点中不健康的 NameNode 服务给去掉,这个叫做 fence 过程。sshfence 会通过 ssh 远程调用 fuser 命令去找到 Active 节点的 NameNode 服务并去掉它-->
    <property>
        <name>dfs.ha.fencing.methods</name>
        <value>shell(/bin/true)</value>
    </property>
    <!--SSH 私钥 -->
    <property>
        <name>dfs.ha.fencing.ssh.private-key-files</name>
        <value>/root/.ssh/id_rsa</value>
    </property>
    <!--SSH 超时时间 -->
    <property>
        <name>dfs.ha.fencing.ssh.connect-timeout</name>
        <value>30000</value>
    </property>
    <!--Journal Node 文件存储地址 -->
    <property>
        <name>dfs.journalnode.edits.dir</name>
        <value>/root/hadoop-2.7.1/tmp/journal</value>
    </property>
</configuration>
```

修改 etc/hadoop/slaves,添加配置信息如下:

```
[root@datanode1 ~]# vi hadoop-2.7.1/etc/hadoop/slaves
datanode1
datanode2
datanode3
```

将配置好的 hadoop 安装包拷贝到 namenode2 和其余的 datanode 上,操作如下:

```
[root@namenode1 ~]# scp -r hadoop-2.7.1 datanode1:/root/
[root@namenode1 ~]# scp -r hadoop-2.7.1 datanode2:/root/
```

```
[root@ namenode1 ~]# scp -r hadoop-2.7.1 datanode3:/root/
[root@ namenode1 ~]# scp -r hadoop-2.7.1 namenode1:/root/
[root@ namenode1 ~]# scp -r hadoop-2.7.1 namenode2:/root/
```

④ 启动集群

a. 启动 zookeeper 集群

在 datanode1,datanode2,datanode3 节点执行如下命令:

```
[root@ datanode1 ~]# /root/zookeeper-3.4.14/bin/zkServer.sh start
[root@ datanode2 ~]# /root/zookeeper-3.4.14/bin/zkServer.sh start
[root@ datanode3 ~]# /root/zookeeper-3.4.14/bin/zkServer.sh start
```

b. 格式化 zk 集群

namenode1 上执行:
```
[root@ namenode1 hadoop-2.7.1]# ./bin/hdfs zkfc -formatZK
```

c. 启动 journalnode 集群

datanode1,datanode2,datanode2 上执行:
```
[root@ datanode1 hadoop-2.7.1]# ./sbin/hadoop-daemon.sh  start journalnode
[root@ datanode2 hadoop-2.7.1]# ./sbin/hadoop-daemon.sh  start journalnode
[root@ datanode3 hadoop-2.7.1]# ./sbin/hadoop-daemon.sh  start journalnode
```

d. 格式化 namenode

namenode1 上执行如下操作:
```
[root@ namenode1 hadoop-2.7.1]# ./bin/hdfs namenode -format
```

e. 启动 datanode

datanode1,datanode2,datanode3 上执行如下操作:
```
[root@ datanode1 hadoop-2.7.1]# ./sbin/hadoop-daemon.sh start datanode
[root@ datanode2 hadoop-2.7.1]# ./sbin/hadoop-daemon.sh start datanode
[root@ datanode3 hadoop-2.7.1]# ./sbin/hadoop-daemon.sh start datanode
```

f. 启动 namenode

操作如下:
```
[root@ namenode1 hadoop-2.7.1]# ./sbin/hadoop-daemon.sh start namenode
```
启动 namenode2,命令如下:
```
[root@ namenode2 hadoop-2.7.1]# ./bin/hdfs namenode -bootstrapStandby
[root@ namenode2 hadoop-2.7.1]# ./sbin/hadoop-daemon.sh start namenode
```

此时 namenode1 和 namenode2 同时处于 standby 状态,如图 2-3-8、图 2-3-9 所示:

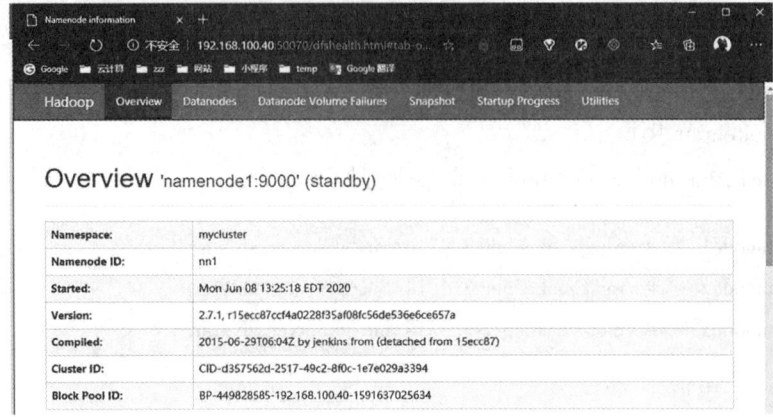

图 2-3-8　namenode1

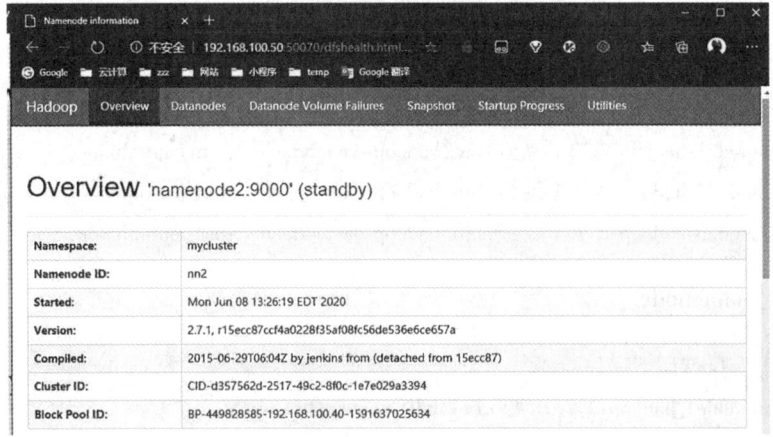

图 2-3-9　namenode2

启动 zkfc 服务,在 namenode1 和 namenode2 上同时执行如下命令:

```
[root@ namenode1 hadoop-2.7.1]# ./sbin/hadoop-daemon.sh  start zkfc
[root@ namenode2 hadoop-2.7.1]# ./sbin/hadoop-daemon.sh  start zkfc
```

此时,namenode1 和 namenode2 的状态发生了变化,namenode1 为 active 状态,namenode2 为 standby 状态,如图 2-3-10、图 2-3-11 所示。

⑤ 验证集群功能

a. 集群基本操作测试

```
[root@ namenode1 hadoop-2.7.1]# vi /root/a.txt
[root@ namenode1 hadoop-2.7.1]# cat /root/a.txt
```

```
hello world
[root@ namenode1 hadoop-2.7.1]# ./bin/hdfs dfs -mkdir /test
[root@ namenode1 hadoop-2.7.1]# ./bin/hdfs dfs -ls /
Found 1 items
drwxr-xr-x   - root supergroup          0 2020-06-08 14:08 /test
[root@ namenode1 hadoop-2.7.1]# ./bin/hdfs dfs -put /root/a.txt /test
[root@ namenode1 hadoop-2.7.1]# ./bin/hdfs dfs -cat /test/a.txt
hello world
```

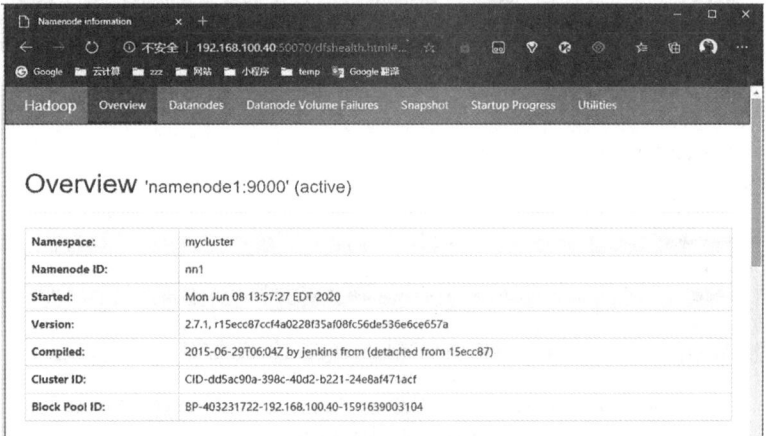

图 2-3-10　namenode1

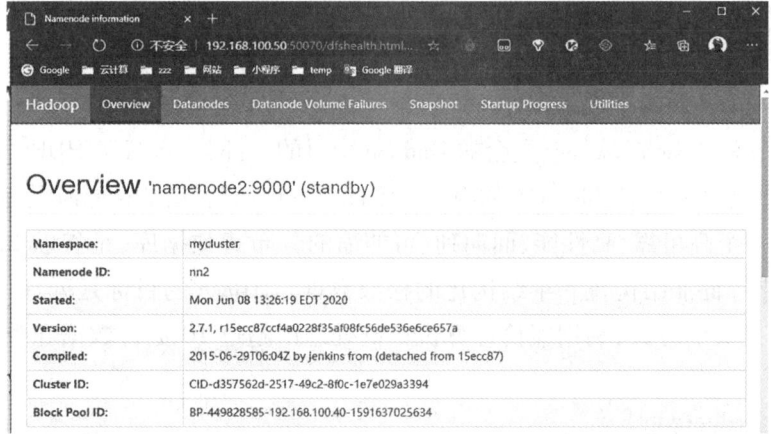

图 2-3-11　namenode2

b. 启动 namenode1, HA 故障自动切换

此时 namenode1 处于 active 状态, namenode2 处于 standby 状态。模拟 namenode1 节点 namenode 服务挂掉。

namenode1：

[root@ namenode1 hadoop-2.7.1]# jps

11380 NameNode

11917 Jps

11486 DFSZKFailoverController

[root@ namenode1 hadoop-2.7.1]# kill -9 11380

再查看 namenode2 的节点状态，如图 2-3-12 所示。

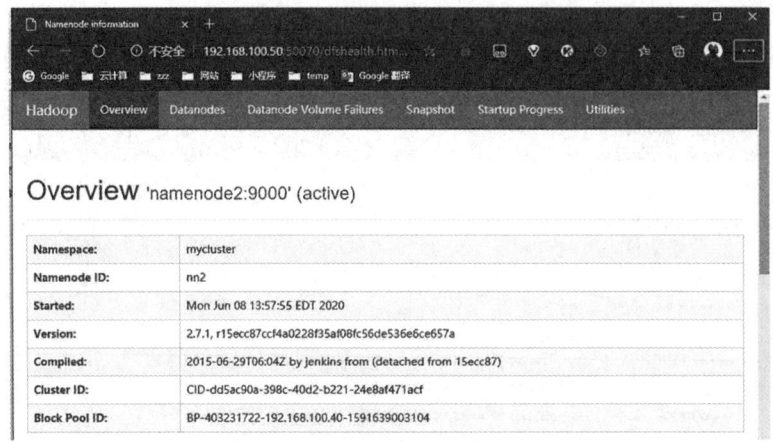

图 2-3-12　namenode2

namenode2 由 standby 状态切换到 active 状态，HA 故障自动切换成功。

2.3.2　HBase 部署

HBase 是一个开源的非关系型分布式数据库，它参考了谷歌的 BigTable 建模，使用的编程语言为 Java。它是 Apache 软件基金会的 Hadoop 项目的一部分，运行于 HDFS 文件系统之上，为 Hadoop 提供类似于 BigTable 规模的服务。因此，它可以有容错地存储海量稀疏的数据。

HBase 是一个高可靠、高性能、面向列、可伸缩的分布式数据库，是谷歌 BigTable 的开源实现，主要用来存储非结构化和半结构化的松散数据。HBase 的目标是处理非常庞大的表，可以通过水平扩展的方式，利用廉价计算机集群处理由超过 10 亿行数据和数百万列元素组成的数据表。

1. HBase 数据模型

HBase 是一个稀疏、多维度、排序的映射表，这张表的索引是行键、列族、列限定符和时间戳。

每个值都是一个未经解释的字符串，没有数据类型。用户在表中存储数据，每一行都有一个可排序的行键和任意多的列。

表在水平方向由一个或多个列族组成，一个列族中可以包含任意多个列，同一个列族里面的数据存储在一起。

列族支持动态扩展,可以很轻松地添加一个列族或列,无须预先定义列的数量以及类型,所有列均以字符串形式存储,用户需要自行进行数据类型转换。

HBase 中执行更新操作时,并不会删除数据旧的版本,而是生成一个新的版本,旧的版本仍然保留(这是和 HDFS 只允许追加不允许修改的特性相关的)。

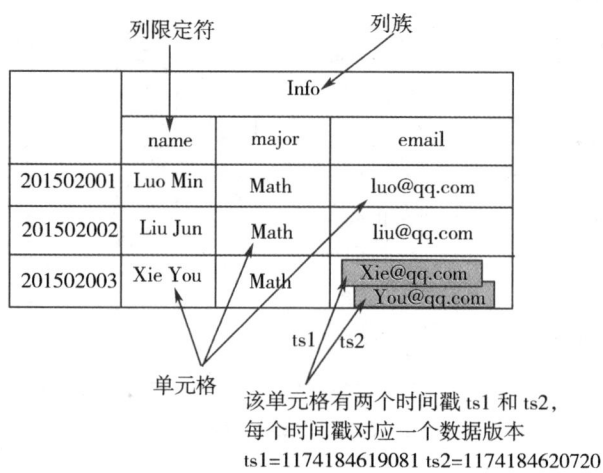

图 2-3-13　HBase 数据模型

下面对图 2-3-13 做具体解释。

(1) 表:HBase 采用表来组织数据,表由行和列组成,列划分为若干列族。

(2) 行:每个 HBase 表都由若干行组成,每个行由行键(row key)来标识。

(3) 列族:一个 HBase 表被分组成许多"列族"(Column Family)的集合,它是基本的访问控制单元。

(4) 列限定符:列族里的数据通过限定符(或列)来定位。

(5) 单元格:在 HBase 表中,通过行、列族和列限定符确定一个"单元格"(cell),单元格中存储的数据没有数据类型,总被视为"字节数组"(byte[ ])。

(6) 时间戳:每个单元格都保存着同一份数据的多个版本,这些版本采用时间戳进行索引。

2. HBase 物理存储

每个 Column Family 存储在 HDFS 上的一个单独文件中,空值不会被保存。Key 和 Version number 在每个 Column Family 中均有一份;HBase 为每个值维护了多级索引,即:<key,column family,column name,time stamp>。

物理存储特点如下:

(1) Table 中所有行都按照 row key 的字典序排列。

(2) Table 在行的方向上分割为多个 Region。

(3) Region 按大小分割,每个表开始只有一个 Region,随着数据增多,Region 不断增大,当增大到一个阈值的时候，Region 就会等分成两个新的 Region，之后会有越来越多的 Region。

（4）Region 是 HBase 中分布式存储和负载均衡的最小单元，不同 Region 分布到不同 RegionServer 上，如图 2-3-14 所示。

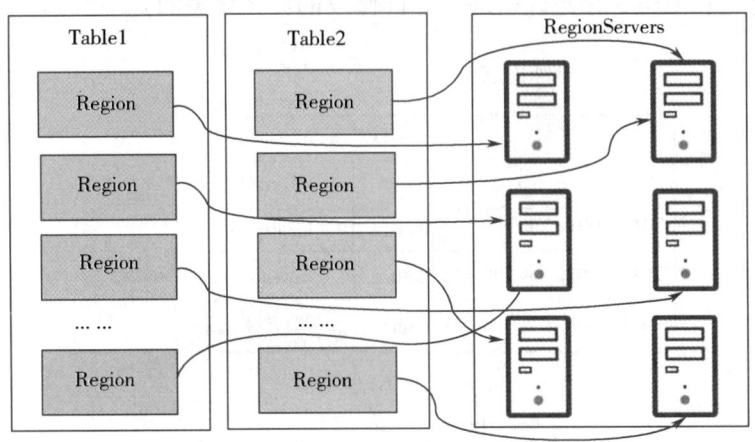

图 2-3-14　Region 分布

（5）Region 虽然是分布式存储的最小单元，但并不是存储的最小单元。Region 由一个或者多个 Store 组成，每个 Store 保存一个 Columns Family；每个 Store 又由一个 memStore 和 0 至多个 StoreFile 组成，StoreFile 包含 HFile；memStore 存储在内存中，StoreFile 存储在 HDFS 上，如图 2-3-15 所示。

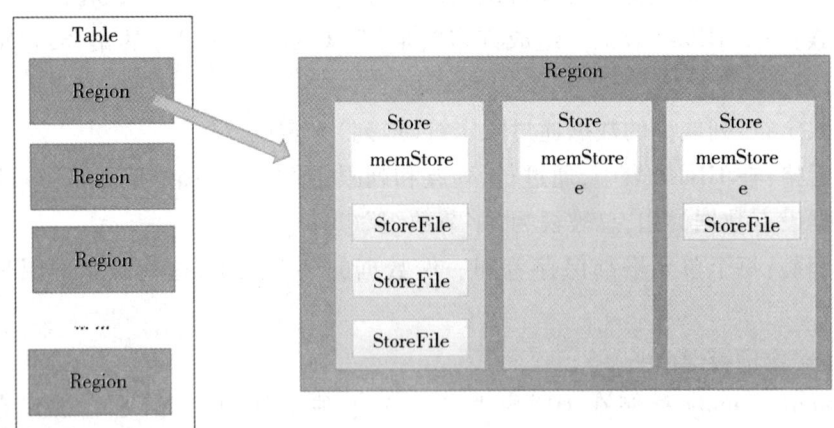

图 2-3-15　Region 结构

3. HBase 体系架构

HBase 的体系架构如图 2-3-16 所示。

HBase 采用 Master/Slave 架构，其中，HMaster 为主节点，主要负责 HRegionServer 的管理以及元数据的更新；HRegionServer 是 HBase 的从节点，负责提供数据的读写等服务。

ZooKeeper 为 HBase 集群中各个进程提供分布式协作服务。各 HRegionServer 将自己的信息注册到 ZooKeeper 中，HMaster 据此感知各个 HRegionServer 的健康状态，HBase 还通过 ZooKeeper 实现 HMaster 的高可用。

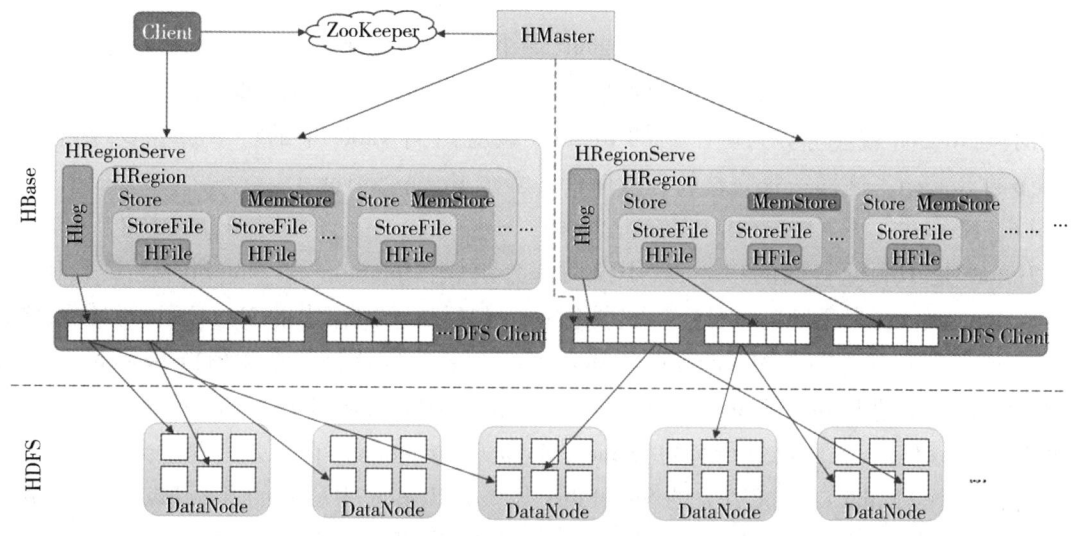

图 2-3-16　HBase 的体系架构

（1）Client

HBase Client 使用 HBase 的 RPC 机制与 HMaster 和 HRegionServer 进行通信，对于管理类操作，Client 与 HMaster 进行 RPC；对于数据读写类操作，Client 与 HRegionServer 进行 RPC。Client 会通过 ZK 定位到 .META. 表，根据 .META. 查找需要服务的 RegionServer，连接 RegionServer 进行读写；Client 会缓存 .META. 表信息，下次可以直接连到 RegionServer 中。

（2）ZooKeeper

保证任何时候，集群中只有一个 Master；存储所有 Region 的寻址入口；实时监控 Region Server 的上线和下线信息，并实时通知 Master；存储 HBase 的 Schema 和 Table 元数据。

（3）HMaster

HMaster 没有单点问题，HBase 中可以启动多个 HMaster，通过 ZooKeeper 的 Master Election 机制保证有且仅有一个 Master 运行，HMaster 在功能上主要负责 Table 和 Region 的管理工作：①管理用户对 Table 的 CRUD 操作；②管理 HRegionServer 的负载均衡，调整 Region 分布；③在 Region Split 后，负责新 Region 的分配；④在 HRegionServer 停机后，负责失效 HRegionServer 上的 Regions 迁移；⑤HDFS 的垃圾文件回收。

Client 访问 HBase 上数据的过程并不需要 HMaster 参与（寻址访问 ZK，数据读写访问 HRegionServer），HMaster 仅仅维护 Table 和 Region 的元数据信息，负载很低。

（4）HRegionServer

HRegionServer 主要负责响应用户 I/O 请求，向 HDFS 文件系统中读写数据，是 HBase 最核心的模块。HRegionServer 内部管理了一系列 HRegion 对象，每个 HRegion 对应了 Table 中的一个Region,HRegion由多个HStore组成。每个HStore对应了Table中的一个Column Family的存储,可以看出每个Column Family其实就是一个集中的存储单元,因此最好将具备共同I/O特性的Column放在一个Column Family中,这样最高效。

（5）HRegion

HBase自动把表水平划分成多个Region,每个Region会保存一个表里面某段连续的数据;每个表一开始只有一个Region,随着数据不断插入表,Region不断增大,当增大到一定阈值的时候,Region就会等分为两个新的Region（裂变）;当Table中的行不断增多,就会有越来越多的Region。这样一张完整的表被保存在多个RegionServer上。

（6）HStore

HStore是HBase存储的核心,其中由两部分组成:MemStore和StoreFiles。一个Region由多个Store组成,一个Store对应一个列族;Store包括位于内存中的MemCache和位于磁盘的StoreFile,写操作先写入MemStore,当MemStore中的数据达到某个阈值,HRegionServer会启动FlashCache进程写入StoreFile,每次写入形成单独的StoreFile;当StoreFile文件的数量增长到一定阈值后,系统会进行合并（Minor,Major Compaction）,在合并过程中会进行版本合并和删除工作（Majar）,形成更大的StoreFile;当一个Region中所有的StoreFile的大小和数量超过一定阈值后,会把当前的Region分割成为两个,并由HMaster分配到相应RegionServer服务器,实现负载均衡;客户端检索数据,先在MemStore里面找,找不到在StoreFile里面找。

（7）HLog

在分布式系统环境中,无法避免系统出错或者宕机,因此一旦HRegionServer意外退出,MemStore中的内存数据将会丢失,这就需要引入HLog了。每个HRegionServer中都有一个HLog对象,HLog是一个实现Write Ahead Log的类,在每次用户操作写入MemStore的同时,也会写一份数据到HLog文件中（HLog文件格式见后续）,HLog文件定期会滚动出新的,并删除旧的文件（已持久化到StoreFile中的数据）。当HRegionServer意外终止后,HMaster会通过ZooKeeper感知到,HMaster首先会处理遗留的HLog文件,将其中不同Region的Log数据进行拆分,分别放到相应Region的目录下,然后再将失效的Region重新分配,领取到这些Region的HRegionServer。在Load Region的过程中,会发现有历史HLog需要处理,因此会Replay HLog中的数据到MemStore中,然后Flush到StoreFiles,完成数据恢复。

4. HBase的安装

HBase的安装也有三种模式:本地/独立模式、伪分布模式和完全分布式模式,在这里只介绍伪分布模式和完全分布模式。

（1）HBase伪分布模式安装

该部署基于2.3.1节中Hadoop伪分布式搭建的基础上进行的,必须先保证前一个实验做完之后,才能再进行HBase伪分布模式安装。需要准备HBase安装包hbase-1.2.6-bin.tar.gz。

①上传HBase安装包hbase-1.2.6-bin.tar.gz至Linux系统root目录下,创建安装目录/

home/bigdata,将安装包 hbase-1.2.6-bin.tar.gz 解压到该目录下。

创建文件夹/home/bigdata,操作如下:

[root@ hadoop ~]# mkdir /home/bigdata

解压 HBase 安装包 hbase-1.2.6-bin.tar.gz 至该目录下,操作如下:

[root@ hadoop ~]# tar -zxvf hbase-1.2.6-bin.tar.gz -C /home/bigdata/
[root@ hadoop ~]# ll /home/bigdata/
total 4
drwxr-xr-x. 7 root root 4096 Apr 12 20:08 hbase-1.2.6

② 修改系统环境变量文件/etc/profile,操作如下:

[root@ hadoop ~]# vi /etc/profile

添加 HBase 的安装目录和 bin 目录到环境变量文件,操作如下:

export JAVA_HOME=/opt/java/jdk1.8.0_77
export JRE_HOME=/opt/java/jdk1.8.0_77/jre
exportHadoop_INSTALL=/usr/local/hadoop/
export HBASE_HOME=/home/bigdata/hbase-1.2.6
export CLASSPATH=.:$JAVA_HOME/lib:$JRE_HOME/lib
export PATH=$PATH:$JAVA_HOME/bin:$JRE_HOME/bin:$Hadoop_INSTALL/bin:$Hadoop_INSTALL/sbin:$HBASE_HOME/bin

使环境变量文件生效,操作如下:

[root@ hadoop ~]# source /etc/profile

修改 HBase 环境变量文件 hbase-env.sh 操作如下:

[root@ hadoop ~]# vi /home/bigdata/hbase-1.2.6/conf/hbase-env.sh

添加如下信息:

export JAVA_HOME=/opt/java/jdk1.8.0_77/
export HBASE_CLASSPATH=/home/bigdata/hbase/conf
export HBASE_MANAGES_ZK=true
[root@ hadoop ~]# source /home/bigdata/hbase-1.2.6/conf/hbase-env.sh

③ 修改配置文件/hbase-site.xml,添加如下配置参数信息,操作如下:

[root@ hadoop ~]# vi /home/bigdata/hbase-1.2.6/conf/hbase-site.xml
<configuration>

```xml
<!--hbase 中的数据在 HDFS 上的位置-->
<property>
        <name>hbase.rootdir</name>
        <value>hdfs://localhost:9000/hbase/</value>
</property>
<!--ZooKeeper 数据存储位置-->
<property>
        <name>hbase.zookeeper.property.dataDir</name>
        <value>/home/bigdata/hbase/zookeeper</value>
</property>
<!--配置 HBase 使用分布式方式-->
<property>
        <name>hbase.cluster.distributed</name>
        <value>true</value>
</property>
</configuration>
```

④ 完成以上操作后启动 HBase,启动顺序为:先启动 Hadoop,再启动 HBase;关闭顺序则相反,即先关闭 HBase,再关闭 Hadoop。可先通过 jps 命令查看 Hadoop 集群是否启动,若有启动,操作如下:

```
[root@ hadoop ~]# start-hbase.sh
localhost: starting zookeeper, logging to /home/bigdata/hbase-1.2.6/bin/../logs/hbase-root-zookeeper-hadoop.out
starting master, logging to /home/bigdata/hbase-1.2.6/logs/hbase-root-master-hadoop.out
Java HotSpot(TM) 64-Bit Server VM warning: ignoring option PermSize=128m; support was removed in 8.0
Java HotSpot(TM) 64-Bit Server VM warning: ignoring option MaxPermSize=128m; support was removed in 8.0
starting regionserver, logging to /home/bigdata/hbase-1.2.6/logs/hbase-root-1-regionserver-hadoop.out
```

⑤ 运行 jps 命令,检查集群启动情况。若显示如下结果,则说明集群运行正常。

```
[root@ hadoop ~]# jps
2992 ResourceManager
3633 HQuorumPeer
3813 HRegionServer
3094 NodeManager
```

2679 DataNode
2841 SecondaryNameNode
3978 Jps
2557 NameNode
3694 HMaster

(2) HBase 完全分布模式安装

该实验是在 2.3.1 的 Hadoop HA 模式搭建的基础上进行的,必须先保证前一个实验做完之后,才能再进行这个实验。节点规划见表 2-3-5。

表 2-3-5　　　　　　　　　　　节点规划

IP 地址	主机名	节点
192.168.100.10	datanode1 / RegionServer	集群节点
192.168.100.20	datanode2 / RegionServer	集群节点
192.168.100.30	datanode3 / RegionServer	集群节点
192.168.100.40	namenode1 / Master	集群节点
192.168.100.50	namenode2 / Backup Master	集群节点

① 把 HBase 安装包上传到集群中任一服务器中并解压。操作如下:

[root@ namenode1 ~]# tar zxvf hbase-1.2.6-bin.tar.gz

② HBase 的配置文件在 hbase-1.2.6/conf 下。修改配置文件,操作如下:

[root@ namenode1 ~]# cd hbase-1.2.6/conf/
[root@ namenode1 conf]# vi hbase-env.sh
export JAVA_HOME=/usr/lib/jvm/java-1.8.0-openjdk-1.8.0.65-3.b17.el7.x86_64
export HBASE_MANAGES_ZK=false

修改 hbase-site.xml 配置文件,添加配置信息如下:

[root@ namenode1 conf]# vi hbase-site.xml
<configuration>
　　<!--
　　可以不配置,如果要配置,需要和 zookeeper 配置文件 zoo.cfg 中的 dataDir 指定的路径相同
　　zoo.cfg 中 dataDir=/var/zookeeper
　　那么:
　　<property>
　　　　<name>hbase.zookeeper.property.dataDir</name>
　　　　<value>/var/zookeeper</value>
　　</property>
　　-->

```xml
<!--指定hbase的数据在hdfs上存放的位置 需要参考core-site.xml中的fs.defaultFS配置-->
<property>
    <name>hbase.rootdir</name>
    <value>hdfs://mycluster/hbase</value>
</property>

<!--指定hbase集群为分布式集群-->
<property>
    <name>hbase.cluster.distributed</name>
    <value>true</value>
</property>

<!--指定zookeeper集群-->
<property>
    <name>hbase.zookeeper.quorum</name>
    <value>datanode1:2181,datanode2:2181,datanode3:2181</value>
</property>
</configuration>
```

③ 新建backup-masters文件,添加备用hbase-master:

```
[root@ namenode1 conf]# vi backup-masters
namenode2
```

④ 修改regionservers配置文件,加入RegionServer节点列表:

```
[root@ namenode1 conf]# cat regionservers
datanode1
datanode2
datanode3
namenode1
namenode2
```

⑤ 把hadoop的配置文件core-site.xml和hdfs-site.xml复制到HBase的配置文件目录下:

```
[root@ namenode1 conf]# cp /root/hadoop-2.7.1/etc/hadoop/core-site.xml ./
[root@ namenode1 conf]# cp /root/hadoop-2.7.1/etc/hadoop/hdfs-site.xml ./
```

把HBase安装目录分发给其他节点:

```
[root@ namenode1 conf]# scp -r /root/hbase-1.2.6/ datanode1:/root/
[root@ namenode1 conf]# scp -r /root/hbase-1.2.6/ datanode2:/root/
[root@ namenode1 conf]# scp -r /root/hbase-1.2.6/ datanode3:/root/
[root@ namenode1 conf]# scp -r /root/hbase-1.2.6/namenode1:/root/
[root@ namenode1 conf]# scp -r /root/hbase-1.2.6/ namenode2:/root/
```

在全部节点的环境变量配置文件中加入 HBASE_HOME：

```
[root@ namenode1 conf]# cat /etc/profile
```

在最下方添加：

```
export HBASE_HOME=/root/hbase-1.2.6/
export PATH=$PATH：$HBASE_HOME/bin
```

⑥ 启动 ZooKeeper 集群。在 datanode1，datanode2，datanode3 节点执行如下命令：

```
[root@ datanode1 ~]# /root/zookeeper-3.4.14/bin/zkServer.sh start
[root@ datanode2 ~]# /root/zookeeper-3.4.14/bin/zkServer.sh start
[root@ datanode3 ~]# /root/zookeeper-3.4.14/bin/zkServer.sh start
```

⑦ 启动 HBase 集群，操作如下：

```
[root@ namenode1 hbase-1.2.6]# start-hbase.sh
```

⑧ 查看进程启动情况，操作如下：

```
[root@ datanode1 ~]# jps
13616 Jps
13445 HRegionServer
11193 JournalNode
11115 QuorumPeerMain
11791 DataNode

[root@ datanode2 ~]# jps
11412 DataNode
10934 QuorumPeerMain
11014 JournalNode
12887 HRegionServer
13051 Jps

[root@ datanode3 ~]# jps
3795 QuorumPeerMain
```

```
3878 JournalNode
4279 DataNode
5735 HRegionServer
5898 Jps
```

通过 jps 查看集群进程,在三个 DataNode 上可以看见 HRegionServer 进程,两个 NameNode 上可以看见 HMaster 和 HRegionServer,则说明 HBase 安装成功。

```
[root@ namenode1 ~]# jps
12116 NameNode
18204 Jps
11486 DFSZKFailoverController
16814 HMaster
16926 HRegionServer

[root@ namenode2 ~]# jps
14112 HRegionServer
14722 Jps
11043 NameNode
11141 DFSZKFailoverController
14184 HMaster
```

如果有节点相应的进程没有启动,那么可以手动启动,操作如下:

```
hbase-daemon.sh start master
hbase-daemon.sh start regionserver
```

⑨ 登录网址:http://192.168.100.10:16010,可以访问 NameNode1 到 HBase 的 Web 界面,如图 2-3-17 所示。输入网址 http://192.168.100.20:16010,可以访问 NameNode2 到 HBase 的 Web 界面,如图 2-3-18 所示。

⑩ 进入 shell 模式之后,通过 list 命令查看当前数据库所有表信息:

```
[root@ namenode1 hbase-1.2.6]# hbase shell
hbase(main):001:0> list
TABLE
0 row(s) in 0.3000 seconds
=> []
```

至此,基于 Hadoop HA 集群的 HBase 部署完成。

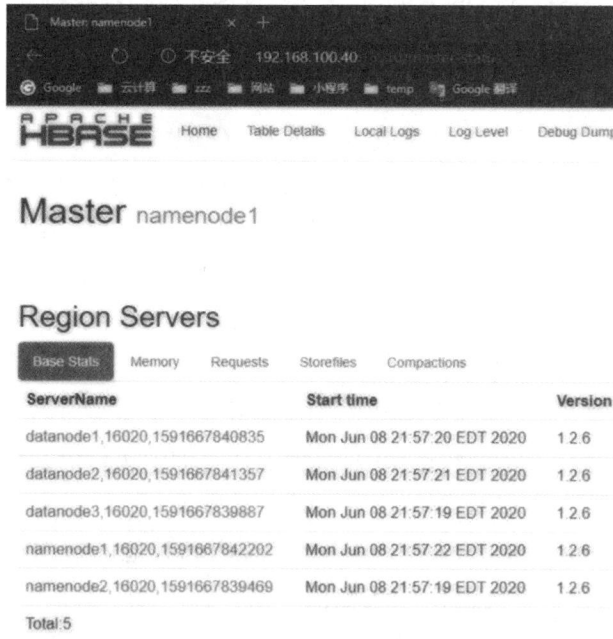

图 2-3-17　Master

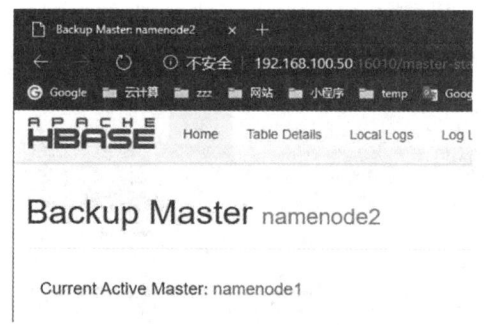

图 2-3-18　Backup Master

2.3.3　Hive 部署

　　Hive 最初是 Facebook 为了满足对海量社交网络数据的管理和机器学习的需求而产生和发展的,是建立在 Hadoop 基础上的数据仓库基础构架。Hive 定义了简单的类 SQL 查询语言,它允许熟悉 SQL 的用户查询数据。同时,这个语言也允许熟悉 MapReduce 开发者的开发自定义的 mapper 和 reducer 来处理内建的 mapper 和 reducer 无法完成的复杂的分析工作。最初,Hive 是由 Facebook 开发,后来由 Apache 软件基金会开发,作为 Apache Hive 的一个开源项目。Hive 没有专门的数据格式,可以很好地在 Thrift 之上工作,控制分隔符,也允许用户指定数据格式。Hive 不适用于在线事务处理,它最适用于传统的数据仓库任务。

Hive 构建在基于静态批处理的 Hadoop 之上，Hadoop 通常都有较高的延迟并且在作业提交和调度的时候产生大量的开销。因此，Hive 并不能够在大规模数据集上实现低延迟、快速的查询，例如，Hive 在几百 MB 的数据集上执行查询一般有分钟级的时间延迟。因此，Hive 并不适合那些需要低延迟的应用，例如联机事务处理（OLTP）。Hive 查询操作过程严格遵守 Hadoop MapReduce 的作业执行模型，Hive 将用户的 HiveQL 语句通过解释器转换为 MapReduce 作业提交到 Hadoop 集群上，Hadoop 监控作业执行过程，然后返回作业执行结果给用户。Hive 并非为联机事务处理而设计，它并不提供实时的查询和基于行级的数据更新操作。Hive 的最佳使用场合是大数据集的批处理作业，例如，网络日志分析。Hive 的设计特点如下：

（1）支持索引，加快数据查询；

（2）不同的存储类型，例如纯文本文件、HBase 中的文件；

（3）将元数据保存在关系型数据库中，减少了在查询中执行语义检查的时间；

（4）可以直接使用存储在 Hadoop 文件系统中的数据；

（5）内置大量用户函数 UDF 来操作时间，字符串和其他的数据挖掘工具，支持用户扩展 UDF 函数来完成内置函数无法实现的操作；

（6）类 SQL 的查询方式，将 SQL 查询转换为 MR 的 job 在 Hadoop 集群上执行。

1. Hive 体系架构

Hive 本身结合在 Hadoop 的体系架构上，提供了一个 SQL 的解析过程，并从外部接口中获取命令，以对用户指令进行解析。Hive 可将外部命令解析成一个 MapReduce 可执行计划，并按照该计划生成 MapReduce 任务后交给 Hadoop 集群进行处理，Hive 的体系结构如图 2-3-19 所示。

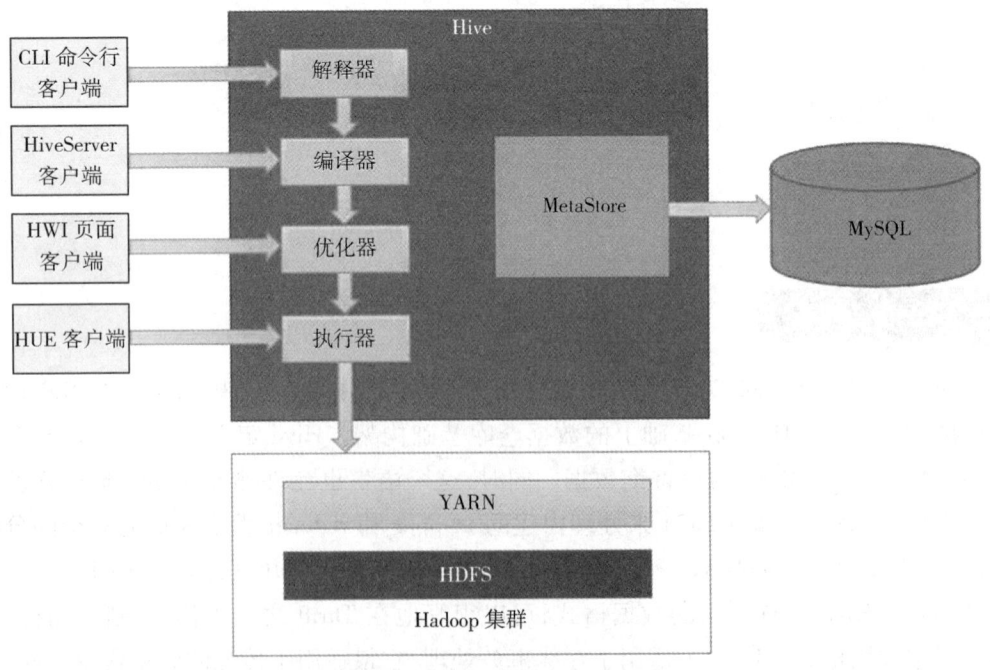

图 2-3-19　Hive 体系架构

上图为 Hive 的体系结构,可以分为以下四个部分。

(1) 用户接口主要有三个:CLI,Client 和 WUI。其中最常用的是 CLI,CLI 启动的时候,会同时启动一个 Hive 副本。Client 是 Hive 的客户端,用户连接至 HiveServer。在启动 Client 模式的时候,需要指出 HiveServer 所在节点,并且在该节点启动 HiveServer。WUI 是通过浏览器访问 Hive。

(2) Hive 将元数据存储在数据库中,如 mysql、derby。Hive 中的元数据包括表的名字、表的列和分区以及属性、表的属性(是否为外部表等)、表的数据所在目录等。

(3) 解释器、编辑器、优化器从词法分析、语法分析、编译、优化以及查询计划的生成,来完成 HQL 查询语句。生成的查询计划存储在 HDFS 中,并在随后由 MapReduce 调用执行。

(4) Hive 的数据存储在 HDFS 中,大部分的查询、计算由 MapReduce 完成。

2. Hive 数据模型

本节请参照官网介绍:https://cwiki.apache.org/confluence/display/Hive/Tutorial,读者须掌握以下内容。

(1) 了解 Hive 数据库相关概念,以及数据库创建管理等命令操作。

(2) Hive 的内部表与数据库中的 Table 在概念上类似,每一个 Table 在 Hive 中都有一个相应的目录存储数据。例如一个表 pvs,它在 HDFS 中的路径为/wh/pvs,其中 wh 是在 hive-site.xml 中由 ${hive.metastore.warehouse.dir} 指定的数据仓库的目录,所有的 Table 数据(不包括 External Table)都保存在这个目录中。删除表时,元数据与数据都会被删除。掌握创建表、加载数据、查看数据、删除数据等基本操作。

(3) 外部表指向已经在 HDFS 中存在的数据,可以创建分区(Partition)。它和内部表在元数据的组织上是相同的,而实际数据的存储则有较大的差异。内部表的创建过程和数据加载过程这两个过程可以分别独立完成,也可以在同一个语句中完成。在加载数据的过程中,实际数据会被移动到数据仓库目录中,之后对数据的访问将会直接在数据仓库目录中完成。删除表时,表中的数据和元数据将会被同时删除。而外部表只有一个过程,加载数据和创建表同时完成(CREATE EXTERNAL TABLE…LOCATION),实际数据是存储在 LOCATION 后面指定的 HDFS 路径中,并不会移动到数据仓库目录中。当删除一个 External Table 时,仅删除该链接。掌握创建表、加载数据、查看数据、删除数据等基本操作。

(4) 分区(Partition)对应于数据库中的 Partition 列的密集索引,但是 Hive 中 Partition 的组织方式和数据库中的很不相同。在 Hive 中,表中的一个 Partition 对应于表下的一个目录,所有的 Partition 的数据都存储在对应的目录中。掌握分区的基本操作命令。

(5) 桶(Buckets)是将表的列通过 Hash 算法进一步分解成不同的文件存储。它对指定列计算 hash,根据 hash 值切分数据,目的是为了并行,每一个 Bucket 对应一个文件。掌握桶的基本操作命令。

(6) Hive 视图与传统数据库的视图类似。视图是只读的,它基于的基本表,如果改变,数据增加不会影响视图的呈现;如果删除,会出现问题。如果不指定视图的列,会根据 select 语句字段生成。掌握视图操作的基本命令。

3. Hive 的安装部署

Hive 官网上介绍了 Hive 的三种安装方式:内嵌模式、本地模式、远程模式,分别对应不同的应用场景。

(1) 内嵌模式:元数据保存在内嵌的数据库 derby 中,允许一个会话链接,尝试多个会话链接时会报错;

(2) 本地模式:本地安装 mysql 替代 derby 存储元数据;

(3) 远程模式:远程安装 mysql 替代 derby 存储元数据。

这里,我们采用本地模式搭建 Hive。Hive 是依赖于 Hadoop 系统的,因此在运行 Hive 之前需要保证已经搭建好 Hadoop 集群环境。该部署基于 2.3.1 节中 Hadoop 伪分布式搭建的基础上进行。需要准备 Hive 安装包,从 Apache 官网下载安装文件,即 http://mirror.bit.edu.cn/apache/hive/。这里使用 apache-hive-2.1.1-bin.tar.gz。需要下载 MySQL 的 JDBC 包,然后将下载后的 JDBC 包放到 Hive 安装包的 lib 目录下,下载链接是:http://dev.mysql.com/downloads/connector/j/,这里使用 mysql-connector-java-5.1.28.jar。配置本地 YUM 安装源,将 CentOS-7-x86_64-DVD-1511.iso 镜像挂载至/opt/centos 目录,操作如下:

```
[root@ hadoop ~]# mkdir /opt/centos
[root@ hadoop ~]# mount /dev/cdrom /opt/centos/
[root@ hadoop ~]# vi /etc/yum.repos.d/local.repo
[centos]
name=centos
baseurl=file:///opt/centos/
gpgcheck=0
enabled=1
```

(1) 上传 Hive 安装包并解压到指定位置

```
[root@ hadoop ~]# mkdir /home/bigdata
[root@ hadoop ~]# tar zxvf apache-hive-2.1.1-bin.tar.gz -C /home/bigdata/
[root@ hadoop ~]# cd /home/bigdata/
[root@ hadoop bigdata]# mv apache-hive-2.1.1-bin/ hive
```

编辑/etc/profile,添加 Hive 相关的环境变量配置:

```
[root@ hadoop ~]# vi /etc/profile
export HIVE_HOME=/home/bigdata/hive
export PATH=$PATH:$HIVE_HOME/bin
```

修改完文件后,执行如下命令,让配置生效:

```
[root@ hadoop ~]# source /etc/profile
```

(2) Metastore 安装

安装 mysql 服务器来存储 Hive 元数据,操作如下:

[root@ hadoop ~]# yum install -y mariadb mariadb-server
[root@ hadoop ~]# systemctl start mariadb
[root@ hadoop ~]# mysql_secure_installation
NOTE: RUNNING ALL PARTS OF THIS SCRIPT IS RECOMMENDED FOR ALL MariaDB
       SERVERS IN PRODUCTION USE!   PLEASE READ EACH STEP CAREFULLY!
In order to log into MariaDB to secure it, we'll need the current
password for the root user.   If you've just installed MariaDB, and
you haven't set the root password yet, the password will be blank,
so you should just press enter here.
Enter current password for root (enter for none):
OK, successfully used password, moving on...
Setting the root password ensures that nobody can log into the MariaDB
root user without the proper authorisation.

Set root password? [Y/n] y
New password:
Re-enter new password:
Password updated successfully!
Reloading privilege tables..
... Success!
By default, a MariaDB installation has an anonymous user, allowing anyone
to log into MariaDB without having to have a user account created for
them.   This is intended only for testing, and to make the installation
go a bit smoother.   You should remove them before moving into a
production environment.
Remove anonymous users? [Y/n] y
... Success!
Normally, root should only be allowed to connect from 'localhost'.   This
ensures that someone cannot guess at the root password from the network.
Disallow root login remotely? [Y/n] n
... skipping.
By default, MariaDB comes with a database named 'test' that anyone can
access.   This is also intended only for testing, and should be removed
before moving into a production environment.
Remove test database and access to it? [Y/n] y
- Dropping test database...

```
... Success!
- Removing privileges on test database...
... Success!
Reloading the privilege tables will ensure that all changes made so far
will take effect immediately.
Reload privilege tables now? [Y/n] y
... Success!
Cleaning up...
All done!   If you've completed all of the above steps, your MariaDB
installation should now be secure.
Thanks for using MariaDB!
```

登录 MySQL,创建 Hive 数据库,操作如下:

```
[root@ hadoop ~]# mysql -uroot -p000000
MariaDB [(none)]> create database hive;
Query OK, 1 row affected (0.00 sec)
MariaDB [(none)]> grant all privileges on hive.* to hive@"%" identified by 'hive'; MariaDB
[(none)]> grant all privileges on hive.* to hive@localhost identified by 'hive';
MariaDB [(none)]> flush privileges;
MariaDB [(none)]> exit
```

(3) 配置 JDBC 驱动

将 MySQL 的驱动 jar 包添加到 Hive 的 lib 目录下,操作如下:

```
[root@ hadoop conf]# cp /root/mysql-connector-java-5.1.32.jar /home/bigdata/hive/lib/
```

(4) 配置 Hive 配置文件

进入目录 $HIVE_HOME/conf,将 hive-default.xml.template 文件复制一份并改名为 hive-site.xml,并修改配置,操作如下:

```
[root@ hadoop ~]# cd $HIVE_HOME/conf
[root@ hadoop conf]# cp hive-default.xml.template hive-site.xml
```

搜索 javax.jdo.option.ConnectionURL,将该 name 对应的 value 修改为 MySQL 的地址:

```
<property>
    <name>javax.jdo.option.ConnectionURL</name>
    <value> jdbc: mysql://localhost: 3306/metastore? createDatabaseIfNotExist = true&amp;
characterEncoding=UTF-8&amp;useSSL=false</value>
    <description>
       JDBC connect string for a JDBC metastore.
```

```
        To use SSL to encrypt/authenticate the connection, provide database-specific SSL flag in the
connection URL.
        For example, jdbc:postgresql://myhost/db? ssl=true for postgres database.
    </description>
</property>
```

搜索 javax.jdo.option.ConnectionDriverName,将该 name 对应的 value 修改为 MySQL 驱动类路径:

```
<property>
    <name>javax.jdo.option.ConnectionDriverName</name>
    <value>com.mysql.jdbc.Driver</value>
    <description>Driver class name for a JDBC metastore</description>
</property>
```

搜索 javax.jdo.option.ConnectionUserName,将对应的 value 修改为 MySQL 数据库登录名:

```
<property>
    <name>javax.jdo.option.ConnectionUserName</name>
    <value>root</value>
    <description>Username to use against metastore database</description>
</property>
```

搜索 javax.jdo.option.ConnectionPassword,将对应的 value 修改为 MySQL 数据库的登录密码:

```
<property>
    <name>javax.jdo.option.ConnectionPassword</name>
    <value>000000</value>
    <description>password to use against metastore database</description>
</property>
```

搜索 hive.metastore.schema.verification,将对应的 value 修改为 false:

```
<property>
    <name>hive.metastore.schema.verification</name>
    <value>false</value>
```

进入目录 $HIVE_HOME/conf,将 hive-env.sh.template 文件复制一份并改名为 hive-env.sh,并修改配置信息,操作如下:

```
[root@hadoop conf]# cd $HIVE_HOME/conf
[root@hadoop conf]# cp hive-env.sh.template hive-env.sh
```

打开 hive-env.sh 并添加如下内容:

[root@ hadoop conf]# vi hive-env.sh
exportHadoop_HOME=/root/hadoop/
export HIVE_CONF_DIR=/home/bigdata/hive/conf
export HIVE_AUX_JARS_PATH=/home/bigdata/hive/lib

在 Hive 安装目录下,创建一个临时的 IO 文件 tmp:

[root@ hadoop ~]# mkdir /home/bigdata/hive/tmp

然后将路径配置到 hive-site.xml 文件的以下参数中:

```
<property>
    <name>hive.querylog.location</name>
    <value>/home/bigdata/hive/tmp</value>
    <description>One file per session is created in this directory. If this variable set to empty string structured log will not be cd..created.</description>
</property>
<property>
    <name>hive.exec.local.scratchdir</name>
    <value>/home/bigdata/hive/tmp</value>
    <description>Local scratch space for Hive jobs</description>
</property>
<property>
    <name>hive.downloaded.resources.dir</name>
    <value>/home/bigdata/hive/tmp</value>
    <description>Temporary local directory</description>
</property>
```

(5)初始化数据库

进入 $HIVE_HOME/bin,操作如下:

[root@ hadoop conf]# cd $HIVE_HOME/bin

使用命令对数据库进行初始化,操作如下:

[root@ hadoop bin]# schematool -initSchema -dbType mysql
SLF4J: Class path contains multiple SLF4J bindings.
SLF4J: Found binding in [jar:file:/home/bigdata/hive/lib/log4j-slf4j-impl-2.4.1.jar!/org/slf4j/impl/StaticLoggerBinder.class]
SLF4J: Found binding in [jar:file:/root/hadoop/share/hadoop/common/lib/slf4j-log4j12-1.7.10.jar!/org/slf4j/impl/StaticLoggerBinder.class]

```
SLF4J: See http://www.slf4j.org/codes.html#multiple_bindings for an explanation.
SLF4J: Actual binding is of type [org.apache.logging.slf4j.Log4jLoggerFactory]
Metastore connection URL:     jdbc:mysql://localhost:3306/metastore?createDatabaseIf
NotExist=true&characterEncoding=UTF-8&useSSL=false
Metastore Connection Driver:     com.mysql.jdbc.Driver
Metastore connection User:     root
Starting metastore schema initialization to 2.1.0
Initialization script hive-schema-2.1.0.mysql.sql
Initialization script completed
schemaTool completed
```

出现上述内容说明初始化成功。

(6) 启动 Hive

直接在命令行中输入 hive 即可,操作如下:

```
[root@hadoop ~]hive
hive>
```

使用后台启动方式,操作如下:

```
[root@hadoop ~]# hive --service metastore &
[1] 16004
[root@hadoop ~]# hive --service hiveserver2 &
[2] 16095
```

(7) 验证集群

使用 jps 命令查看进程,操作如下:

```
[root@hadoop ~]# jps
3954 ResourceManager
4052 NodeManager
16004 RunJar
16214 Jps
3529 NameNode
3803 SecondaryNameNode
3647 DataNode
16095 RunJar
```

发现多了两条 RunJar,说明 Hive 启动成功。

此外,可以查看端口,Metastore 的默认端口为 9083,操作如下:

```
[root@ hadoop ~]# netstat -ntulp |grep 9083
tcp        0      0 0.0.0.0:9083            0.0.0.0:*               LISTEN      16004/java
```

hiveserver2 的默认端口为 10000，操作如下：

```
[root@ hadoop ~]# netstat -ntulp |grep 10000
tcp        0      0 0.0.0.0:10000           0.0.0.0:*               LISTEN      16095/java
```

查询无误，则 Hive 启动成功。

2.4 部署 Ambari 平台

2.4.1 Ambari 平台简介

Apache Ambari 是一种基于 Web 的工具，支持 Apache Hadoop 集群的供应、管理和监控，使得大数据工具的管理更加方便、易用，可视化更强。Ambari 已支持大多数 Hadoop 组件，包括 HDFS、MapReduce、Hive、Pig、Hbase、ZooKeeper、Sqoop 和 Hcatalog 等的集中管理，也是五个顶级 Hadoop 管理工具之一。Ambari 的平台架构可以兼容任意的硬件以及操作系统，比如 RHEL、SLES、Ubuntu、Windows 等。Ambari 所管理的组件与平台独立，与平台为可插拔的关系。

Ambari 是一个分布式架构的软件，主要由 Ambari Server 和 Ambari Agent 两部分组成，如图 2-4-1 所示。Ambari Server 会读取 Stack 和 Service 的配置文件。当用 Ambari 创建集群的时候，Ambari Server 传送 Stack 和 Service 的配置文件以及 Service 生命周期的控制脚本

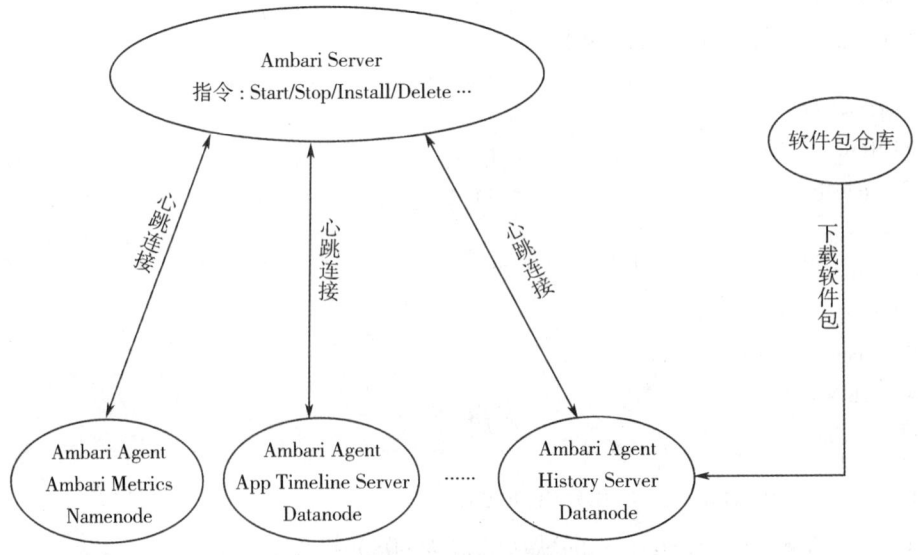

图 2-4-1　Ambari 架构图

到 Ambari Agent。Agent 拿到配置文件后，会下载安装公共源里的软件包（RedHat，使用 YUM 服务）。安装完成后，Ambari Server 会通知 Agent 去启动 Service。之后 Ambari Server 会定期发送命令到 Agent 检查 Service 的状态，Agent 上报给 Server，并呈现在 Ambari 的 GUI 上，方便用户了解到集群的各种状态，并进行相应的维护。

Ambari 的功能主要包括：

（1）提供了跨任意数量的主机安装 Hadoop 服务的分步向导；

（2）处理集群的 Hadoop 服务配置；

（3）提供集中管理，用于在整个集群中启动、停止和重新配置 Hadoop 服务；

（4）提供了一个仪表板，用于监控 Hadoop 集群的运行状况和状态；

（5）利用 Ambari 指标系统进行指标收集；

（6）利用 Ambari Alert Framework 进行系统警报，并在需要注意时通知管理员（例如，节点出现故障，剩余磁盘空间不足等）。

2.4.2 Ambari 平台部署

通过安装 Ambari 部署 Hadoop 平台及其组件，需要准备 Ambari、HDP、HDP-UTILS 资源，其中 Ambari 是 WEB 应用程序，后台为 Ambari Server，负责与 HDP 部署的集群工作节点进行通讯，集群控制节点包括 HDFS，Spark，Zk，Hive，Hbase 等；HDP 包中包含了很多常用的工具，比如 Hadoop，Hive，Hbase，Spark 等；HDP-Util 包含了公共包，比如 ZK 等一些公共组件。这里使用的相应安装包为：

Ambari 安装包：ambari-2.5.1.0-centos7.tar.gz，

下载地址：http://public-repo-1.hortonworks.com/ambari/centos7/2.x/updates/2.5.1.0/ambari-2.5.1.0-centos7.tar.gz。

HDP 安装包：HDP-2.6.0.3-centos7-rpm.tar.gz，

下载地址：http://public-repo-1.hortonworks.com/HDP/centos7/2.x/updates/2.6.0.3/HDP-2.6.0.3-centos7-rpm.tar.gz。

HDP-UTILS 安装包：HDP-UTILS-1.1.0.21-centos7.tar.gz，

下载地址：http://public-repo-1.hortonworks.com/HDP-UTILS-1.1.0.21/repos/centos7/HDP-UTILS-1.1.0.21-centos7.tar.gz。

该部署是基于 CentOS7 的版本上进行的。节点规划见表 2-4-1：

表 2-4-1　　　　　　　　　　　　节点规划

IP	主机名	节点
192.168.100.10	Master	Ambari-Server、Ambari-Agent
192.168.100.20	Slave1	Ambari-Agent

上传安装包 jdk-8u251-linux-x64.tar.gz、mysql-connector-java-5.1.35-bin.jar、ambari-2.5.1.0-centos7.tar.gz、HDP-2.6.0.3-centos7-rpm.tar.gz、HDP-UTILS-1.1.0.21-centos7.tar.gz 等

到 root 目录下。

1. 基础环境配置

在两个节点上分别执行以下操作,完成相应配置。

(1) 修改主机名

使用 hostnamectl 命令修改 2 台主机的主机名。

master 节点修改主机名,操作如下:

```
[root@localhost ~]# hostnamectl set-hostname master
[root@localhost ~]# bash
[root@master ~]#
```

slave1 节点修改主机名,操作如下:

```
[root@localhost ~]# hostnamectl set-hostname slave1
[root@localhost ~]# bash
[root@slave1 ~]#
```

(2) 关闭防火墙和 SELinux

执行以下命令,关闭防火墙,操作如下:

```
[root@master ~]#systemctl stop firewalld.
[root@master ~]#systemctl disable firewalld
```

(3) 防火墙规则配置

```
[root@master ~]#iptables -F
[root@master ~]#iptables -X
[root@master ~]#iptables -Z
[root@master ~]#iptables-save
```

(4) 配置 SELinux

```
[root@master ~]# sed -i 's/SELINUX=enforcing/SELINUX=disabled/g' /etc/selinux/config
```

(5) 编辑 hosts 文件

2 台集群虚拟机的/etc/hosts 文件配置部分:

```
[root@master ~]# cat /etc/hosts
127.0.0.1    localhost localhost.localdomain localhost4 localhost4.localdomain4
::1          localhost localhost.localdomain localhost6 localhost6.localdomain6
192.168.100.10    master
192.168.100.20    slave1
```

（6）安装 JDK 环境

2 个节点安装 Java 环境，解压 JDK。

创建文件夹，操作如下：

```
[root@ master~ ]# mkdir /usr/java
```

解压 JDK 到该文件夹，操作如下：

```
[root@ master~ ]# tar -zxvf jdk-8u251-linux-x64.tar.gz -C /usr/java/
```

配置环境变量，操作如下：

```
[root@ master~ ]# vi /etc/profile
```

在末尾添加如下内容，操作如下：

```
export JAVA_HOME=/usr/java/jdk1.8.0_131
export PATH=$JAVA_HOME/bin:$PATH
export CLASSPATH=.:$JAVA_HOME/lib/dt.jar:$JAVA_HOME/lib/tools.jar
```

生效环境变量，操作如下：

```
[root@ master~ ]# source /etc/profile
```

验证 JDK 安装是否成功，操作如下：

```
[root@ master~ ]# java -version
java version "1.8.0_251"
Java(TM) SE Runtime Environment (build 1.8.0_251-b08)
Java HotSpot(TM) 64-Bit Server VM (build 25.251-b08, mixed mode)
```

2. 安装 MariaDB 服务

通过 YUM 命令在 master 节点上安装 MariaDB 服务，操作如下：

```
[root@ master~ ]#yum install -y mariadb mariadb-server mysql-connector-java
```

启动 MariaDB 服务，并设置 MariaDB 服务为开机自启。

```
[root@ master~ ]#systemctl start mariadb
[root@ master~ ]#  systemctl enable mariadb
```

初始化 MariaDB 数据库，并设置 MariaDB 数据库 root 访问用户的密码为 000000。

```
[root@ master ~ ]#mysql_secure_installation
/usr/bin/mysql_secure_installation: line 379: find_mysql_client: command not found
NOTE: RUNNING ALL PARTS OF THIS SCRIPT IS RECOMMENDED FOR ALL MariaDB
      SERVERS IN PRODUCTION USE!   PLEASE READ EACH STEP CAREFULLY!
```

In order to log into MariaDB to secure it, we'll need the current password for the root user. If you've just installed MariaDB, and you haven't set the root password yet, the password will be blank, so you should just press enter here.

Enter current password for root (enter for none):　　#默认按回车
OK, successfully used password, moving on...

Setting the root password ensures that nobody can log into the MariaDB root user without the proper authorisation.

Set root password? [Y/n] y
New password:　　　　　　　　　　　　　#输入数据库 root 密码 000000
Re-enter new password:　　　　　　　　　#重复输入密码 000000
Password updated successfully!
Reloading privilege tables..
... Success!

By default, a MariaDB installation has an anonymous user, allowing anyone to log into MariaDB without having to have a user account created for them. This is intended only for testing, and to make the installation go a bit smoother. You should remove them before moving into a production environment.

Remove anonymous users? [Y/n] y
... Success!

Normally, root should only be allowed to connect from 'localhost'. This ensures that someone cannot guess at the root password from the network.

Disallow root login remotely? [Y/n] n
... skipping.

By default, MariaDB comes with a database named 'test' that anyone can access. This is also intended only for testing, and should be removed before moving into a production environment.

Remove test database and access to it? [Y/n] y
- Dropping test database...
... Success!
- Removing privileges on test database...
... Success!

Reloading the privilege tables will ensure that all changes made so far will take effect immediately.

Reload privilege tables now? [Y/n] y
... Success!
Cleaning up...

```
All done!    If you've completed all of the above steps, your MariaDB
installation should now be secure.
Thanks for using MariaDB!
```

编辑数据库配置文件 my.cnf，在配置文件 my.cnf 中增添下面的内容：

```
[root@ master ~]# cat /etc/my.cnf
[mysqld]
datadir=/var/lib/mysql
socket=/var/lib/mysql/mysql.sock
max_connections=10000
default-storage-engine = innodb
innodb_file_per_table
collation-server = utf8_general_ci
init-connect = 'SET NAMES utf8'
character-set-server = utf8
```

创建 Ambari 数据库：

```
# mysql -uroot -p000000
MariaDB [(none)]>create database ambari character set utf8;
MariaDB [(none)]>create user 'ambari'@'%' identified by '000000';
MariaDB [(none)]>grant all privileges on ambari.* to 'ambari'@'localhost' identified by '000000';
MariaDB [(none)]>grant all privileges on ambari.* to 'ambari'@'%' identified by '000000';
MariaDB [(none)]> use ambari;
MariaDB [ambari]>source /var/lib/ambari-server/resources/Ambari-DDL-MySQL-CREATE.sql
MariaDB [ambari]> Bye
```

3. 安装并开启 NTP 服务

在 2 个节点上，安装 NTP 服务进行时间同步，操作如下：

master 节点：

```
[root@ master ~]#yum install -y ntp
[root@ master ~]#systemctl enable ntpd
[root@ master ~]#systemctl    start ntpd
```

slave1 节点：

```
[root@ master ~]#yum install -y ntp
[root@ master ~]#ntpdate master
[root@ master ~]#systemctl enable ntpd
```

4. 禁用 Transparent Huge Pages

操作系统后台有一个叫做 khugepaged 的进程,它会一直扫描所有进程占用的内存,在可能的情况下会把 4k page 交换为 Huge Pages。在这个过程中,对于操作的内存的各种分配活动都需要各种内存锁,直接影响程序的内存访问性能,并且,这个过程对于应用是透明的,在应用层面不可控,对于专门为 4k page 优化的程序来说,可能会造成随机的性能下降现象。

```
# master & slaver1
# cat /sys/kernel/mm/transparent_hugepage/enabled
[always] madvise never
# echo never > /sys/kernel/mm/transparent_hugepage/enabled
# echo never > /sys/kernel/mm/transparent_hugepage/defrag
# cat /sys/kernel/mm/transparent_hugepage/enabled
always madvise [never]
```

重启后失效,需要再次执行。

5. 安装 Ambari 集群

(1) 安装 httpd 服务

在 master 节点上安装 httpd 服务,操作如下:

```
[root@ master ~]#yum install -y httpd
[root@ master ~]#systemctl enable httpd
[root@ master ~]#systemctl start httpd
```

(2) 安装本地源制作相关工具

```
[root@ master ~]#yum install yum-utils createrepo yum-plugin-priorities -y
[root@ master ~]#vi /etc/yum/pluginconf.d/priorities.conf
```

添加:

```
gpgcheck=0
```

(3) 创建本地源

将下载的 3 个 tar 包解压到 /var/www/html 目录下,操作如下:

```
[root@ master ~]#tar zxvf ambari-2.5.1.0-centos7.tar.gz -C /var/www/html
[root@ master ~]#tar zxvf HDP-2.6.0.3-centos7-rpm.tar.gz -C /var/www/html
[root@ master ~]#mkdir -r /var/www/html/HDP-UTILS-1.1.0.21/centos7
[root@ master ~]#tar zxvf HDP-UTILS-1.1.0.21-centos7.tar.gz -C
/var/www/html/HDP-UTILS-1.1.0.21/centos7
```

创建本地源,操作如下:

```
[root@ master ~ ]#cd /var/www/html/
[root@ master ~ ]#createrepo ./
```

配置本地源,操作如下:

```
[root@ master ~ ]# vi /etc/yum.repos.d/ambari.repo
```

添加内容如下:

```
#VERSION_NUMBER=2.5.1.0-0
[ambari-2.5.1.0]
name=ambary Version - ambari-2.5.1.0
baseurl=http://master/ambari/centos7/
gpgcheck=0
gpgkey=http://ambari-1/ambari/centos7/RPM-GPG-KEY/RPM-GPG-KEY-Jenkins
enabled=1
```

编辑 HDP yum 源配置文件,添加配置信息,操作如下:

```
[root@ master ~ ]#vi /etc/yum.repos.d/HDP.repo
```

添加内容如下:

```
[HDP-2.6.0.3-8]
name=HDP-2.6.0.3-8
baseurl=http:/master/HDP/centos7/
gpgcheck=0
gpgkey=http://master/HDP/centos7/RPM-GPG-KEY/RPM-GPG-KEY-Jenkins
enabled=1
priority=1
```

编辑 HDP-UTILS yum 源配置文件,添加配置信息,操作如下:

```
[root@ master ~ ]#vi /etc/yum.repos.d/HDP-UTILS.repo
```

添加内容如下:

```
[HDP-UTILS-1.1.0.21]
name=HDP-UTILS-1.1.0.21
baseurl=http://master/HDP-UTILS-1.1.0.21/centos7/
gpgcheck=0
gpgkey=http://master/HDP-UTILS-1.1.0.21/centos7/RPM-GPG-KEY/RPM-GPG-KEY-Jenkins
enabled=1
priority=1
```

最后执行以下操作：

```
[root@ master ~]#yum clean all
[root@ master ~]#yum makecache
```

查看 Ambari 与 HDP 资源的资源库配置是否正确,操作如下：

```
[root@ master ~]#yum repolist
```

将配置完成后 repo 文件复制给每个从节点,操作如下：

```
[root@ master]# scp /etc/yum.repos.d/ambari.repo master:/etc/yum.repos.d/
[root@ master]# scp /etc/yum.repos.d/HDP.repo master:/etc/yum.repos.d/
[root@ master]# scp /etc/yum.repos.d/HDP-UTILS.repo master:/etc/yum.repos.d/
```

(4) 安装 Ambari

在 master 节点上执行以下命令安装 ambari-server 服务,操作如下：

```
[root@ master]#yum install ambari-server
[root@ master]# ambari-server setup
WARNING:SELinux is set to 'permissive' mode and temporarily disabled.
OK to continue [y/n] (y)?
Customize user account for ambari-server daemon [y/n] (n)? n
Checking JDK...
[1] Oracle JDK 1.8 + Java Cryptography Extension (JCE) Policy Files 8
[2] Oracle JDK 1.7 + Java Cryptography Extension (JCE) Policy Files 7
[3] Custom JDK
==============================================================
Enter choice (1): 3
Path to JAVA_HOME:/usr/jdk64/jdk1.8.0_251
Validating JDK on Ambari Server...done.
Completing setup...
Configuring database...
Enter advanced database configuration [y/n] (n)? y
Configuring database...
==============================================================
Choose one of the following options:
[1] - PostgreSQL (Embedded)
[2] - Oracle
[3] - MySQL
[4] - PostgreSQL
[5] - Microsoft SQL Server (Tech Preview)
```

```
[6] - SQL Anywhere
=====================================
Enter choice (1): 3
Hostname (localhost):
Port (3306):
Database name (ambari):
Username (ambari):
Enter Database Password (bigdata):
Proceed with configuring remote database connection properties [y/n] (y)?
Ambari Server 'setup' completed successfully.
启动 ambari-server 服务
[root@master]# ambari-server start
```

输入网址:http://192.168100.10:8080/,登录 Ambari 管理界面。

登录用户名密码均为 admin,登录界面如图 2-4-2 所示。

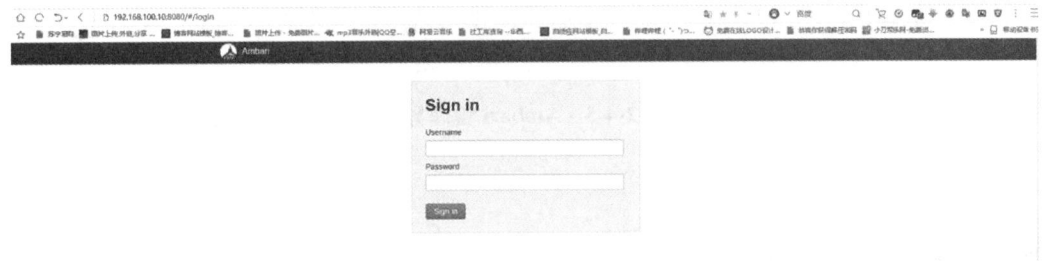

图 2-4-2　Ambari 登录界面

6. 配置 ambari-agent

在两个节点上执行以下命令,安装 ambari-agent 服务,操作如下:

```
# master & slave1
[root@master]# yum -y install ambari-agent
[root@master]# vi /etc/ambari-agent/conf/ambari-agent.ini
[server]
hostname = ambari-1
[security]
force_https_protocol=PROTOCOL_TLSv1_2
# ambari-agent restart
# tail -f /var/log/ambari-agent/ambari-agent.log
INFO 2017-01-12 09:44:20,919 Controller.py:265 - Heartbeat response received (id = 1340)
INFO 2017-01-12 09:44:30,820 Heartbeat.py:78 - Building Heartbeat: {responseId = 1340, timestamp = 1484214270820, commandsInProgress = False, componentsMapped = True}
```

7. 部署管理 Hadoop 集群

登录界面 http://{IP Address}:8080/,用户名密码均为 admin。接下来就可以启动安装向导,创建集群,安装服务,如图 2-4-3 所示。

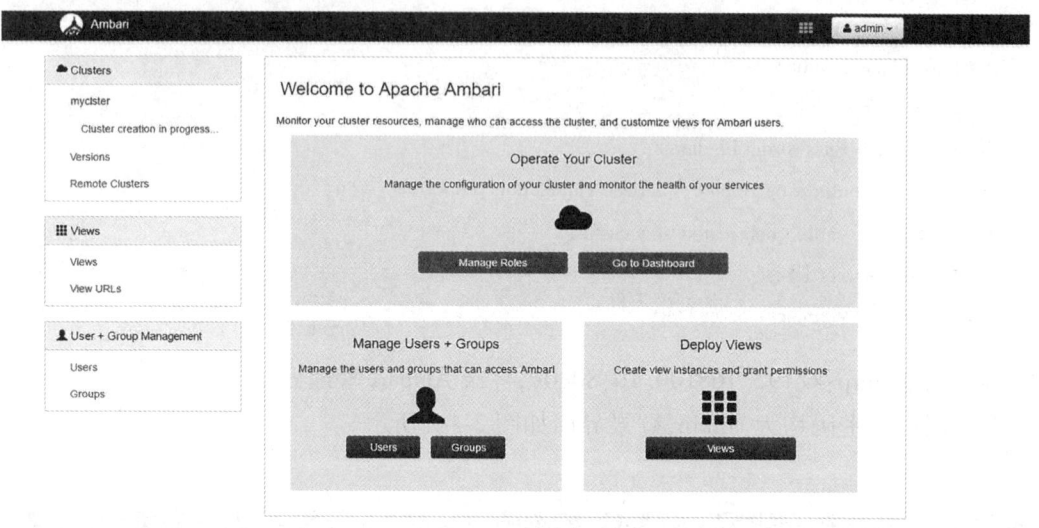

图 2-4-3　Ambari 管理界面

2.5 集群运维与优化

Hadoop 已经成为目前大数据处理的事实标准,各大互联网公司均在用 Hadoop 来作为数据平台的重要组成部分。在小规模数据量场景下,Hadoop 集群的规划与性能问题并不重要。然而,随着业务的增长和数据量的增长,在上百台甚至上千上万台集群规模、上拍字节的数据量的背景下,如何合理地规划和使用 Hadoop 集群、如何优化集群发挥更高的效率显得尤为重要。

2.5.1　HDFS 基本应用

既然 HDFS 是存取数据的分布式文件系统,那么对 HDFS 的操作,就是文件系统的基本操作,比如文件的创建、修改、删除、修改权限等,文件夹的创建、删除、重命名等。对 HDFS 的操作命令类似于 Linux 的 shell 对文件的操作,如 ls、mkdir、rm 等。HDFS Shell 命令格式如下:

```
hadoop fs;
hadoop dfs;
hdfs fs。
```

[参数说明]

hadoop fs：使用面最广，可以操作任何文件系统。

hadoop dfs 与 hdfs dfs：只能操作 HDFS 文件系统相关（包括与 Local FS 间的操作），前者使用后出现"不推荐"信息，一般使用后者。

用户可以执行 hadoop fs -help 查看用户命令列表，执行 hdfs dfsadmin -help 查看管理员命令列表。HDFS Shell 基本命令如下。

（1）-ls　显示当前目录结构。

```
[root@ hadoop ~]# hadoop fs -ls /
Found 4 items
drwxr-xr-x   - root supergroup          0 2020-06-03 07:45 /hbase
drwxr-xr-x   - root supergroup          0 2020-06-02 20:10 /input
drwxr-xr-x   - root supergroup          0 2020-06-02 20:24 /output
drwx------   - root supergroup          0 2020-06-02 20:24 /tmp
```

上述代码中的路径是 HDFS 根目录，显示的内容格式与 Linux 的命令 ls-l 显示的内容格式非常相似，下面解析每一行的内容格式：

① 首字母表示文件夹（如果是"d"）还是文件（如果是"-"）；

② 后面的 9 位字符表示权限；

③ 后面的数字或者"-"表示副本数。如果是文件，使用数字表示副本数；文件夹没有副本；

④ 后面的"root"表示属主；

⑤ 后面的"supergroup"表示属组；

⑥ 后面的"0"表示文件大小，单位是字节；

⑦ 后面的时间表示修改时间，格式是年月日时分；

⑧ 最后一项表示文件路径。

（2）-ls -R　递归显示目录结构。

```
[root@ hadoop ~]# hadoop fs -ls -R /
drwxr-xr-x   - root supergroup          0 2020-06-03 07:45 /hbase
drwxr-xr-x   - root supergroup          0 2020-06-03 07:45 /hbase/.tmp
drwxr-xr-x   - root supergroup          0 2020-06-03 07:49 /hbase/.tmp/data
drwxr-xr-x   - root supergroup          0 2020-06-03 11:43 /hbase/.tmp/data/default
drwxr-xr-x   - root supergroup          0 2020-06-03 07:45 /hbase/.tmp/data/hbase
```

（3）-du　统计目录下各文件大小，该命令选项显示指定路径下的文件大小，单位是字节。

```
[root@ hadoop ~]# hadoop fs -du /
24384     /hbase
46        /input
47        /output
154483    /tmp
```

（4）-mv 移动,该命令选项表示移动 HDFS 的文件到指定的 HDFS 目录中。后面跟两个路径,第一个表示源文件,第二个表示目的目录。

```
[root@ hadoop ~]# hadoop fs -ls -R /
drwxr-xr-x   - root supergroup          0 2020-06-02 20:10 /input
-rw-r--r--   1 root supergroup         26 2020-06-02 20:09 /input/aaa.txt
-rw-r--r--   1 root supergroup         20 2020-06-02 20:10 /input/bbb.txt
drwxr-xr-x   - root supergroup          0 2020-06-02 20:24 /output
[root@ hadoop ~]# hadoop fs -mv /input/aaa.txt /output
[root@ hadoop ~]# hadoop fs -ls -R /
drwxr-xr-x   - root supergroup          0 2020-06-09 13:54 /input
-rw-r--r--   1 root supergroup         20 2020-06-02 20:10 /input/bbb.txt
drwxr-xr-x   - root supergroup          0 2020-06-09 13:54 /output
-rw-r--r--   1 root supergroup         26 2020-06-02 20:09 /output/aaa.txt
```

（5）-cp 复制,该命令选项表示复制 HDFS 指定的文件到指定的 HDFS 目录中。后面跟两个路径,第一个是被复制的文件,第二个是目的地。

```
[root@ hadoop ~]# hadoop fs -ls -R /
drwxr-xr-x   - root supergroup          0 2020-06-09 13:54 /input
-rw-r--r--   1 root supergroup         20 2020-06-02 20:10 /input/bbb.txt
drwxr-xr-x   - root supergroup          0 2020-06-09 13:54 /output
-rw-r--r--   1 root supergroup         26 2020-06-02 20:09 /output/aaa.txt
[root@ hadoop ~]# hadoop fs -cp /output/aaa.txt /input
[root@ hadoop ~]# hadoop fs -ls -R /
drwxr-xr-x   - root supergroup          0 2020-06-09 13:58 /input
-rw-r--r--   1 root supergroup         26 2020-06-09 13:58 /input/aaa.txt
-rw-r--r--   1 root supergroup         20 2020-06-02 20:10 /input/bbb.txt
drwxr-xr-x   - root supergroup          0 2020-06-09 13:54 /output
-rw-r--r--   1 root supergroup         26 2020-06-02 20:09 /output/aaa.txt
```

（6）-rm 删除文件/空白文件夹,该命令选项表示删除指定的文件或者空目录。

```
[root@ hadoop ~]# hadoop fs -ls -R /
drwxr-xr-x   - root supergroup          0 2020-06-09 13:58 /input
```

```
-rw-r--r--   1 root supergroup          26 2020-06-09 13:58 /input/aaa.txt
-rw-r--r--   1 root supergroup          20 2020-06-02 20:10 /input/bbb.txt
drwxr-xr-x   - root supergroup           0 2020-06-09 13:54 /output
-rw-r--r--   1 root supergroup          26 2020-06-02 20:09 /output/aaa.txt
[root@ hadoop ~]# hadoop fs -rm /output/aaa.txt
[root@ hadoop ~]# hadoop fs -ls /output/
Found 2 items
-rw-r--r--   1 root supergroup           0 2020-06-02 20:24 /output/_SUCCESS
-rw-r--r--   1 root supergroup          47 2020-06-02 20:24 /output/part-r-00000
```

（7）-rm-r　递归删除，该命令选项表示递归删除指定目录下的所有子目录和文件。

```
[root@ hadoop ~]# hadoop fs -rm -r /hbase
```

（8）-put　上传文件，该命令选项表示把 Linux 上的文件复制到 HDFS 中。

```
[root@ hadoop ~]# hadoop fs -ls /
Found 2 items
drwxr-xr-x   - root supergroup           0 2020-06-09 13:58 /input
drwxr-xr-x   - root supergroup           0 2020-06-09 14:05 /output
[root@ hadoop ~]# ll
total 485008
-rw-r--r--. 1 root root          26 Jun  2 20:03 aaa.txt
-rw-------. 1 root root         958 Jun  2 12:07 anaconda-ks.cfg
-rw-r--r--. 1 root root          20 Jun  2 20:03 bbb.txt
-rw-r--r--. 1 root root   210606807 Jun  2 12:29 hadoop-2.7.1.tar.gz
-rw-r--r--. 1 root root   104659474 Jun  3 05:50 hbase-1.2.6-bin.tar.gz
-rw-r--r--. 1 root root   181365687 Jun  2 12:29 jdk-8u77-linux-x64.tar.gz
[root@ hadoop ~]# hadoop fs -put aaa.txt /output
[root@ hadoop ~]# hadoop fs -ls /output
Found 1 items
-rw-r--r--   1 root supergroup          26 2020-06-09 14:07 /output/aaa.txt
```

（9）-copyFromLocal　从本地复制，操作与-put 一致，不再举例。

（10）-moveFromLocal　从本地移动，该命令表示把文件从 Linux 上移动到 HDFS 中。

```
[root@ hadoop ~]# hadoop fs -ls -R /
drwxr-xr-x   - root supergroup           0 2020-06-09 13:58 /input
-rw-r--r--   1 root supergroup          26 2020-06-09 13:58 /input/aaa.txt
-rw-r--r--   1 root supergroup          20 2020-06-02 20:10 /input/bbb.txt
drwxr-xr-x   - root supergroup           0 2020-06-09 14:10 /output
```

```
-rw-r--r--   1 root supergroup         26 2020-06-09 14:07 /output/aaa.txt
drwxr-xr-x   - root supergroup          0 2020-06-09 14:10 /output/test
[root@hadoop ~]# hadoop fs -moveFromLocal aaa.txt /output/test
[root@hadoop ~]# hadoop fs -ls -R /
drwxr-xr-x   - root supergroup          0 2020-06-09 13:58 /input
-rw-r--r--   1 root supergroup         26 2020-06-09 13:58 /input/aaa.txt
-rw-r--r--   1 root supergroup         20 2020-06-02 20:10 /input/bbb.txt
drwxr-xr-x   - root supergroup          0 2020-06-09 14:10 /output
-rw-r--r--   1 root supergroup         26 2020-06-09 14:07 /output/aaa.txt
drwxr-xr-x   - root supergroup          0 2020-06-09 14:11 /output/test
-rw-r--r-- 1 root supergroup26 2020-06-09 14:11 /output/test/aaa.txt
```

（11）-getmerge 合并到本地,该命令选项的含义是把 HDFS 指定目录下的所有文件内容合并到本地 Linux 的文件中。

（12）-cat 查看文件内容,该命令选项是查看文件内容。

（13）-text 查看文件内容,该命令选项可以认为作用和用法与-cat 相同,此处略。

（14）-mkdir 创建空白文件夹,该命令选项表示创建文件夹,后面跟的路径是在 hdfs 将要创建的文件夹。

```
[root@hadoop ~]# hadoop fs -mkdir /tmp
[root@hadoop ~]# hadoop fs -ls /
Found 3 items
drwxr-xr-x   - root supergroup          0 2020-06-09 13:58 /input
drwxr-xr-x   - root supergroup          0 2020-06-09 14:10 /output
drwxr-xr-x   - root supergroup          0 2020-06-09 14:12 /tmp
```

（15）-setrep 设置副本数量,该命令选项是修改已保存文件的副本数量,后面跟副本数量,再跟文件路径。例如,若修改了文件/install.log 的副本数,由 1 修改为 2,则多了一个副本,HDFS 会自动执行文件的复制工作,产生新的副本。如果最后的路径表示文件夹,那么需要跟选项-R,表示对文件夹中的所有文件都修改副本。还有一个选项是-w,表示等待副本操作结束才退出命令。

（16）-touchz 创建空白文件,该命令选项是在 HDFS 中创建空白文件。

```
[root@hadoop ~]# hadoop fs -touchz /empty-file
[root@hadoop ~]# hadoop fs -ls /
Found 4 items
-rw-r--r--   1 root supergroup          0 2020-06-09 14:13 /empty-file
drwxr-xr-x   - root supergroup          0 2020-06-09 13:58 /input
drwxr-xr-x   - root supergroup          0 2020-06-09 14:10 /output
drwxr-xr-x   - root supergroup          0 2020-06-09 14:12 /tmp
```

(17) -stat 显示文件的统计信息,该命令选项显示文件的一些统计信息。

```
[root@ hadoop ~]# hadoop fs -stat '%b %n %o %r %Y' /output/aaa.txt
26 aaa.txt 134217728 1 1591726025698
```

命令选项后面可以有格式,使用引号表示。示例中的格式"%b %n %o %r %Y"依次表示文件大小、文件名称、块大小、副本数、访问时间。

(18) -tail 查看文件尾部内容,该命令选项显示文件最后 1 KB 的内容。一般用于查看日志。如果带有选项-f,那么当文件内容变化时,也会自动显示。

(19) -chmod 修改文件权限,该命令选项的使用类似于 Linux 的 Shell 中的 Chmod 用法,作用是修改文件的权限。如果加上选项-R,可以对文件夹中的所有文件修改权限。

```
[root@ hadoop ~]# hadoop fs -ls /
Found 4 items
-rw-r--r--   1 root supergroup          0 2020-06-09 14:13 /empty-file
drwxr-xr-x   - root supergroup          0 2020-06-09 13:58 /input
drwxr-xr-x   - root supergroup          0 2020-06-09 14:10 /output
drwxr-xr-x   - root supergroup          0 2020-06-09 14:12 /tmp
[root@ hadoop ~]# hadoop fs -chmod 775 /empty-file
[root@ hadoop ~]# hadoop fs -ls /
Found 4 items
-rwxrwxr-x   1 root supergroup          0 2020-06-09 14:13 /empty-file
```

(20) -chown 修改属主,该命令选项表示修改文件的属主。也可以同时修改属组。

```
[root@ hadoop ~]# hadoop fs -chown zaz /empty-file
[root@ hadoop ~]# hadoop fs -ls /
Found 4 items
-rwxrwxr-x   1 zaz  supergroup          0 2020-06-09 14:13 /empty-file
```

把文件/emptyfile 的属主和属组都修改为 zmr,如果只修改属组,可以使用":zmr"。
如果带有选项-R,意味着可以递归修改文件夹中的所有文件的属主、属组信息。

```
[root@ hadoop ~]# hadoop fs -chown zmr:zmr /empty-file
[root@ hadoop ~]# hadoop fs -ls /
Found 4 items
-rwxrwxr-x   1 zmr  zmr                 0 2020-06-09 14:13 /empty-file
drwxr-xr-x   - root supergroup          0 2020-06-09 13:58 /input
drwxr-xr-x   - root supergroup          0 2020-06-09 14:10 /output
drwxr-xr-x   - root supergroup          0 2020-06-09 14:12 /tmp
```

（21）-chgrp　修改属组，该命令的作用是修改文件的属组，该命令相当于"chown:属组"的用法。

```
[root@ hadoop ~]# hadoop fs -chgrp supergroup /empty-file
[root@ hadoop ~]# hadoop fs -ls /
Found 4 items
-rwxrwxr-x   1 zmr    supergroup          0 2020-06-09 14:13 /empty-file
```

这里只列出了 HDFS Shell 常用操作，其他应用操作，请读者自行根据实际需求补充学习。

2.5.2 HBase 基本应用

HBase Shell 是 HBase 的一套命令行工具，类似传统数据中的 SQL 概念，可以使用 Shell 命令来查询 HBase 中数据的详细情况。安装完 HBase 之后，如果配置了 HBase 的环境变量，只要在 Shell 中执行 HBase Shell 就可以进入命令行界面，表 2-5-1 中列出了几个常用的 HBase Shell 命令。

表 2-5-1　　　　　　　　　　常用的 HBase Shell 命令

名称	命令表达式
查看存在哪些表	list
创建表	create' 表名称',' 列名称 1',' 列名称 2',' 列名称 N'
添加记录	put' 表名称',' 行名称',' 列名称:',' 值'
查看记录	get' 表名称',' 行名称'
查看表中的记录总数	count' 表名称'
删除记录	delete' 表名',' 行名称',' 列名称'
删除一张表	先要屏蔽该表，才能对该表进行删除，第一步 disable' 表名称'，第二步 drop' 表名称'
查看所有记录	scan' 表名称'
查看某个表某个列中所有数据	scan' 表名称',[' 名称']
更新记录	重写一遍进行覆盖

1. 一般操作

（1）查询服务器状态

```
hbase(main):001:0> status
2 servers, 0 dead, 1.5000 average load
```

（2）查询 Hive 版本

```
hbase(main):002:0> version
1.0.1.1, re1dbf4df30d214fca14908df71d038081577ea46, Sun May 17 12:34:26 PDT 2015
```

2. DDL 操作

（1）创建一个表，创建表时只需要指定列族名称，不需要指定列名。语法如下：

```
create '表名','列族名1','列族名2','列族名3'
```

示例如下：

```
hbase(main):003:0>create 'member','member_id','address','info'
0 row(s) in 1.2210seconds
```

（2）列举所有表 list

```
hbase(main):005:0> list
TABLE
member
1 row(s) in 0.0470 seconds
=> ["member"]
```

（3）修改（添加、删除）表结构

删除一个列族，语法如下：

```
alter '表名',{NAME=>'列族名',METHOD=>'delete'}
```

示例如下：

```
hbase(main):006:0> alter 'member',{NAME=>'member_id',METHOD=>'delete'}
```

（4）获取表的描述 describe

语法如下：

```
describe '表名'
```

示例如下：

```
hbase(main):014:0> describe 'member'
Table member is ENABLED
member
COLUMN FAMILIES DESCRIPTION
{NAME => 'address', DATA_BLOCK_ENCODING => 'NONE', BLOOMFILTER => 'ROW', REPLICATION_SCOPE => '0', VERSIONS => '1', COMPRESSION => 'NONE', MIN_VERSIONS => '0', TTL => 'FOR
EVER', KEEP_DELETED_CELLS => 'FALSE', BLOCKSIZE => '65536', IN_MEMORY => 'false', BLOCKCACHE => 'true'}
```

{NAME => 'info', DATA_BLOCK_ENCODING => 'NONE', BLOOMFILTER => 'ROW', REPLICATION_SCOPE => '0', VERSIONS => '1', COMPRESSION => 'NONE', MIN_VERSIONS => '0', TTL => 'FOREVE

R', KEEP_DELETED_CELLS => 'FALSE', BLOCKSIZE => '65536', IN_MEMORY => 'false', BLOCKCACHE => 'true'}

2 row(s) in 0.0350 seconds

(5) 启用表 enable 和禁用表 disable

通过 enable 和 disable 来启用/禁用这个表,相应的可以通过 is_enabled 和 is_disabled 来检查表是否被禁用。语法如下:

```
enable '表名'
is_enabled '表名'
disable  '表名'
is_disabled   '表名'
```

示例如下:

```
hbase(main):016:0> is_enabled 'member'
true
hbase(main):032:0>is_disabled 'member'
false
```

(6) 删除表 drop

需要先禁用表,然后再删除表,启用的表是不允许删除的。示例如下:

```
hbase(main):029:0>disable 'temp_table'
0 row(s) in 2.0590seconds
hbase(main):030:0>drop 'temp_table'
0 row(s) in 1.1070seconds
```

3. DML 操作

(1) 插入或者修改数据 put,语法如下:

```
#当列族中只有一个列时'列族名:列名'使用'列族名'
put '表名','行键','列族名','列值'
put '表名','行键','列族名:列名','列值'
```

示例如下:

```
put 'member','scutshuxue','info:age','24'
put 'member','scutshuxue','info:birthday','1987-06-17'
```

```
put' member' ,' scutshuxue' ,' info:company' ,' alibaba'
put' member' ,' scutshuxue' ,' address:country' ,' china'
put' member' ,' scutshuxue' ,' address:province' ,' zhejiang'
put' member' ,' scutshuxue' ,' address:city' ,' hangzhou'
put' member' ,' xiaofeng' ,' info:birthday' ,' 1987-4-17'
put' member' ,' xiaofeng' ,' info:favorite' ,' movie'
put' member' ,' xiaofeng' ,' info:company' ,' alibaba'
put' member' ,' xiaofeng' ,' address:country' ,' china'
put' member' ,' xiaofeng' ,' address:province' ,' guangdong'
put' member' ,' xiaofeng' ,' address:city' ,' jieyang'
put' member' ,' xiaofeng' ,' address:town' ,' xianqiao'
```

更新一条记录,操作如下:

```
hbase(main):027:0> put ' member' ,' scutshuxue' ,' info:age' ,'99'
0 row(s) in 0.1460 seconds
```

(2) 获取数据 get,语法如下:

```
get ' 表名' ,' 行键'
```

获取一个 id 的所有数据,操作如下:

```
hbase(main):003:0> get ' member' ,' scutshuxue'
COLUMN                          CELL
address:city                    timestamp=1441600601563, value=hangzhou
address:country                 timestamp=1441600601500, value=china
address:province                timestamp=1441600601534, value=zhejiang
info:age                        timestamp=1441600579088, value=24
info:birthday                   timestamp=1441600601412, value=1987-06-17
info:company                    timestamp=1441600601451, value=alibaba
6 row(s) in 0.4320 seconds
```

(3) 全表扫描 scan,获取表的所有数据,语法如下:

```
scan ' 表名'
```

示例如下:

```
hbase(main):029:0> scan ' member'
ROW                   COLUMN+CELL
scutshuxue            column=address:city, timestamp=1441600601563, value=hangzhou
```

```
scutshuxue              column=address:country, timestamp=1441600601500, value=china
scutshuxue              column=address:province, timestamp=1441600601534, value=zhejiang
scutshuxue              column=info:age, timestamp=1441601138357, value=99
scutshuxue
..............
```

(4)删除某个列族中的某个列 delete,语法如下:

```
delete '表名','行键','列族名:列名'
删除 id 为 temp 的值的'info:age'字段,示例如下:
hbase(main):030:0> delete 'member','temp','info:age'
0 row(s) in 0.0450 seconds
```

(5)删除某行数据 deleteall,语法如下:

```
deleteall '表名','行键'
```

删除整行,操作如下:

```
hbase(main):031:0> deleteall 'member','xiaofeng'
0 row(s) in 0.0120 seconds
```

(6)查询表中有多少行 count,语法如下:

```
count '表名'
```

示例如下:

```
hbase(main):032:0> count 'member'
1 row(s) in 0.0380 seconds
=> 1
```

(7)自增 incr,incr 可以对不存在的行键操作,如果行键已经存在会报错,如果使用 put 修改了 incr 的值再使用 incr 也会报错,语法如下:

```
incr '表名','行键','列族:列名',步长值
```

给'xiaofeng'这个 id 增加'info:age'字段,并使用 counter 实现递增,操作如下:

```
hbase(main):033:0> incr 'member','xiaofeng','info:age'
COUNTER VALUE = 1
0 row(s) in 0.0230 seconds
```

取当前 count 的值:

```
hbase(main):034:0> get_counter 'member','xiaofeng','info:age'
COUNTER VALUE = 1
```

（8）清空整个表的数据 truncate，先 disable 表，然后再 drop 表，最后重新 create 表，语法如下：

```
truncate '表名'
```

示例如下：

```
hbase(main):035:0> truncate 'member'
Truncating 'member' table (it may take a while):
- Disabling table...
- Truncating table...
0 row(s) in 1.6560 seconds
```

这里只列出了 HBase Shell 常用操作，其他应用操作，请读者自行根据实际需求补充学习。

2.5.3 Hive 基本应用

Hive 命令参数如下：

```
usage: hive
 -d,--define <key=value>          Variable subsitution to apply to hive
                                  commands. e.g. -d A=B or --define A=B
    --database <databasename>     Specify the database to use
 -e <quoted-query-string>         SQL from command line
 -f <filename>                    SQL from files
 -H,--help                        Print help information
    --hiveconf <property=value>   Use value for given property
    --hivevar <key=value>         Variable subsitution to apply to hive
                                  commands. e.g. --hivevar A=B
 -i <filename>                    Initialization SQL file
 -S,--silent                      Silent mode in interactive shell
 -v,--verbose                     Verbose mode (echo executed SQL to the console)
```

1. Hive 交互模式

```
hive> show tables; #查看所有表名
hive> show tables 'ad*' #查看以'ad'开头的表名
hive> set 命令 #设置变量与查看变量；
hive> set -v #查看所有的变量
```

```
hive> set hive.stats.atomic #查看 hive.stats.atomic 变量
hive> set hive.stats.atomic=false #设置 hive.stats.atomic 变量
hive> dfs    -ls #查看 hadoop 所有文件路径
hive> dfs    -ls /user/hive/warehouse/ #查看 hive 所有文件
hive> dfs    -ls /user/hive/warehouse/ptest #查看 ptest 文件
hive> source file <filepath> #在 client 里执行一个 hive 脚本文件
hive> quit #退出交互式 shell
hive> exit #退出交互式 shell
hive> reset #重置配置为默认值
hive> ! ls #从 Hive shell 执行一个 shell 命令
```

2. HiveQL 常用操作

HiveQL 是一种类似 SQL 的语言，它与大部分的 SQL 语法兼容，但是并不完全支持 SQL 标准，如 HiveQL 不支持更新操作，也不支持索引和事务，它的子查询和 join 操作也很局限，这是因其底层依赖于 Hadoop 云平台这一特性决定的，但其有些特点是 SQL 所无法企及的。例如多表查询、支持 create table as select 和集成 MapReduce 脚本等，本节主要介绍 Hive 的数据类型和常用的 HiveQL 操作。常用的 HiveQL 操作有以下几种：

（1）创建表

首先建立三张供测试用的表：userinfo 表中有两列，以 tab 键分割，分别存储用户的 id 和名字 name；choice 表中有两列，以 tab 键分割，分别存储用户的 userid 和选课名称 classname；classinfo 表中有两列，以 tab 键分割，分别存储课程老师 teacher 和课程名 classname。

```
hive > create table userinfo(id int,name string)
    >row format delimited fields terminated by ' \t' ;
hive >create table choice(userid int,classname string)
    >row format delimited fields terminated by ' \t' ;
hive >create table classinfo(teacher string,classname string)
    >row format delimited fields terminated by ' \t' ;
```

显示刚才创建的数据表，操作如下：

```
hive > show tables;
```

"row format delimited fields terminated by" 是 HiveQL 特有的，用来指定数据的分割方式，如果不人为指定，则默认的格式如下：

```
row format delimited fields terminated by ' \001' collection items terminated by ' \002' map keys terminated by ' \003' lines terminated by ' \n' stored as textfile. ;
```

上述"collection items terminated by ' \002'"用来指定集合类型中数据的分割方式,针对ARRY、STRUCT 和 MAP 的 key-value 之间的分割;"map keys terminated by ' \003'"针对 MAP 的 key 内的分割方式;"lines terminated by ' \n'"制定了行之间以回车分割;"stored as textfile"指定以文本存储。分割方式和存储方式可以显示指定。

Hive 中的表可以分为内部表和外部表,内部表的数据移动到数据仓库目录下,由 Hive 管理,外部表的数据在指定位置,不在 Hive 的数据仓库中,只是在 Hive 元数据库中注册。上面创建的表都是内部表,创建外部表采用"create external tablename"方式创建,并在创建表的同时指定表的位置。

(2) 导入数据

建表后,可以从本地文件系统或 HDFS 中导入数据文件,导入数据样例如下:

```
userinfo.txt        choice.txt       classinfo.txt
1 xiapi             1 math           jack math
2 xiaoxue           1 china          sam china
3 qingqing          1 english        lucy english
                    2 china
                    2 english
                    3 english
```

首先在 Master.Hadoop 的"/home/hadoop"下面按照上面建立三个文件,并添加如上的内容信息,并按照以下操作导入数据:

```
hive>load data local inpath '/home/hadoop/userinfo.txt' overwrite into table userinfo;
hive>load data local inpath '/home/hadoop/choice.txt' overwrite into table choice;
hive>load data local inpath '/home/hadoop/classinfo' overwrite into table classinfo;
```

如果导入的数据在 HDFS 上,则不需要 local 关键字。内部表导入的数据文件可在数据仓库目录"user/hive/warehouse/<tablename>"中看到。

Hive 的数据导入只是复制或移动文件,并不对数据的模式进行检查,对数据模式的检查要等到查询时才进行,这就是 Hive 采用的"schema on read"加载方式。这种方式可以大大提高加载数据的效率。

(3) 分区

分区是表的部分列的集合,可以为频繁使用的数据建立分区,这样查找分区中的数据时就不需要扫描全表,这对于提高查找效率很有帮助,建立分区的语句为:

```
//table 中的列不能和 partition 中的列重合了
hive>create table ptest( userid int) partitioned by ( name string)
    >row format delimited fields terminated by ' \t' ;
```

导入分区数据,操作如下:

```
hive>load data local inpath '/home/hadoop/xiapi.txt' overwrite into table ptest partition ( name =
'xiapi');
```

建立分区后,会在相应的表目录下建立以分区名命名的目录,目录下是分区的数据,操作如下:

```
hive>dfs - ls /user/hive/warehouse/ptest/name=xiapi/;
```

对分区进行查询,操作如下:

```
hive>select userid from ptest where name='xiapi';
```

显示分区,操作如下:

```
hive>show partitions ptest;
```

对分区插入数据,操作如下:

```
hive>insert overwrite table ptest partition(name='xiapi') select id from userinfo where name='xiapi';
```

删除分区,操作如下:

```
hive>alter table ptest drop partition (name='xiapi')
```

通常情况下需要先预先创建好分区,然后才能使用该分区。还有分区列的值要转化为文件夹的存储路径,所以如果分区列的值中包含特殊值,如"%"":""/""#",它将会被使用%加上2字节的ASCII码进行转义。

(4)桶

可以把表或分区组织成桶,桶是按行分开组织特定字段,每个桶对应一个 reduce 操作。在建立桶之前,需要设置"hive.enforce.bucketing"属性为 true,使 Hive 能够识别桶。在表中分桶的操作如下:

```
hive>set hive.enforce.bucketing=true;
hive>set hive.enforce.bucketing;
hive.enforce.bucketing=true;
hive>create table btest2(id int,name string) clustered by(id) into 3 buckets
    >row format delimited fields terminated by '\t';
```

向桶中插入数据,这里按照用户 id 分了三个桶,在插入数据时对应三个 reduce 操作,输出三个文件,操作如下:

```
hive>insert overwrite table btest2 select * from userinfo;
```

查看数据仓库下的桶目录,三个桶对应三个目录,操作如下:

```
hive>dfs - ls /user/hive/warehouse/btest2;
```

Hive 使用对分桶所用的值进行 hash,并用 hash 结果除以桶的个数做取余运算的方式来分桶,保证了每个桶中都有数据,但每个桶中的数据条数不一定相等,操作如下:

```
hive>dfs - cat /user/hive/warehouse/btest2/ * 0_0;
hive>dfs - cat /user/hive/warehouse/btest2/ * 1_0;
hive>dfs - cat /user/hive/warehouse/btest2/ * 2_0;
```

分桶可以获得比分区更高的查询效率,同时分桶也便于对全部数据进行采样处理。对桶取样的操作如下:

```
hive>select * from btest2 tablesample( bucket 1 out of 3 on id);
```

(5) 多表插入

多表插入指的是在同一条语句中,把读取的同一份元数据插入到不同的表中。只需要扫描一遍元数据即可完成所有表的插入操作,效率很高。多表操作如下:

```
hive>create table mutill as select id,name from userinfo;
hive>create table mutil2 like mutill;
hive>from userinfo insert overwrite table mutill
select id,name insert overwrite table mutil2
select count(distinct id),name group by name;
```

(6) 修改表

① 重命名表名

```
hive>alter table mutill rename to mutill1;
```

② 增加数据列

```
hive>alter table mutill1 add columns( grads string);
```

③ 显示数据表结构

```
hive>describe mutill1;
```

(7) 删除表

```
hive>drop table mutill1;
```

对于内部表,drop 操作会把元数据和数据文件删除掉,对于外部表,只是删除元数据。如果只要删除表中的数据,保留表名可以在 HDFS 上删除数据文件,操作如下:

```
hive>dfs - rmr /user/hive/warehouse/mutill1/ *
```

(8) 连接

连接是将两个表中在共同数据项上相互匹配的那些行合并起来，HiveQL 的连接分为内连接、左向外连接、右向外连接、全外连接和半连接五种。

① 内连接

内连接使用比较运算符根据每个表共有的列的值匹配两个表中的行。例如，检索 userinfo 和 choice 表中标识号相同的所有行。

```
hive>select userinfo. * ,choice. * from userinfo join choice on (userinfo.id=choice.userid);
```

② 左向外连接

左向外连接的结果集包括"LEFT OUTER"子句中指定的左表的所有行，而不仅仅是连接列所匹配的行。如果左表的某行在右表中没有匹配行，则在相关联的结果集中右表的所有选择列均为空值。

```
hive>select userinfo. * ,choice. * from userinfo left outer join choice on (userinfo.id=choice.userid);
```

③ 右向外连接

右向外连接是左向外连接的反向连接，将返回右表的所有行。如果右表的某行在左表中没有匹配行，则将为左表返回空值。

```
hive>select userinfo. * ,choice. * from userinfo right outer join choice on(userinfo.id=choice.userid);
```

④ 全外连接

全外连接返回左表和右表中的所有行。当某行在另一表中没有匹配行时，则另一个表的选择列表包含空值。如果表之间有匹配行，则整个结果集包含基表的数据值。

```
hive>select userinfo. * ,choice. * from userinfo full outer join choice on (userinfo.id=choice.userid);
```

⑤ 半连接

半连接是 Hive 所特有的，Hive 不支持 IN 操作，但是拥有替代的方案；left semi join 称为半连接，需要注意的是连接的表不能在查询的列中，只能出现在 on 子句中。

```
hive>select userinfo. * from userinfo left semi join choice on (userinfo.id=choice.userid);
```

(9) 子查询

标准 SQL 的子查询支持嵌套的 select 子句，HiveQL 对子查询的支持很有限，只能在 from 引导的子句中出现子查询。如下语句在 from 子句中嵌套了一个子查询（实现了对授课最多的老师的查询）。

```
hive>select teacher,MAX(class_num)
from (select teacher,count(classname) as class_num from classinfo group by teacher) subq
```

```
group by teacher;
```

（10）视图操作

目前，只有 Hive0.6.0 之后的版本才支持视图。

Hive 只支持逻辑视图，并不支持物理视图，建立视图可以在 MySQL 元数据库中看到创建的视图表，但是在 Hive 的数据仓库目录下没有相应的视图表目录。当一个查询引用一个视图时，可以评估视图的定义并为下一步查询提供记录集合。这是一种概念的描述，实际上，作为查询优化的一部分，Hive 可以将视图的定义与查询的定义结合起来，例如从查询到视图所使用的过滤器。

在视图创建的同时确定视图的架构，如果随后再改变基本表（如添加一列）将不会在视图的架构中体现。如果基本表被删除或以不兼容的方式被修改，则该视图的查询将被视为无效。视图是只读的，不能用于 LOAD/INSERT/ALTER。视图可能包含 order by 和 limit 子句，如果一个引用了视图的查询也包含这些子句，那么在执行这些子句时首先要查看视图语句，然后返回结果按照视图中的语句执行。

以下是创建视图的例子：

```
hive>create view teacher_classsum as
select teacher,count(classname) from classinfo group by teacher;
```

以下是删除视图的例子：

```
hive>drop view teacher_classnum;
```

drop view 为删除指定视图的元数据，在视图中使用 drop table 是错误的。

（11）函数操作

① 创建函数

```
create temporary function function_name as class_name
```

该语句创建一个由类名实现的函数。在 Hive 中用户可以使用 Hive 类路径中的任何类，用户通过执行 add files 语句将函数类添加到类路径，并且可持续使用该函数进行操作。

② 删除函数

注销用户定义函数的格式如下：

```
drop temporary function function_name
```

这里只列出了 Hive 常用操作，其他的一些应用操作，请读者自行根据实际需求补充学习。

2.5.4 集群性能优化

随着企业要处理的数据量越来越大，Hadoop 运行在越来越多的集群上，同时 MapReduce

由于具有高可扩展性和容错性,已经逐步广泛使用开来。因此也产生很多问题,尤其是性能方面的问题。下面将从系统层面和 HDFS 参数两个层面来阐述 Hadoop 集群性能优化的一些方法。

1. 系统层面调优

因 Hadoop 自身一些特点,它只适合用于将 Linux 作为操作系统的生产环境。在实际应用场景中,管理员适当对 Linux 内核参数进行调优,可在一定程度上提高作业的运行效率,是比较有用的调整选项。一般系统调优的基本步骤:

(1) 衡量系统现状,了解现有硬件和软件环境,目前的关键系统指标;
(2) 设定调优目标,确定优先解决的问题,评估设计调优目标;
(3) 寻找性能瓶颈,根据现有监控数据,找出瓶颈点;
(4) 性能调优,找出收益比(效果/代价)比较高的策略实施;
(5) 衡量是否到达目标(如果未到达目标,需重新寻找性能瓶颈);
(6) 性能调优结束。

以下为参考的系统调优选项。

(1) 关闭 swap 分区

在 Linux 中,如果一个进程的内存空间不足,那么,它会将内存中的部分数据暂时写到磁盘上,当需要时,再将磁盘上的数据动态置换到内存中,通常而言,这种行为会大大降低进程的执行效率。在 MapReduce 分布式计算环境中,用户完全可以通过控制每个作业处理的数据量和每个任务运行过程中用到的各种缓冲区大小,避免使用 swap 分区。

(2) 内存分配策略

vm.overcommit_memory 的值决定分配策略,通常为 0、1 和 2,其中:

① "0"表示内核将检查是否有足够的可用内存供应用进程使用;如果有足够的可用内存,内存申请允许;否则,内存申请失败,并把错误返回给应用进程;

② "1"表示内核允许分配所有的物理内存,而不管当前的内存状态如何;

③ "2"表示内核允许分配超过所有物理内存和交换空间总和的内存,并且通过 vm.overcommit_ratio 的值设置超过的比例,50 表示超过物理内存 50%。

修改 vm.overcommit_memory 的三种方式:

① 编辑/etc/sysctl.conf,增加一行 vm.overcommit_memory = 2,然后 sysctl -p 使配置文件生效;

② sysctl vm.overcommit_memory = 2;

③ echo 2 > /proc/sys/vm/overcommit_memory。

(3) 修改 net.core.somaxconn 参数

net.core.somaxconn 是 Linux 中的一个内核(kernel)参数,表示 socket 监听的 backlog 上限。backlog 是 socket 的监听队列,当一个请求尚未被处理或建立时,会进入 backlog。而 socket server 可以一次性处理 backlog 中的所有请求,处理后的请求不再位于监听队列中。当 server 处理请求较慢,以至于监听队列被填满后,新来的请求会被拒绝。

修改 net.core.somaxconn 的三种方式：

① 编辑/etc/sysctl.conf，增加一行 net.core.somaxconn = 32768，然后 sysctl -p 使配置文件生效；

② sysctl -w net.core.somaxconn = 32768；

③ echo 32768 >/proc/sys/net/core/somaxconn。

在 core-default.xml 中，参数 ipc.server.listen.queue.size 控制 socket server 的监听队列长度，即 backlog 长度，默认为 128。而 Linux 的参数 net.core.somaxconn 默认也为 128，当服务端（NameNode 或 ResourceManager）繁忙时，128 是远远不够的，需要调大 backlog，建议为大于等于 32768，并修改 Hadoop 的 ipc.server.listen.queue.size 的参数。

（4）增大同时打开的文件描述符和网络连接上限

在 Hadoop 集群中，由于涉及的作业和任务数目非常多，对于某个节点，由于操作系统内核在文件描述符和网络连接数目等方面的限制，大量的文件读写操作和网络连接可能导致作业运行失败。因此，管理员在启动 Hadoop 集群时，应使用 ulimit 命令将允许同时打开的文件描述符数目上限增大至一个合适的值，同时调整内核参数 net.core.somaxconn 至一个足够大的值。此外，Hadoop RPC 采用了 epoll 作为高并发库，在使用时需适当调整 epoll 的文件描述符上限。

（5）禁用 Transparent Huge Pages

后台有一个叫做 khugepaged 的进程，它会一直扫描所有进程占用的内存，在可能的情况下会把 4k page 交换为 Huge Pages。在这个过程中，对于操作的内存的各种分配活动都需要各种内存锁，直接影响程序的内存访问性能。并且，这个过程对于应用是透明的，在应用层面不可控制，对于专门为 4k page 优化的程序来说，可能会造成随机的性能下降现象。在运行 Hadoop 作业时，THP 会引起 CPU 占用率偏高，故需要将其关闭。

2. HDFS 参数调优

通过修改 Hadoop 的 core-site.xml、hdfs-site.xml、mapred-site.xml 和 yarn-site.xml 四个核心配置文件的参数来提高性能。Hadoop 的参数调优主要遵循以下原则：

增大作业并行度，如增大 Map 任务的数量；保证任务执行时有足够的资源；满足上两条原则的前提下，尽可能地为 Shuffle 阶段提供资源。

（1）hdfs-site.xml 参数

① dfs.block.size

Hadoop 的文件块大小，通常设为 128 MB 或 256 MB。

② dfs.namenode.handler.count

NameNode 同时和 DataNode 通信的线程数，默认为 10。

③ dfs.datanode.max.xcievers

dfs.datanode.max.xcievers 对于 DataNode 如同 Linux 上文件句柄限制。当 DataNode 上面的连接数超过配置中的设置时，DataNode 就会拒绝连接，修改设置为 65536。

④ dfs.datanode.balance.bandwidthPerse

执行 start-balancer.sh 的带宽,默认为 1048576(1 MB/s),将其调大为 20 MB/s。

⑤ dfs.replication

HDFS 文件副本数,默认为 3,当许多任务同时读取一个文件时,读取可能会造成瓶颈。

增大副本数可以有效缓解这种情况,但是也会造成大量的磁盘占用空间。这时可以只修改 Hadoop 客户端的配置,那么从 Hadoop 客户端上传的文件副本数将以 Hadoop 客户端为准。

⑥ dfs.datanode.max.transfer.threads

设置 DataNode 在文件传输时最大线程数,通常设置为 8192。如果集群中某台 DataNode 主机上的这个值比其他主机的大,那么会导致这台主机上的存储数据比别的主机相对要多,从而会导致数据分布不均匀的问题,即使 balance 仍然会不均匀。

(2) core-site.xml 参数

① io.file.buffer.size

Hadoop 缓冲区大小用于 HDFS 的文件的读写和 Map 过程的中间结果输出,默认为 4 KB,增加到 128 KB。

② fs.trash.interval

开启 HDFS 文件删除自动转移到垃圾箱的选项,其值为垃圾箱文件清除时间。一般开启此选项较好,以防错误删除重要文件。默认值为 0,单位是分钟。

(3) mapred-site.xml 参数

① yarn.nodemanager.resource.memory-mb

yarn.nodemanager.resource.memory-mb 表示物理节点有多少内存加入资源池。设置该值时,注意为操作系统和其他服务预留资源。

② yarn.nodemanager.resource.cpu-vcores

yarn.nodemanager.resource.cpu-vcores 表示物理节点有多少虚拟 CPU 加入资源池。设置该值时,注意为操作系统和其他服务预留资源。

③ yarn.scheduler.increment-allocation-mb

yarn.scheduler.increment-allocation-mb 表示内存申请的归整化单位,即内存增量。如果申请的内存为 1.5 GB,将被计算为 2 GB。

④ yarn.scheduler.maximum-allocation-mb

单个任务(容器)能够申请到的最大内存资源,根据容器内存总量进行设置,默认为 8 GB。如果设定为和参数 yarn.nodemanager.resource.memory-mb 一样,那么表示单个任务使用的内存资源不受限制。

⑤ yarn.scheduler.minimum-allocation-mb

单个任务(容器)能够申请到的最小内存资源,默认为 1 GB。

⑥ yarn.scheduler.maximum-allocation-vcores

单个任务(容器)能够申请到的最大虚拟 CPU 数,根据容器虚拟 CPU 总数进行设置,默认为 4。如果设定为和参数 yarn.nodemanager.resource.cpu-vcores 一样,那么表示单个任务使用的 CPU 资源不受限制。

⑦ yarn.scheduler.minimum-allocation-vcores

单个任务(容器)能够申请到的最小虚拟 CPU 资源,默认为 1。

(4) yarn-site.xml 参数

① mapreduce.map.output.compress

表示 Map 任务的中间结果是否压缩。当设为 true 时,会对中间结果进行压缩,这样会减少数据传输时需要的带宽。设为 true 后,还可以设置 mapreduce.map.output.compress.codec 进行压缩算法的选择。CDH5 已经内置 Snappy 算法,还可以选择 LZO 等压缩算法,其中有些需要额外安装。

② mapreduce.job.jvm.numtasks

表示 JVM 重用设置,默认为 1,表示 1 个 JVM 只能启动一个任务。设为-1,表示 1 个 JVM 可以启动的任务不受限制。

③ mapreduce.map.speculative/mapreduce.reduce.speculative

开启 Map 任务/Reduce 任务的推测机制。推测机制可以有效地防止因为瓶颈而导致拖累整个作业,但也要注意,推测执行会抢占系统资源,默认设置为 true。

④ mapreduce.cluster.local.dir

表示 MapReduce 的中间结果的本地存储路径,该值设定为多磁盘目录有助于提高 I/O 效率。

⑤ mapred.child.java.opts

表示执行 Map 任务和 Reduce 任务的 JVM 参数,该配置还可以配置 GC 等常见的 Java 选项。参考值:-XX:-UseGCOverheadLimit -Xms512m -Xmx2048m -verbose:gc。该参数粒度过粗,Map 任务和 Reduce 任务的内存需求和堆大小一般不同,所以这些参数一般单独设定。

⑥ mapreduce.map.java.opts

该参数表示执行 Map 任务时的 JVM 参数,弥补 mapred.child.java.opts 参数粒度过粗的不足。

⑦ mapreduce.reduce.java.opts

该参数表示执行 Reduce 任务时的 JVM 参数,弥补 mapred.child.java.opts 参数粒度过粗的不足。

⑧ mapreduce.map.memory.mb

该参数表示执行 Map 任务需要的内存大小,它可以从 mapreduce.map.java.opts 参数设定的值继承,如果没有设定,该值根据容器内存设置。

⑨ mapreduce.map.cpu.vcores

该参数表示执行 Map 任务需要的虚拟 CPU 数,默认值为 1。根据容器虚拟 CPU 数设定,可以适当加大,并且该值与参数 mapreduce.map.memory.mb 成线性比例才不至于浪费资源。

⑩ mapreduce.reduce.memory.mb

该参数表示执行 Reduce 任务需要的内存大小。它可以从 mapreduce.map.java.opts 参数设定的值继承，如果没有设定，该值根据容器内存设置。一般要大于 mapreduce.map.memory.mb。

2.6 模块小结

本模块主要介绍 Hadoop 大数据处理平台，目前 Hadoop 开源软件是主流的大数据处理平台框架。Hadoop 的核心是 HDFS 和 MapReduce，Hadoop2.0 推出了 YARN，可很好地支持在同一集群接入多种框架，如 Spark 和 Storm。对于 Hadoop 生态系统的其他组件，如 HBase（分布式数据库）、Hive（数据仓库）、Sqoop（数据转换工具）、ZooKeeper（大数据协调服务）等都作了介绍。同时，为了后续模块的实验需要，本模块最后还介绍了 Hadoop HA、HBase 和 Hive 的手动安装部署和基于 Ambari 的安装部署，以及运维和集群的性能优化。

2.7 课后习题

1. 选择题

(1)（多选）Hadoop 的两大核心组件是（　　）。

A. HDFS   B. HBase
C. ZooKeeper   D. MapReduce

(2)（　　）是一个分布式协调服务，可以为分布式应用程序提供配置维护、域名服务、分布式同步等服务，从而减轻分布式应用程序所承担的协调服务。

A. Hadoop   B. Spark
C. ZooKeeper   D. Kafka

(3)（多选）有关 HBase 说法正确的是（　　）。

A. 分布式数据库   B. 列式数据库
C. 非关系数据库   D. 不适合存储非结构化的数据

(4) 以下关于 HDFS 描述不正确的是（　　）。

A. HDFS 是一个使用 Java 语言编写的分布式文件系统
B. HDFS 由 NameNode、DataNode 和 Client 组成
C. HDFS 不支持标准的 POSIX 文件系统接口
D. HDFS 支持对已有数据进行修改

(5)（多选）HBase 适用于以下哪些场景（　　）。

A. 高吞吐量
B. 需要在海量数据中实现高效的随机读取
C. 需要很好的性能伸缩能力
D. 能够同时处理结构化和非结构化的数据

2. 填空题

（1）HDFS 采用_____架构，一个集群由一个_____和若干个_____组成。

（2）Hive 表的两种类型分别是_____和_____。

（3）Hive 的查询操作实质上是将_____语句转化为_____作业，调用 MapReduce、Tez、Spark 等计算框架运行。

（4）_____是开源日志系统，是一个分布式、可靠和高可用的海量日志聚合的系统，支持在系统中定制各类数据发送方，用于收集数据。

（5）HBase 采用 Master/Slave 架构，其中，_____为主节点，主要负责 HRegionServer 的管理以及元数据的更新；_____是 HBase 的从节点，负责提供数据的读写等服务。ZooKeeper 为 HBase 集群中各个进程提供分布式协作服务。

3. 简答题

（1）HDFS 的设计理念是什么？

（2）简述 MapReduce 的计算过程。

（3）HBase 节点有哪些操作？分别有什么作用？

（4）Hive 的驱动器包括哪些组件？

模块 3　数据采集

3.1　引言

如今,数据的影响力正逐渐变大,它影响着企业工作战略的制定,虽然现在企业可能并没有意识到网络信息数据采集的不到位给自身工作带来的问题和隐患,但是随着时间的推移,人们将越来越意识到数据采集对企业的重要性。当下大部分公司都有自己的渠道去收集数据。数据的用途主要有两个方面:一个是分析后给客户的数据;另外一个是公司内部用的数据。给客户的数据首先要保证准确性,考证它的出处是不是官方的,以及确认这些数据是不是涉及个人隐私。而对于公司内部使用的数据,通常更注重如何与业务发展和产品相结合。

大数据采集是指从传感器和智能设备、企业在线系统、企业离线系统、社交网络和互联网平台等获取数据的过程,这些数据包括 RFID 数据、传感器数据、用户行为数据、社交网络交互数据及移动互联网数据等各种类型的结构化、半结构化和非结构化的数据。不但数据源的种类多,数据的类型繁杂,数据量大,并且产生的速度快,传统的数据采集方法完全无法胜任,所以大数据采集技术面临着许多技术挑战,一方面需要保证数据采集的可靠性和高效性,同时还要避免数据重复。

数据采集的重点不在数据本身,而在于如何能够真正地解决数据运营中的实际商业问题。但是,要解决商业问题,就得让数据采集产生价值,进行数据分析和数据挖掘。而在数据分析和数据挖掘之前,首先要保证采集到高质量的数据。只有通过对所需数据的全面准确采集,形成数据流规模,然后再对数据流进行分析,这样分析出的数据结果对决策行为才有指导性作用。

3.2 数据采集方式

可视化的对象是数据,而采集的数据有数据格式、维度、分辨率和精确度等重要特征,这些都决定了可视化的效果。因此在大数据处理的过程中,一定要事先掌握数据的来源、采集方法和数据属性,这样才能准确地反映需要解决的问题。

3.2.1 数据采集的概念

1. 数据采集的基本概念

一个完整的大数据平台,一般包括以下几个过程模块:数据采集、数据存储、数据管理、数据处理、数据展现(可视化、报表和监控)。数据是分散在不同的系统中的,在让大数据产生价值之前,必须对数据进行采集、清洗、处理。随着大数据的数量和维度越来越多,获取难度也越来越大,采用大数据技术可以解决获取所需信息过程中的很多问题。计算机网络和信息设备的快速发展,使产生的海量数据存在于各类服务器、媒介、机构,需要采取不同的办法去寻找、加工数据才可以获得所需信息。数据采集是所有数据系统必不可少的,随着大数据越来越被重视,数据采集的挑战也变得尤为突出。这其中包括:

(1)数据源多种多样;
(2)数据量大,变化快;
(3)如何避免重复数据;
(4)如何保证数据的质量;
(5)如何保证数据采集的可靠性和高性能。

以前,网站日志是给开发人员和网站管理人员跟踪解决网站的问题。至今,网站日志数据可能包含了大量的业务和客户相关的很有价值的信息,成为大数据分析的源数据。大数据采集首先是从网站日志收集开始的,之后进入了广阔的领域。本节主要以日志采集过程为例来介绍数据采集。在前文提到的批量处理模式中虽然能够满足一部分用户的需求,但是很多用户需要使用类似流水线的模式来实现采集。后一个模式中就出现了 message broker,即:以一个实时的模式从各个数据源采集数据到大数据系统上,为后续的近实时的在线分析系统和离线分析系统服务。对于这个模式,主要使用 Flume 和 Kafka 等工具。基于这些工具,一些企业实现了大数据采集平台,实现了高性能、海量式、实时性、分布式、易用性及可靠性六大目标。

数据采集是各种来自不同数据源的数据进入大数据系统的第一步。这个步骤的性能将会直接决定在一个给定的时间段内大数据系统能够处理的数据量的能力。数据采集过程的常见步骤是:解析传入数据,做必要的验证,数据清洗和数据去重,数据转换,并将其存储到某种持久层。涉及数据采集过程的逻辑步骤如图 3-2-1 所示。

采集到的大数据保存到一个持久层中,如:HDFS、HBase 等系统上。下面是一些性能方

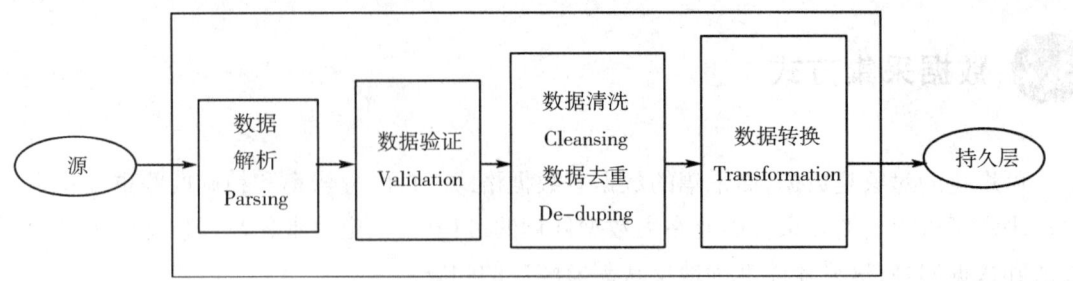

图 3-2-1　数据采集过程的逻辑步骤

面的常用技巧。

（1）来自不同数据源的传输应该是异步的。可以使用文件来传输或者使用消息中间件来实现。由于数据异步传输，所以数据采集过程的吞吐量可以远远高于大数据系统的处理能力。异步数据传输同样可以在大数据系统和不同的数据源之间进行解耦。大数据的基础架构被设计的很容易进行动态伸缩，数据采集的峰值流量对于大数据系统来说必须是安全的。

（2）如果数据是直接从外部数据库中抽取的，确保抽取数据时使用批量的方式。

（3）如果数据是从文件解析，请务必使用合适的解析器。例如：如果从一个 XML 文件中读取，则有不同的解析器像 JDOM、SAX、DOM 等类似的，对于 CSV、JSON 和其他格式的文件，也有相应的解释器和 API 可供选择。

（4）优先使用成熟的验证工具。大多数解析/验证工作流程通常运行在服务器环境中，大部分的场景基本上都有现成的标准校验工具。这些标准的现成的工具一般来说要比自行开发的性能要好得多，比如：如果数据是 XML 格式的，优先使用 XML（XSD）用于验证。

（5）尽量提前过滤掉无效数据，以便后续的处理流程不用再无效数据上浪费过多的计算能力。处理无效数据的一个通用做法是将它们存放在一个专门的地方，这部分的数据存储占用额外的开销。

（6）如果来自数据源的数据需要清洗，例如去掉一些不需要的信息，尽量保持所有数据源的抽取程序版本一致，确保一次处理的是一个大批量的数据，而不是对记录逐条处理。一般来说数据清洗需要进行数据关联。数据清洗中需要用到的静态数据关联一次，并且一次处理一个大批量数据就能够大幅提高数据处理效率。

（7）来自多个源的数据可以是不同的格式。有时，需要进行数据转换，使接收到的数据从多种格式转化成一种或一组标准格式。

一旦所有的数据采集完成后，转换后的数据通常存储在某些持久层，以便以后分析处理。持久系统有 NoSQL 数据库、分布式文件系统等。要特别指出的是，数据清洗是很重要的一步。许多数据的分析最后失败，原因就是要分析的数据存在严重的质量问题，或者数据中某些因素使分析产生偏差，使得数据科学家得出根本不存在的规律。虽然数据清洗很琐碎，但是只有事先做好清洗工作，才能让分析工作卓有成效。

2. 数据采集的分类

数据的采集是指利用多个数据库或存储系统来接收发自客户端(Web、App 或者传感器形式等)的数据。例如,电商会使用传统的关系型数据库 MySQL 和 Oracle 等来存储每一笔事务数据,在大数据时代,Redis、MongoDB 和 HBase 等 NoSQL 数据库也常用于数据的采集。

数据采集过程的主要特点和挑战是并发数高,因为同时可能会有成千上万的用户在进行访问和操作,例如,火车票售票网站和淘宝的并发访问量在峰值时可达到上百万,所以在采集端需要部署大量数据库才能对其支撑,并且,在这些数据库之间进行负载均衡和分片是需要深入的思考和设计的。

根据数据源的不同,大数据采集方法也不相同。但是为了能够满足大数据采集的需要,大数据采集时都使用了大数据的处理模式,即 MapReduce 分布式并行处理模式或基于内存的流式处理模式。针对四种不同的数据源,大数据采集方法有以下四类:

(1) 数据库采集

传统企业会使用传统的关系型数据库 MySQL 和 Oracle 等来存储数据。随着大数据时代的到来,Redis、MongoDB 和 HBase 等 NoSQL 数据库也常用于数据的采集。企业通过在采集端部署大量数据库,并在这些数据库之间进行负载均衡和分片,来完成大数据采集工作。

(2) 系统日志采集

系统日志采集主要是收集公司业务平台日常产生的大量日志数据,供离线和在线的大数据分析系统使用。高可用性、高可靠性、可扩展性是日志收集系统所具有的基本特征。系统日志采集工具均采用分布式架构,能够满足每秒数百兆字节的日志数据采集和传输需求。

(3) 网络数据采集

网络数据采集是指通过网络爬虫或网站公开 API 等方式从网站上获取数据信息的过程。网络爬虫会从一个或若干初始网页的 URL 开始,获得各个网页上的内容,并且在抓取网页的过程中,不断从当前页面上抽取新的 URL 放入队列,直到满足设置的停止条件为止。这样可将非结构化数据、半结构化数据从网页中提取出来,存储在本地的存储系统中。

(4) 感知设备数据采集

感知设备数据采集是指通过传感器、摄像头和其他智能终端自动采集信号、图片或录像来获取数据。数据智能感知系统需要实现对结构化、半结构化、非结构化的海量数据的智能化识别、定位、跟踪、接入、传输、信号转换、监控、初步处理和管理等。其关键技术包括针对大数据源的智能识别、感知、适配、传输和接入等。

3.2.2 系统日志数据采集方法

许多公司的平台每天都会产生大量的日志,并且一般为流式数据,如搜索引擎的 PV 和查询等。处理这些日志需要特定的日志系统,这些系统需要具有以下特征:

(1) 构建应用系统和分析系统的桥梁,并将它们之间的关联解耦;

(2) 支持近实时的在线分析系统和分布式并发的离线分析系统;

(3) 具有高可扩展性,也就是说,当数据量增加时,可以通过增加结点进行水平扩展。

目前使用最广泛的、用于系统日志采集的海量数据采集工具有 Hadoop 的 Chukwa、Flume、Facebook 的 Scribe 和 LinkedIn 的 Kafka 等。以上工具均采用分布式架构,能满足每秒数百兆字节的日志数据采集和传输需求。

Apache Flume 是 Cloudera 提供给 Hadoop 社区的一个项目,用于从不同的数据源可靠有效地加载数据流到 HDFS 中。Flume 具有一定的容错性,并支持 Failover 和系统恢复。Flume 是一个分布式、可靠、易用的轻量级工具,非常简单,容易适应各种方式的数据收集。Flume 使用 Java 编写,其需要运行在 Java1.6 或更高版本之上。

1. Flume 架构

Flume 具有分布式、高可靠性、高容错、易于定制和扩展的特点。它将数据从生产、传输、处理并最终写入目标路径的过程抽象为数据流,在具体的数据流中,数据源支持在 Flume 中定制数据发送方,从而支持收集各种不同协议数据。同时,Flume 数据流提供对数据进行简单处理的能力,如过滤、格式转换等。此外,Flume 还具有将数据写往各种数据目标(可定制)的能力。总的来说,Flume 是一个可扩展、适合复杂环境的海量数据采集系统。Flume 的架构图如图 3-2-2 所示。

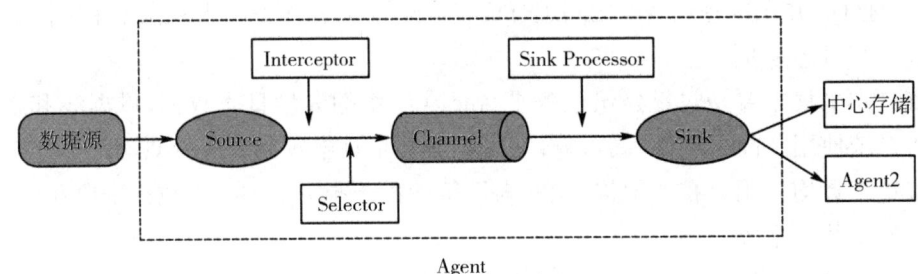

图 3-2-2　Flume 架构图

2. Flume 事件

Flume 事件由 0 个或多个头与体组成,也就是说,它包含了采集的数据("体")和一些额外信息("头")的一个数据单元。Flume 事件是 Flume 传输的基本单元。头是一些键—值对(Map<String,String>),比如:事件的时间戳或发出事件的服务器主机名,类似 HTTP 头的功能。"体"是一个字节数据(byte[])。Flume 可能会自动添加一些头信息,比如:数据来自的主机名。

3. Flume Agent

Flume 内部有一个或者多个 Agent,然而对于每一个 Agent 来说,它就是一个独立的守护进程(JVM),它从客户端或者其他的 Agent 那里接收,然后迅速地将获取的数据传给下一个目的节点 Sink 或者 Agent。Flume 基本模型如图 3-2-3 所示。

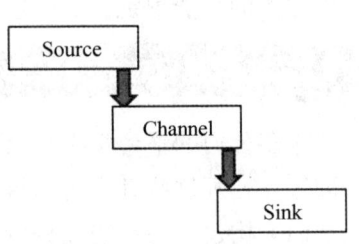

图 3-2-3　Flume 基本模型

Agent 主要由 Source、Channel、Sink 三个组件组成。

（1）Source 从数据发生器接收数据，并将接收的数据以 Flume 的 event 格式传递给一个或者多个通道 Channel，Flume 提供多种数据接收的方式，比如 Avro、Thrift、Twitter1%等。

（2）Channel 是一种短暂的存储容器，它将从 Source 处接收到的 event 格式的数据缓存起来，直到它们被 Sink 消费掉，它在 Source 和 Sink 间起着桥梁作用，Channel 是一个完整的事务，这一点保证了数据在收发的时候的一致性，并且它可以和任意数量的 Source 和 Sink 链接。支持的类型有：JDBC Channel、File System Channel、Memort Channel 等。

（3）Sink 将数据存储到集中存储器比如 HBase 和 HDFS，它从 Channel 消费数据（events）并将其传递给目标地。目标地可能是另一个 Sink，也可能 HDFS、HBase。

它的组合形式如图 3-2-4 所示。

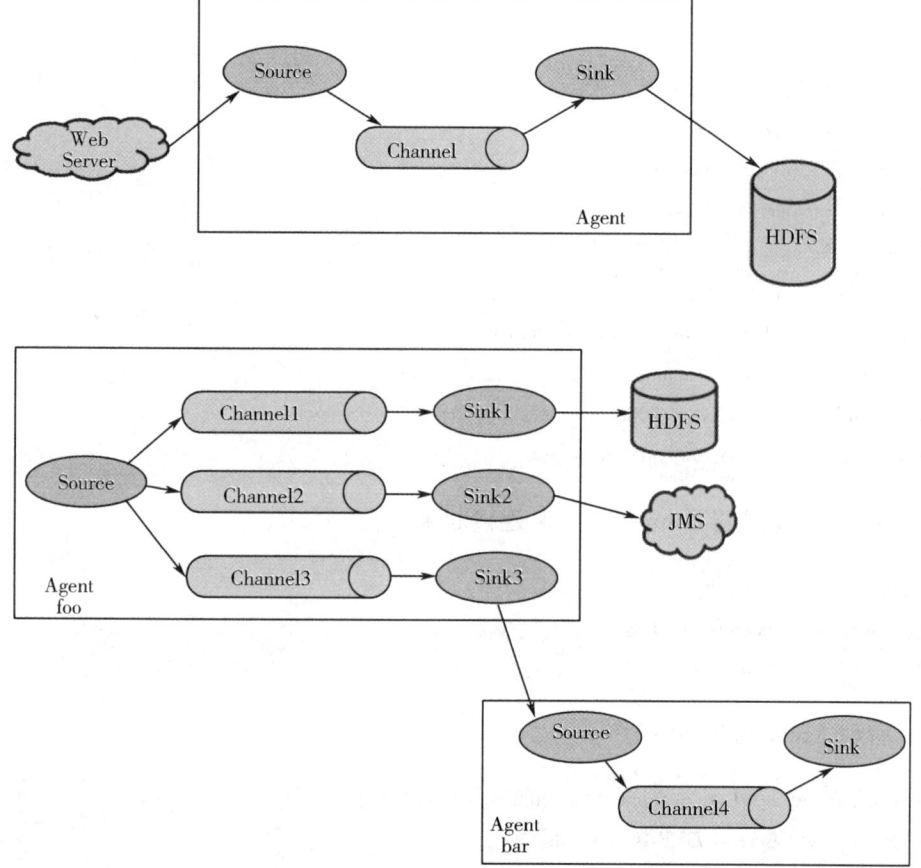

图 3-2-4　Agent 组合形式

4. Flume 使用方法

Flume 的用法很简单，主要是编写一个用户配置文件，在配置文件当中描述 Source、Channel 与 Sink 的具体实现，而后运行一个 Agent 实例。在运行 Agent 实例的过程中会读取配置文件的内容，这样 Flume 就会采集到数据。Flume 提供了大量内置的 Source、Channel 和 Sink 类型，而且不同类型的 Source、Channel 和 Sink 可以进行灵活组合。

配置文件的编写原则如下：

（1）从整体上描述 Agent 中 Source、Sink、Channel 所涉及的组件。

```
#Name the components on this agent
a1.sources = r1
a1.sinks = k1
a1.channels = c1
```

（2）详细描述 Agent 中每一个 Source、Sink 与 Channel 的具体实现，即需要指定 Source 的类型，是接收文件的，接收 HTTP 的，还是接收 Thrift 的。对于 Sink，需要指定结果是输出到 HDFS 中，还是 HBase 中等。对于 Channel，需要指定格式是内存、数据库，还是文件等。

```
#Describe/configure the source
a1.sources.r1.type = netcat
a1.sources.r1.bind = localhost
a1.sources.r1.port = 44444
#Describe the sink
a1.sinks.k1.type = logger
#Use a channel which buffers events in memory.
a1.channels.c1.type = memory
a1.channels.c1.capacity = 1000
a1.channels.c1.transactioncapacity = 100
```

（3）通过 Channel 将 Source 与 Sink 连接起来。

```
#Bind the source and sink to the channel
a1.sources.r1.channels = c1
a1.sinks.k1.channel = c1
```

（4）启动 Agent 的 Shell 操作。

```
Flume-ng agent -n a1 -c ../conf -f ../conf/example.file\
-DFlume.root.logger = DEBUG,console
```

［参数说明］

① "-n"指定 Agent 的名称（与配置文件中代理的名字相同）；

② "-c"指定 Flume 中配置文件的目录；

③ "-f"指定配置文件；

④ "-DFlume.root.logger = DEBUG,console"设置日志等级。

5. Flume 应用案例

NetCat Source 应用可监听一个指定的网络端口，即只要应用程序向这个端口写数据，这个 Source 组件就可以获取到信息。其中，Sink 使用 Logger 类型，Channel 使用内存（Memory）格式。

（1）编写配置文件。

```
# Name the components on this agent
a1.sources = r1
a1.sinks = k1
a1.channels = c1
# Describe/configure the source
a1.sources.r1.type = netcat
a1.sources.r1.bind = 192.168.80.80
a1.sources.r1.port = 44444
# Describe the sink
a1.sinks.k1.type = logger
# Use a channel which buffers events in memory
a1.channels.c1.type = memory
a1.channels.c1.capacity = 1000
a1.channels.c1.transactionCapacity = 100
# Bind the source and sink to the channel
a1.sources.r1.channels = c1
a1.sinks.k1.channel = c1
```

该配置文件定义了一个名字为 a1 的 Agent，一个 Source 在 port 44444 监听数据，一个 Channel 使用内存缓存事件，一个 Sink 把事件记录在控制台。

（2）启动 FlumeAgental 服务端。

```
$ Flume-ng agent -n al -c ../conf -f ../conf/neteat.conf \
-DFlume.root.logger=DEBUG,console
```

（3）使用 Telnet 发送数据。以下代码为从另一个终端，使用 Telnet 通过 port 44444 给 Flume 发送数据。

```
$ telnet local host 44444
Trying 127.0.0.1...
Connected to localhost.localdomain(127.0.0.1).
Escape character is '^]'.
Hello world! <ENTER>
OK
```

（4）在控制台上查看 Flume 收集到的日志数据。

```
17/6/19 15:32:19 INFO source.NetcatSource: Sources tarting
```

```
17/06/19 15:32:19 INFO source.NetcatSource: Created serverSocket:sun.nio.ch.
ServerSocketChannelImpl[/127.0.0.1:44444]
17/06/19 15:32:34 INFO sink.LoggerSink: Event:{ headers:{} body:48 65 6C 6C 6F 20 77 6F 72 6C
64 21 0D Helloworld!.}
```

3.2.3 网络数据采集方法

1. 网络数据采集

网络数据采集是指利用互联网搜索引擎技术实现有针对性、行业性、精准性的数据抓取，并按照一定规则和筛选标准进行数据归类，并形成数据库文件的一个过程，也是指通过网络爬虫或网站公开API等方式从网站上获取数据信息的过程。

网络爬虫会从一个或若干初始网页的URL开始，获得各个网页上的内容，并且在抓取网页的过程中，不断从当前页面上抽取新的URL放入队列，直到满足设置的停止条件为止。

这样可将非结构化数据、半结构化数据从网页中提取出来，存储在本地的存储系统中。

网络数据采集采用的技术基本上是利用垂直搜索引擎技术的网络蜘蛛（或数据采集机器人）、分词系统、任务与索引系统等技术进行综合运用而完成。随着互联网技术的发展和网络海量信息的增长，对信息的获取与分拣成为一种越来越大的需求。

人们一般通过以上技术将海量信息和数据采集后，进行分拣和二次加工，实现网络数据价值与利益更大化、更专业化的目的。

现阶段在国内从事海量数据采集的企业很多，大多是利用垂直搜索引擎技术去实现，还有一些企业实现了多种技术的综合运用。比如：火车采集器采用的垂直搜索引擎+网络雷达+信息追踪与自动分拣+自动索引技术，将海量数据采集与后期处理进行了结合。

人们通常所说的"海量数据采集"就是指类似垂直搜索引擎技术的数据采集技术。根据网络不同的数据类型与网站结构，一套功能强大的采集系统均采用集分布式抓取、分析、数据挖掘等功能于一身的信息系统，系统能对指定的网站进行定向数据抓取和分析，在专业知识库建立、企业竞争情报分析、报社媒体资讯获取、网站内容建设等领域应用很广。

系统能大大降低企业和政府部门在信息建设过程中的人工成本，在越来越多的数据和信息可以从互联网上获得时，对大量数据的采集、分析和深度挖掘同时还可能产生巨大的商机。

网络数据采集在以下方面具有很强的应用前景：

（1）搜索引擎与垂直搜索平台搭建与运营；

（2）综合门户与行业门户、地方门户、专业门户网站数据支撑与流量运营；

（3）电子政务与电子商务平台的运营；

（4）知识管理与知识共享；

（5）企业竞争情报系统的运营；

（6）BI 商业智能系统；

（7）信息咨询与信息增值；

（8）信息安全和信息监控等；

（9）千瓦通信—舆情雷达监测与测控系统等。

2. 网络爬虫

网络爬虫又被称为网络蜘蛛，是一段自动抓取互联网信息的程序，它可以从互联网上抓取对于我们有价值的信息。在大数据时代，网络爬虫更是从互联网上采集数据的有力工具。目前知道的各种网络爬虫工具已经有上百个，网络爬虫工具基本可以分为三类。

（1）分布式网络爬虫工具，如 Nutch；

（2）Java 网络爬虫工具，如 Crawler4j、WebMagic、WebCollector；

（3）非 Java 网络爬虫工具，如 Scrapy（基于 Python 语言开发）。

网络爬虫是一种按照一定的规则，自动地抓取 Web 信息的程序或者脚本。Web 网络爬虫可以自动采集所有其能够访问到的页面内容，为搜索引擎和大数据分析提供数据来源。从功能上来讲，爬虫一般有数据采集、处理和存储三部分功能。

网络爬虫的基本工作流程如下。

（1）选取一部分 URL；

（2）将这些 URL 放入待抓取 URL 队列；

（3）从待抓取 URL 队列中取出待抓取 URL，解析 DNS，得到主机的 IP 地址，并将 URL 对应的网页下载下来，存储到已下载网页库中。此外，将这些 URL 放进已抓取 URL 队列；

（4）分析已抓取 URL 队列中的 URL，分析其中的其他 URL，并且将这些 URL 放入待抓取 URL 队列，从而进入下一个循环。

3. Python 爬虫架构

Python 爬虫架构主要由五个部分组成，分别是调度器、URL 管理器、网页下载器、网页解析器、应用程序（爬取的有价值数据）。

（1）调度器

相当于一台电脑的 CPU，主要负责调度 URL 管理器、下载器、解析器之间的协调工作。调度器协调工作流程如图 3-2-5 所示。

（2）URL 管理器

包括待爬取的 URL 地址和已爬取的 URL 地址，防止重复抓取 URL 和循环抓取 URL，实现 URL 管理器主要用三种方式，通过内存、数据库、缓存数据库来实现。

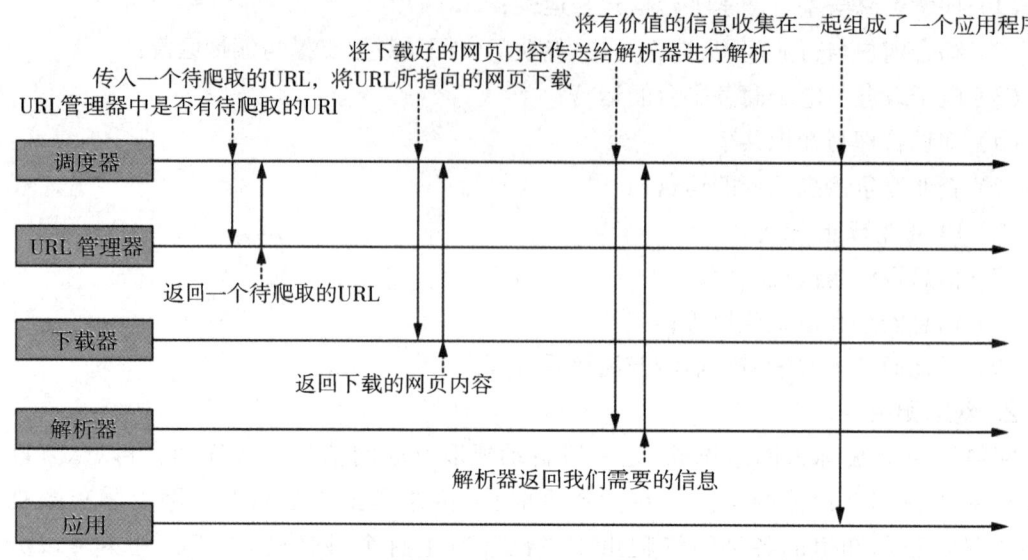

图 3-2-5　调度器协调工作流程

（3）网页下载器

通过传入一个 URL 地址来下载网页，将网页转换成一个字符串，网页下载器有 urllib2（Python 官方基础模块）包括需要登录、代理和 Cookie、Requests（第三方包）。

（4）网页解析器

将一个网页字符串进行解析，可以按照要求来提取出有用的信息，也可以根据 DOM 树的解析方式来解析。网页解析器有正则表达式（通过模糊匹配提取信息，不适用于文档较复杂的情况）、HTMLParser（Python 自带）、BeautifulSoup（比其他解析器更强大的第三方插件，可用 HTMLParser 与 lxml 进行解析）、lxml（第三方插件，可以解析 XML 和 HTML），HTMLParser 和 BeautifulSoup 以及 lxml 都是以 DOM 树的方式进行解析的。

（5）应用程序

就是从网页中提取的有用数据组成的一个应用。

4. 爬虫的基本原理

（1）网页请求的过程

① Request（请求）：每一个展示在用户面前的网页都必须经过这一步，也就是向服务器发送访问请求；

② Response（响应）：服务器在接收到用户的请求后，会验证请求的有效性，然后向用户（客户端）发送响应的内容，客户端接收服务器响应的内容，将内容展示出来，就是我们所熟悉的网页请求，如图 3-2-6 所示。

（2）网页请求的方式

① Get：最常见的方式，一般用于获取或者查询资源信息，也是大多数网站使用的方式，响应速度快；

图 3-2-6　网页请求的过程

② Post：相比 Get 方式，多了以表单形式上传参数的功能，因此除查询信息外，还可以修改信息。所以，在写爬虫前要先确定向谁发送请求，用什么方式发送。

3.2.4　数据 ETL 工具

1. Kettle 简介

Kettle 是一款国外开源的 ETL 工具，纯 Java 编写，可以在 Windows、Linux、Unix 上运行，绿色无须安装，数据抽取高效稳定。Kettle 中文名称叫水壶，该项目的主程序员 MATT 希望把各种数据放到一个壶里，然后以一种指定的格式流出。Kettle 作为 ETL 工具库，允许用户管理来自不同数据库的数据，通过提供一个图形化的用户环境来描述你想做什么，而不是你想怎么做。Kettle 中有两种脚本文件，transformation 和 job，transformation 完成针对数据的基础转换，job 则完成整个工作流的控制。Kettle（现在已经更名为 PDI，即 Pentaho Data Integration-Pentaho，数据集成）。

（1）Kettle 常用功能

Kettle 常用在处理关系型数据库（RDBMS）：MySQL、Oracle、Gbase、国产达梦等各种数据库，也可以处理非关系型数据库：elasticsearch、hdfs 等数据存储。主要是对数据进行处理操作，个人常用的功能如下：

① 全量数据迁移：将某个或多个表或库中的数据进行迁移，可以跨库，也可以同库迁移。速度比较快，性能稳定。

② 增量数据迁移：对某个表中的数据按照一定的设计思路，根据 int 的自增主键或 datetime 的时间戳实现增量数据迁移，并且可以统计增量数据量。速度比较快，性能稳定。

③ 解析 xml 文件（单个、批量）：可以通过读取本地或远程服务器中的单个、批量 xml 文件进行解析，高效率的实现 xml 数据解析入库；

④ 解析 JSON 数据：可以零代码通过 JSONPath 快速完成 JSON 数据解析，高效率实现 JSON 解析数据入库。

⑤ 数据关联比对：可以将多个数据库根据一定的业务字段进行关联，尤其是针对单表百万、千万级别上的数据比对，普通 SQL 实现困难，可以通过 Kettle 方便高效地完成数据关联比对功能。

⑥ 数据清洗转换：可以通过 Kettle 中设计一定的判断流程，在数据流中逐条对数据进行业务判断和过滤，实现数据清洗转换的功能。

（2）Kettle 自我理解

Kettle 自我理解是一个非常好的工具，主要是用来处理大数据量任务，实现功能可参照 SQL。一般的 SQL 只能针对数据量比较少的表进行数据操作，如果单表数据量在百万、千万以上，那么 SQL 处理就会非常吃力，此时就可以通过 Kettle 来轻松处理数据了。

Kettle 带有很多常用的组件，通过在页面进行拖拽组合组件，完成 SQL 处理数据的思路和功能。最终执行 Kettle 作业，高效率地完成大量数据的处理工作。

（3）Kettle 体系结构

Kettle 分为 Kettle 平台、各类插件。其中 Kettle 平台是整个系统的基础，包括 UI、插件管理、元数据管理和数据集成引擎。UI 显示 Spoon 这个核心组件的界面，通过 xul 实现菜单栏、工具栏的定制化，显示插件界面接口元素。元数据管理引擎管理 ktr、kjb 或者元数据库，插件通过该引擎获取基本信息。插件管理引擎主要负责插件的注册。数据集成引擎负责调用插件，并返回相应信息，Kettle 体系结构如图 3-2-7 所示。

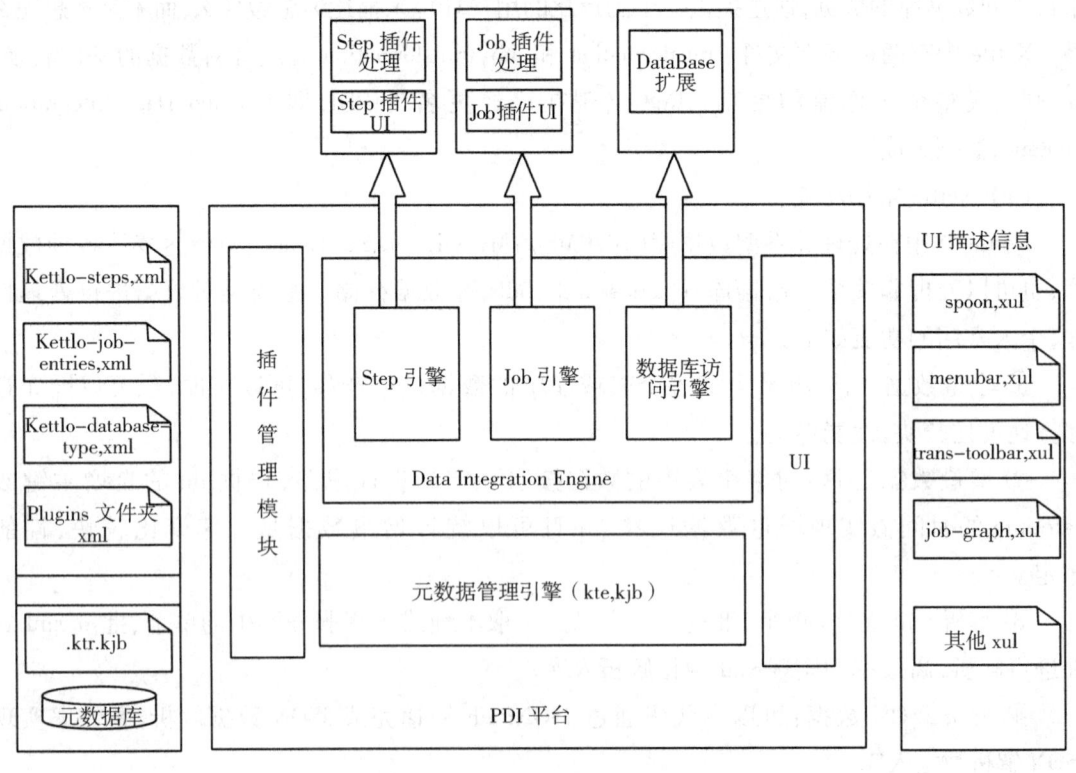

图 3-2-7　Kettle 体系结构

2. Sqoop 简介

（1）Sqoop 的概念

Sqoop 是一款开源的工具，主要用于在 Hadoop 和传统的数据库（MySQL、PostgreSQL 等）进行数据的传递，可以将一个关系型数据库（例如：MySQL、Oracle、Postgres 等）中的数据导入到 Hadoop 的 HDFS 中，也可以将 HDFS 的数据导入关系型数据库中。它是 Hadoop 发展到一定程度的必然产物，它主要解决的是传统数据库和 Hadoop 之间数据的迁移问题。

（2）Sqoop 产生的背景

Sqoop 的产生主要源于以下几种需求：

① 多数使用 Hadoop 技术处理大数据业务的企业，有大量的数据存储在传统的关系型数据库（RDBMS）中；

② 由于缺乏工具的支持，对 Hadoop 和传统数据库系统中的数据进行相互传输是一件十分困难的事情；

③ 基于前两个方面的考虑，亟需一个在 RDBMS 与 Hadoop 之间进行数据传输的项目。

（3）核心设计思想

Sqoop 的核心设计思想是利用 MapReduce 加快数据传输速度。也就是说 Sqoop 的导入和导出功能是通过 MapReduce 作业实现的。所以它是以一种批处理方式进行数据传输，难以实现实时对数据进行导入和导出。

（4）选择 Sqoop 的原因

选择 Sqoop 通常基于三个方面的考虑：

① 它可以高效、可控地利用资源，可以通过调整任务数来控制任务的并发度。另外它还可以配置数据库的访问时间等等。

② 它可以自动地完成数据类型映射与转换。被导入的数据往往是有类型的，它可以自动根据数据库中的类型转换到 Hadoop 中，当然用户也可以自定义它们之间的映射关系。

③ 它支持多种数据库，比如：MySQL、Oracle 和 PostgreSQL 等数据库。

（5）Sqoop 导入导出原理

Sqoop 架构是非常简单的，它主要由三个部分组成：Sqoop client、HDFS/HBase/Hive、Database。步骤流程如下：

① 用户向 Sqoop 发起一个命令之后，这个命令会转换为一个基于 MapTask 的 MapReduce 作业；

② MapTask 会访问数据库的元数据信息，通过并行的 MapTask 将数据库的数据读取出来，然后导入 Hadoop 中；

③ 当然也可以将 Hadoop 中的数据，导入传统的关系型数据库中；

④ 它的核心思想就是通过基于 MapTask（只有 Map）的 MapReduce 作业，实现数据的并

发拷贝和传输,这样可以大大提高效率。

(6) Sqoop 导入原理

从传统数据库获取元数据信息(Schema、Table、Field、Field type),把导入命令转换为只有 Map 的 MapReduce 作业,在 MapReduce 中有很多 Map,每个 Map 读一片数据,进而并行完成数据的拷贝。Sqoop 在 Import 时,需要制定 split-by 参数。Sqoop 根据不同的 split-by 参数值来进行切分,然后将切分出来的区域分配到不同 Map 中。每个 Map 再处理数据库中获取的一行一行的值,写入到 HDFS 中。同时 split-by 根据不同的参数类型有不同的切分方法,如比较简单的 int 型,Sqoop 会取最大和最小 split-by 字段值,然后根据传入的 num-mappers 来确定划分几个区域,Sqoop 导入原理如图 3-2-8 所示。

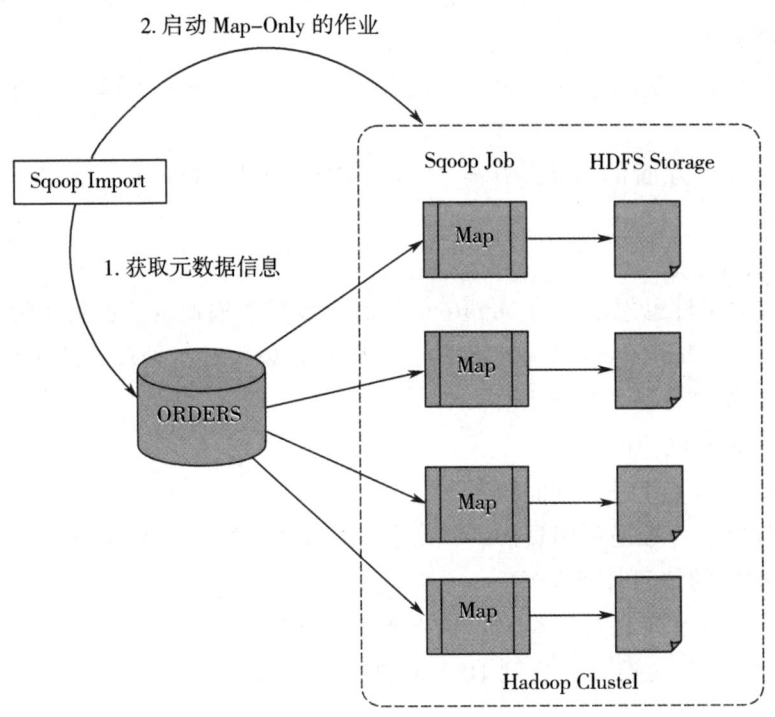

图 3-2-8　Sqoop 导入原理

(7) Sqoop 导出原理

获取导出表的 Schema、Meta 信息,和 Hadoop 中的字段 match,建立映射关系,多个 MapOnly 作业同时运行,完成 HDFS 中数据导出到关系型数据库中。

Sqoop 数据导出流程,首先用户输入一个 Sqoop export 命令,它会获取关系型数据库的 Schema,建立 Hadoop 字段与数据库表字段的映射关系。然后会将输入命令转化为基于 Map 的 MapReduce 作业,这样 MapReduce 作业中有很多 Map 任务,它们从 HDFS 并行读取数据,并将整个数据拷贝到数据库中,Sqoop 导出原理如图 3-2-9 所示。

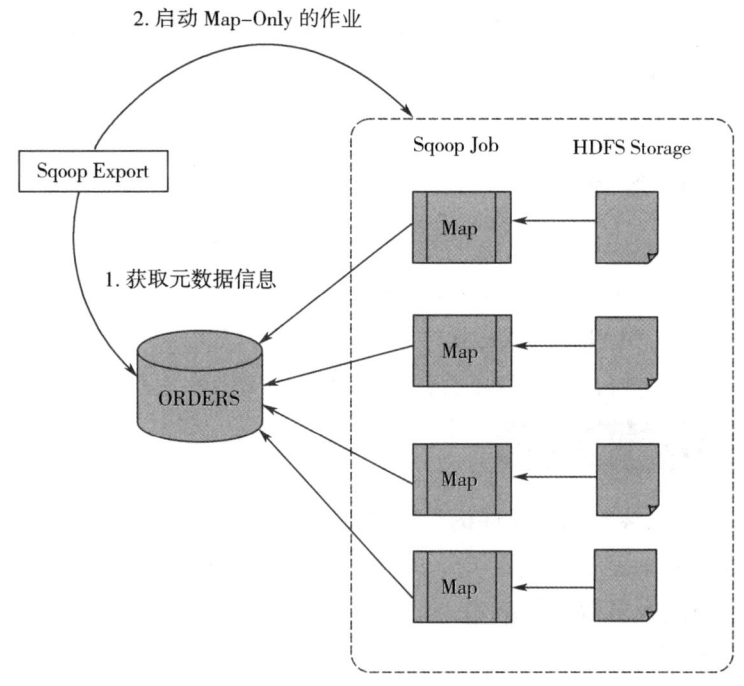

图 3-2-9　Sqoop 导出原理

3.2.5　外贸数据采集的需求分析

1. 外贸数据采集意义

《外贸数据采集与分析系统初探》一文中提到:"积极响应'一带一路'国家外贸战略新契机,以大数据云计算技术为支撑,主动探索'丝绸之路经济带'和'21世纪海上丝绸之路'经济带的广泛贸易资源,为中小外贸企业拉伸外贸活动链条提供解决方案。"随着大数据技术的发展,外贸企业可以迅速获取贸易数据,包括各类贸易资讯情报及各国各地区海关的关单数据、买家名录以及买家采购信息、卖家供应信息、相关市场分析数据、企业资质和信用的评估证明,等等;此外,还有一些外贸电商平台产生的买卖交易数据、物流数据、资金流数据等,通过对这些数据的深度挖掘、合理分析,制作简便易行的计算处理模块,在大数据海洋里迅速为企业提供实时、精准的客户、产品和市场动向预报,形成极具价值的国际贸易行情解决方案。

2. 外贸数据采集需求

外贸数据和其他行业一样包括结构数据和非结构数据两种,网络爬虫技术可以对两种数据进行大范围多维度采集,为大数据分析提供更为广阔的环境。根据这一原理开发专门用于爬取外贸专业数据的爬虫,根据定义抓取时段内热销产品的关键词、文本数据、图片表格;或者直接从图表上抓取数据,分析指数;也可以抓取电商网站上价格、评论以及论坛、微博、其他社交网站商品价格评论、用户评论、成交记录、品牌跟踪新闻、营销效果、用户态度、商品价格比较分析等。当然,爬虫也可以在万维网范围,自动执行一些特别任务,例如检查网页内部、外部链接,确认 HTML 代码;更新网址分类库与内容分类库,也可以用来抓取网页上表格、图片、声音等特定类型信息,还有电子邮件地址等。

3.3 采集工具的准备

数据采集是大数据分析全流程的重要环节,典型的数据采集工具包括 ETL 工具(如 Kettle)、日志采集工具(如 Flume 和 Kafka)、数据迁移工具如(Sqoop)等。本节重点选择了几个典型的数据采集工具进行介绍,详细介绍这些工具的安装和使用方法。

3.3.1 Python 开发环境安装

Python 是一种面向对象的解释性的计算机程序设计语言,也是一种功能强大而完善的通用型语言,已经具有十多年的发展历史,成熟且稳定。Python 具有脚本语言中最丰富和强大的类库,足以支持绝大多数日常应用。

1. Python 的安装

安装步骤如下。

① Python 下载

Python 最新源码、二进制文档、新闻资讯等可以在 Python 的官网查看到,我们可以到 Python 的官网找到对应的版本进行下载。

② 双击.exe 文件安装,如图 3-3-1 所示:

python-3.6.5-amd64.exe

图 3-3-1 Python.exe 安装文件

③ 自定义安装,如图 3-3-2 所示。

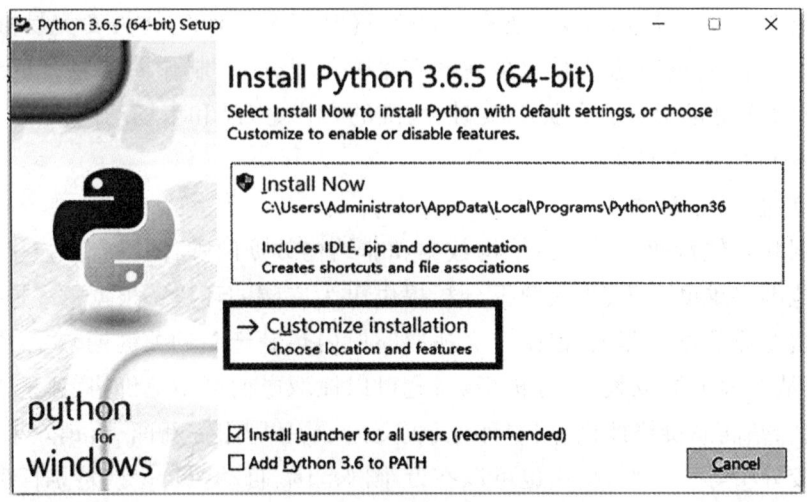

图 3-3-2 Python 自定义安装

④ 配置选项默认，如图 3-3-3 所示。

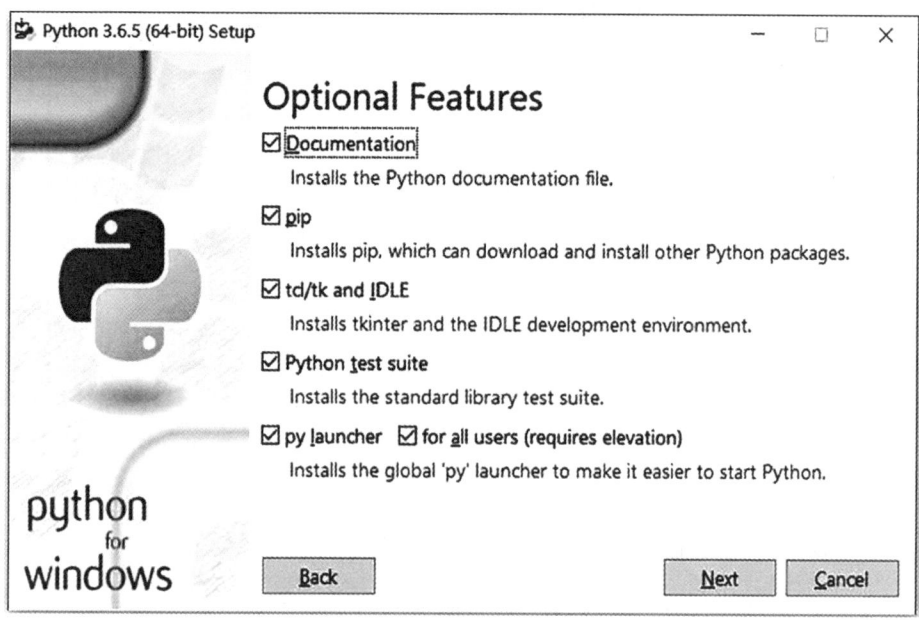

图 3-3-3　Python 安装配置默认值

⑤ 选择安装路径，可选择默认值，如图 3-3-4 所示。

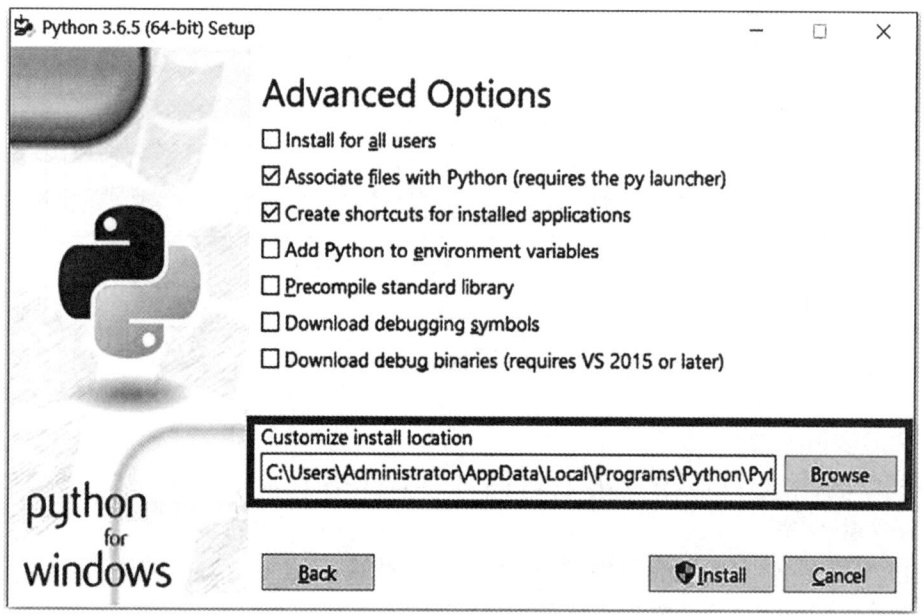

图 3-3-4　Python 安装路径选择

⑥ Python 安装过程，如图 3-3-5 所示。

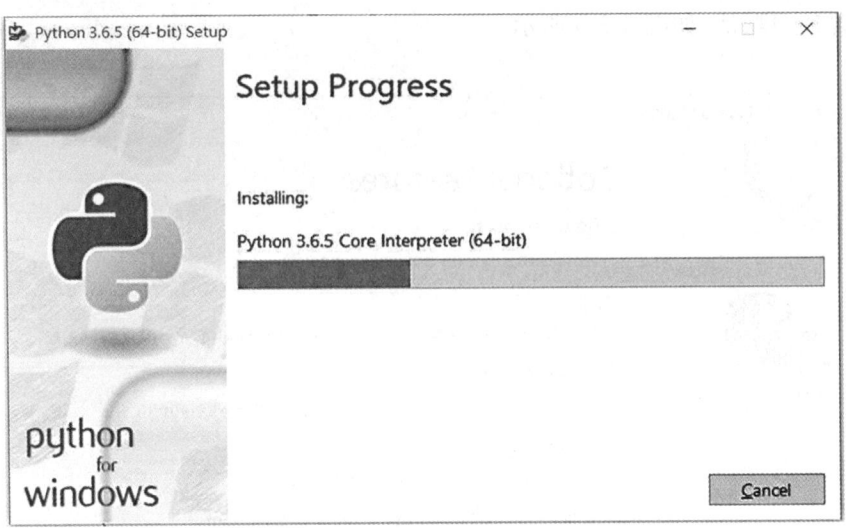

图 3-3-5　Python 安装过程

⑦ 安装完成,如图 3-3-6 所示。

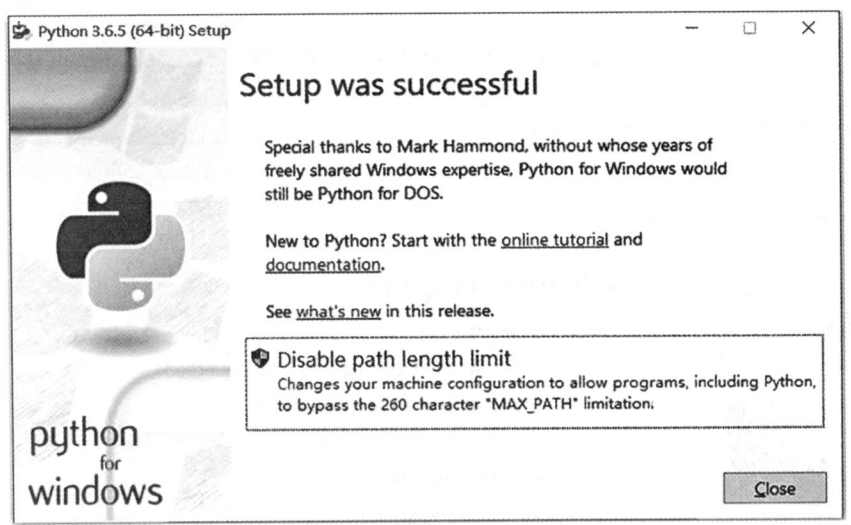

图 3-3-6　Python 安装完成

2. 环境变量配置

程序和可执行文件可以存放在许多目录下,而这些路径很可能不在操作系统提供可执行文件的搜索路径中。

路径(Path)存储在环境变量中,这是由操作系统维护的一个命名的字符串。这些变量包含可用的命令行解释器和其他程序的信息。

Unix 或 Windows 中路径变量为 PATH(Unix 区分大小写,Windows 不区分大小写)。

① 右键点击"计算机",然后点击"属性";

② 点击"高级系统设置";

③ 选择"系统变量"窗口下面的"Path",双击;

④ 在"Path"行添加 Python 安装路径(D:\Learning software\Py),如图 3-3-7 所示,注意路径直接用分号";"隔开;

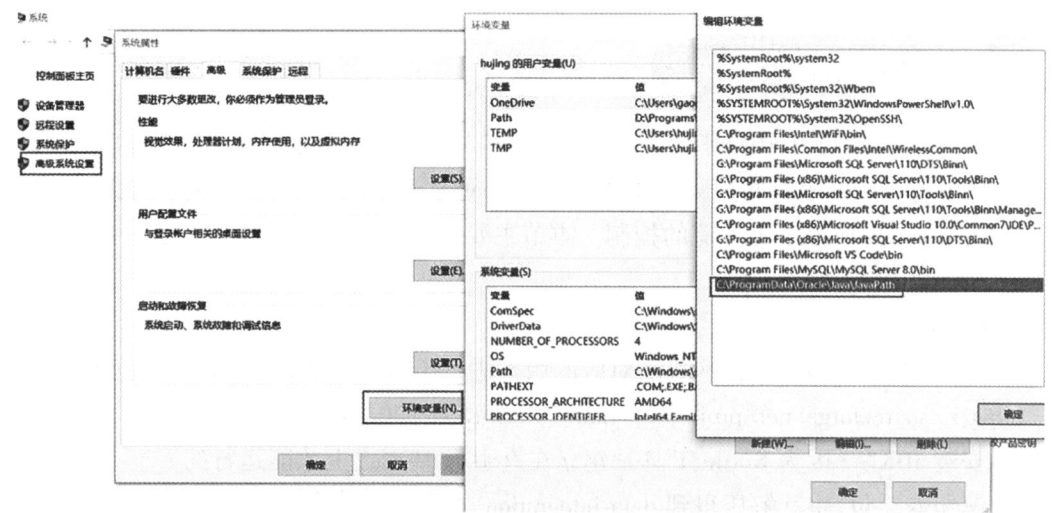

图 3-3-7　Python 环境变量设置

⑤ 最后设置成功以后,在 cmd 命令行输入命令"Python",就可以有相关显示。

C:\Users>Administrator>Python
Python 3.6.5 (v3.6.5:260ec2c36a, Oct 20 2018, 14:05:16) [MSC v.1915 32 bit (Intel)] on win32
Type "help", "copyright", "credits" or "license" for more information.

3. Python 爬虫程序架构和运行流程原理

(1) Python 爬虫的基本流程

Python 开发网络爬虫获取网页数据的基本流程为:通过 URL 向服务器发起请求(request),请求可以包含额外的 header 信息。服务器正常响应,将会收到一个 response,即为所请求的网页内容,或许包含 HTML、JSON 字符串或者二进制的数据(视频、图片)等。如果是 HTML 代码,则可以使用网页解析器进行解析;如果是 JSON 数据,则可以转换成 JSON 对象进行解析;如果是二进制的数据,则可以保存到文件做进一步处理。可以保存到本地文件,也可以保存到数据库(MySQL,Redis,MongoDB 等)。

(2) Python 爬虫的基本架构

网络爬虫程序框架主要包括以下五大模块,五大模块功能如下:

① 爬虫调度器:主要负责统筹其他四个模块的协调工作;

② URL 管理器:负责管理 URL 链接,维护已经爬取的 URL 集合和未爬取的 URL 集合,提供获取新 URL 链接的接口;

③ HTML 下载器:用于从 URL 管理器中获取未爬取的 URL 链接,并下载 HTML 网页;

④ HTML 解析器:用于从 HTML 下载器中获取已经下载的 HTML 网页,并从中解析出新的 URL 链接交给 URL 管理器,解析出有效数据交给数据存储器;

⑤ 数据存储器:用于将 HTML 解析器解析出来的数据通过文件或者数据库的形式存储起来。

3.3.2 Kettle 的安装与使用

Kettle 是一款国外开源的 ETL 工具,纯 Java 编写,绿色无须安装,数据抽取高效稳定(数据迁移工具)。Kettle 中有两种脚本文件,transformation 和 job,transformation 完成针对数据的基础转换,job 则完成整个工作流的控制。本节主要介绍 Kettle 工具的安装与使用。

1. Kettle 的安装

① Kettle 下载

我们可以找到 Kettle 的官网找到对应的版本进行下载,官网各个版本下载地址如下:

https://sourceforge.net/projects/pentaho/files/Data%20Integration/

② 安装 JDK。(因为 Kettle 工具是建立在有 JDK 基础之上才能运行的)

③ 解压安装包,将其解压得到 data-integration 文件夹。

④ 找到 spoot.bat 文件双击打开,在 Kettle 根目录中找到 spoon.bat 文件,双击运行即可,因为 Kettle 是免安装的,所以可以直接运行。

⑤ 建立转换,左上角点击"文件→新建→转换"保存为 demo.ktr,新建转换后在左边的主对象树中建立 DB 连接用以连接数据库。建立数据库连接的过程与其他数据库管理软件连接数据库类似。

测试连接时报错时,拷贝 jar 包:mysql-connector-java-5.1.44-bin.jar 到 D:\data-integration\lib 目录下。关闭 Spoon,重新启动,以让其重新加载配置。测试连接,可以正常连接。

2. Kettle 使用

Kettle 提供了资源库的方式来整合所有的工作。

① 创建一个新的 transformation,点击保存到本地路径,例如保存到 D:/Kettle-data 下,保存文件名为 Trans,Kettle 默认 transformation 文件保存后后缀名为 ktr;

② 创建一个新的 job,点击保存到本地路径,例如保存到 D:/Kettle-data 下,保存文件名为 Job,Kettle 默认 Job 文件保存后后缀名为 kjb。

3. Kettle 的四大块

① Carte:Carte 是一个轻量级的 Web 容器,用于建立专用、远程的 ETL Server;

② Kitchen:工作(Job)执行器(命令行方式),一个独立的命令行程序,用于执行由 Spoon 编辑的作业;

③ Spoon:转换(transform)设计工具(GUI 方式),通过图形接口,用于编辑作业和转换的桌面应用;

④ Span:转换(transform)执行器(命令行方式),一个独立的命令行程序,用于执行由

Spoon 编辑的转换和作业。

4. 转换（transformation）

transformation（转换）是由一系列被称为 Steps（步骤）的逻辑工作的网络。转换本质上是数据流。例如：转换从文本文件中读取数据，过滤，然后排序，最后将数据加载到数据库。本质上，转换是一组图形化的数据转换配置的逻辑结构。转换的两个相关的主要组成部分是 Steps（步骤）和 Hops（节点连接），转换文件的扩展名是 .ktr。转换是 ETL 解决方案中最主要的部分，它处理抽取、转换、加载各种对数据行的操作。

在 Kettle 里，数据的单位是行，数据流就是数据行从一个步骤到另一个步骤的移动。数据流有的时候也被称之为记录流。

5. 工作（Job）

工作是基于工作流模型的，协调数据源、执行过程和相关依赖性的 ETL 活动。工作将功能性和实体过程聚合在了一起。一个工作中展示的任务有从 FTP 获取文件、核查一个必须存在的数据库表是否存在、执行一个转换、发送邮件通知一个转换中的错误等。最终工作的结果可能是数据仓库的更新等。工作由工作节点连接，工作实体和工作设置组成，工作文件的扩展名是 .kjb。

3.3.3 Sqoop 的安装

Sqoop 是一种旨在在 Hadoop 与关系数据库或大型机之间传输数据的工具。可以使用 Sqoop 将数据从 MySQL 或 Oracle 等关系数据库管理系统（RDBMS）或大型机导入 Hadoop 分布式文件系统（HDFS），在 Hadoop MapReduce 中转换数据，然后将数据导回 RDBMS。

Sqoop 依靠数据库描述要导入的数据的模式来自动执行此过程的大部分过程。Sqoop 使用 MapReduce 导入和导出数据，这提供了并行操作以及容错能力。

使用 Sqoop，可以将数据从关系数据库系统或大型机导入 HDFS。导入过程的输入是数据库表或大型机数据集。对于数据库，Sqoop 会将表逐行读取到 HDFS 中。对于大型机数据集，Sqoop 将从每个大型机数据集中读取记录到 HDFS 中。此导入过程的输出是一组文件，其中包含导入的表或数据集的副本。导入过程是并行执行的，因此输出将在多个文件中。这些文件可以是定界的文本文件（例如用逗号或制表符分隔每个字段），也可以是包含序列化记录数据的二进制 Avro 或 SequenceFiles。

导入过程的副产品是生成的 Java 类，可以封装导入表的一行。此类在 Sqoop 本身的导入过程中使用。还提供了此类的 Java 源代码，以用于后续的 MapReduce 数据处理。此类可以将数据与 SequenceFile 格式进行序列化和反序列化。它还可以解析记录的分隔文本形式。这些功能可以快速开发在处理管道中使用 HDFS 存储的记录的 MapReduce 应用程序。还可以使用任何其他工具自由解析定界记录数据。

在处理了导入的记录（例如，使用 MapReduce 或 Hive）之后，可能会有一个结果数据集，然后可以将其导回关系数据库。Sqoop 的导出过程将从 HDFS 并行读取一组定界的文本文件，将其解析为记录，并将它们作为新行插入目标数据库表中，以供外部应用程序或用户使用。

Sqoop 包含一些其他命令，这些命令可以检查正在使用的数据库。例如，可以列出可用的数据库模式（使用 sqoop-list-databases 工具）和模式中的表（使用 sqoop-list-tables 工具）。Sqoop 还包括原始 SQL 执行外壳（该 sqoop-eval 工具）。

导入，代码生成和导出过程的大多数方面都可以自定义。对于数据库，可以控制导入的特定行范围或列。可以为基于文件的数据表示以及所使用的文件格式指定特定的分隔符和转义符。还可以控制在生成的代码中使用类或包名称。

Sqoop 的安装步骤如下：

① 上传安装包 sqoop-1.4.7.bin__hadoop-2.6.0.tar.gz 到/opt 目录下。

② 解压 sqoop 安装包。

```
[root@ hadoop opt]#tar -zxvf sqoop-1.4.7.bin__hadoop-2.6.0.tar.gz
```

③ 将 sqoop-1.4.7.bin__hadoop-2.6.0 重命名为 sqoop。

```
[root@ hadoop opt]# mv sqoop-1.4.7.bin__hadoop-2.6.0 sqoop
```

④ 进入 sqoop 根目录下 conf 目录中。

```
[root@ hadoop conf]# cd /opt/sqoop/conf/
[root@ hadoop conf]# ls
oraoop-site-template.xml    sqoop-env-template.cmd    sqoop-env-template.sh    sqoop-site-template.xml
sqoop-site.xml
```

⑤ 重命名配置文件 sqoop-env-template.sh。

```
[root@ hadoop conf]# cp sqoop-env-template.sh sqoop-env.sh
[root@ hadoop conf]# ls
oraoop-site-template.xml    sqoop-env-template.cmd    sqoop-site-template.xml
sqoop-env.sh    sqoop-env-template.sh    sqoop-site.xml
```

⑥ 修改配置文件 sqoop-env.sh。

```
[root@ hadoop conf]# vim sqoop-env.sh
#Set path to where bin/hadoop is available
exportHadoop_COMMON_HOME=/opt/hadoop
#Set path to where hadoop-*-core.jar is available
exportHadoop_MAPRED_HOME=/opt/hadoop
#Set the path to where bin/hive is available
export HIVE_HOME=/opt/hive
```

［注意］这里的 Hadoop_COMMON_HOME 和 Hadoop_MAPRED_HOME 配成一个就行了，

但是我们现在安装的 Hadoop 的开源的版本:所以这两个在一个目录下即可,但是在 Hadoop 的商业版本中这两个配置是分别安装在不同的目录下的。

⑦ 拷贝 JDBC 驱动到 Sqoop 的 lib 目录下。

```
[root@ hadoop opt]# cp mysql-connector-java-5.1.30.jar /opt/sqoop/lib/
[root@ hadoop lib]# ls
ant-contrib-1.0b3.jar              kite-data-hive-1.1.0.jar
ant-eclipse-1.0-jvm1.2.jar         kite-data-mapreduce-1.1.0.jar
avro-1.8.1.jar                     kite-hadoop-compatibility-1.1.0.jar
avro-mapred-1.8.1-hadoop2.jar      mysql-connector-java-5.1.30.jar
commons-codec-1.4.jar              opencsv-2.3.jar
commons-compress-1.8.1.jar         paranamer-2.7.jar
commons-io-1.4.jar                 parquet-avro-1.6.0.jar
commons-jexl-2.1.1.jar             parquet-column-1.6.0.jar
commons-lang3-3.4.jar              parquet-common-1.6.0.jar
commons-logging-1.1.1.jar          parquet-encoding-1.6.0.jar
hsqldb-1.8.0.10.jar                parquet-format-2.2.0-rc1.jar
jackson-annotations-2.3.1.jar      parquet-generator-1.6.0.jar
jackson-core-2.3.1.jar             parquet-hadoop-1.6.0.jar
jackson-core-asl-1.9.13.jar        parquet-jackson-1.6.0.jar
jackson-databind-2.3.1.jar         slf4j-api-1.6.1.jar
jackson-mapper-asl-1.9.13.jar      snappy-java-1.1.1.6.jar
kite-data-core-1.1.0.jar           xz-1.5.jar
```

⑧ 验证 Sqoop。我们可以通过某一个 command 来验证 Sqoop 配置是否正确:

```
[root@ hadoop bin]# sqoop help
[root@ hadoop bin]# sqoop version
```

3.3.4 Flume 的安装

Flume 是 Apache 的一个顶级项目,是一个分布式、可靠、高可用的海量日志采集、聚合和传输的系统。支持在日志系统中定制各类数据发送方,用于收集数据;同时,Flume 具备对数据进行简单处理,并写到各种数据接收方(比如文本、HDFS、HBase 等)的能力。

Flume 的数据流由事件(Event)贯穿始终。事件是 Flume 的基本数据单位,它携带日志数据(字节数组形式)并且携带头信息,这些事件由 Agent 的 Source 生成,当 Source 捕获事件后会进行特定的格式化,然后 Source 会把事件推入(单个或多个)Channel 中。可以把 Channel 看作是一个缓冲区,它将保存事件,直到 Sink 处理完该事件。Sink 负责持久化日志或者把事件推向另一个 Source。

使用 apache-flume-1.8.0 自带的例子。其中 Avro Source 接收外部数据源,Logger 作为

Sink，即通过 Avro RPC 调用，将数据缓存在 Channel 中，然后通过 Logger 打印出数据。

apache-flume-1.8.0 的安装过程如下：

（1）安装环境：本项目需要在 Hadoop 平台和 JDK 部署好的基础之上安装，Hadoop 平台详见 2.3.1 节。

（2）下载 apache-flume-1.8.0-bin.tar.gz，将其放入"/flume/"目录并解压缩，解压后的完整路径为：/flume/apache-flume-1.8.0-bin。

（3）测试 Flume 是否安装成功，进入安装目录的 bin 目录下，执行如下命令：

```
[root@node1 bin]# ./flume-ng version
Flume 1.8.0
Source code repository: https://git-wip-us.apache.org/repos/asf/flume.git
Revision: 99f591994468633fc6f8701c5fc53e0214b6da4f
Compiled by denes on Fri Sep 15 14:58:00 CEST 2017
From source with checksum fbb44c8c8fb63a49be0a59e27316833d
```

［注意］如果没有安装 Telnet 服务，可以通过命令安装：

```
yum install telnet
```

（4）环境变量的设置

编辑/etc/profile 文件，声明 Flume 的 Home 路径，并在 PATH 加入 bin 的路径：

```
export FLUME_HOME=/flume/apache-flume-1.8.0-bin
FLUME_CONF_DIR=$FLUME_HOME/conf
export PATH=$PATH:$FLUME_HOME/bin
```

编译配置文件/etc/profile 后，运行以下命令确认生效：

```
source /etc/profile
echo $PATH
```

输出 Flume 环境变量设置情况：

```
[root@node1 etc]# echo $PATH
/jdk/bin:/media/jdk/bin:/usr/local/bin:/usr/local/sbin:/usr/bin:/usr/sbin:/bin:/sbin:/hadoop/bin:/media/hadoop/sbin:/root/bin:/hadoop/bin:/hadoop/sbin:/bin:/flume/apache-flume-1.8.0-bin/bin
```

（5）设置 flume-env.sh 配置文件

在 FLUME_HOME/conf 下复制并重命名 flume-env.sh.template 为 flume-env.sh，修改 conf/flume-env.sh 配置文件。

```
cd /flume/apache-flume-1.8.0-bin/conf
cp flume-env.sh.template flume-env.sh
vim flume-env.sh
```

修改配置文件内容：

JAVA_HOME=/jdk/lib/ jdk1.8.0_171　　//配置 jdk 安装路径
JAVA_OPTS="-Xms100m -Xmx200m -Dcom.sun.management.jmxremote"

（6）部署验证

① 在"conf"目录下创建"flume-conf.properties.example"文件并编辑。

vim conf/flume-conf.properties.example

写入以下内容：

# example.conf：A single-node Flume configuration
# Name the components on this agent
a1.sources = r1
a1.sinks = k1
a1.channels = c1
# Describe/configure the source 配置 source
a1.sources.r1.type = netcat
a1.sources.r1.bind = localhost
a1.sources.r1.port = 44444
# Describe the sink 配置 sink
a1.sinks.k1.type = logger
# Use a channel which buffers events in memory 配置 channel
a1.channels.c1.type = memory
a1.channels.c1.capacity = 1000
a1.channels.c1.transactionCapacity = 100
# Bind the source and sink to the channel 绑定 source 和 sink 到 channel
a1.sources.r1.channels = c1
a1.sinks.k1.channel = c1

② 启动一个 agent a1。

[root@ node1 bin]# ./flume-ng agent --conf conf --conf-file /flume/apache-flume-1.8.0-bin/conf/flume-conf.properties.example --name a1 -Dflume.root.logger=INFO,console

[注意]文件目录尽量用绝对路径。

③ 得到如下的信息响应。

Info：Including Hadoop libraries found via (/media/hadoop/bin/hadoop) for HDFS access
Info：Including Hive libraries found via ( ) for Hive access

+ exec /media/jdk/bin/java -Xmx20m -Dflume.root.logger=INFO,console -cp ' conf:/flume/apache-flume-1.8.0-bin/lib/* :/media/hadoop-2.6.0/etc/hadoop:/media/hadoop-2.6.0/share/hadoop/common/lib/* :/media/hadoop-2.6.0/share/hadoop/common/* :/media/hadoop-2.6.0/share/hadoop/hdfs:/media/hadoop-2.6.0/share/hadoop/hdfs/lib/* :/media/hadoop-2.6.0/share/hadoop/hdfs/* :/media/hadoop-2.6.0/share/hadoop/yarn/lib/* :/media/hadoop-2.6.0/share/hadoop/yarn/* :/media/hadoop-2.6.0/share/hadoop/mapreduce/lib/* :/media/hadoop-2.6.0/share/hadoop/mapreduce/* :/media/hadoop/contrib/capacity-scheduler/*.jar:/lib/* ' -Djava.library.path=:/media/hadoop-2.6.0/lib/native org.apache.flume.node.Application --conf-file /flume/apache-flume-1.8.0-bin/conf/flume-conf.properties.example --name a1

SLF4J: Class path contains multiple SLF4J bindings.
SLF4J: Found binding in [jar:file:/flume/apache-flume-1.8.0-bin/lib/slf4j-log4j12-1.6.1.jar!/org/slf4j/impl/StaticLoggerBinder.class]
SLF4J: Found binding in [jar:file:/media/hadoop-2.6.0/share/hadoop/common/lib/slf4j-log4j12-1.7.5.jar!/org/slf4j/impl/StaticLoggerBinder.class]
SLF4J: See http://www.slf4j.org/codes.html#multiple_bindings for an explanation.
20/06/22 12:53:02 INFO node.PollingPropertiesFileConfigurationProvider: Configuration provider starting
20/06/22 12:53:02 INFO node.PollingPropertiesFileConfigurationProvider: Reloading configuration file:/flume/apache-flume-1.8.0-bin/conf/flume-conf.properties.example
20/06/22 12:53:02 INFO conf.FlumeConfiguration: Added sinks: k1 Agent: a1
20/06/22 12:53:02 INFO conf.FlumeConfiguration: Processing:k1
20/06/22 12:53:02 INFO conf.FlumeConfiguration: Processing:k1
20/06/22 12:53:02 INFO conf.FlumeConfiguration: Post-validation flume configuration contains configuration for agents: [a1]
20/06/22 12:53:02 INFO node.AbstractConfigurationProvider: Creating channels
20/06/22 12:53:02 INFO channel.DefaultChannelFactory: Creating instance of channel c1 type memory
20/06/22 12:53:02 INFO node.AbstractConfigurationProvider: Created channel c1
20/06/22 12:53:02 INFO source.DefaultSourceFactory: Creating instance of source r1, type netcat
20/06/22 12:53:02 INFO sink.DefaultSinkFactory: Creating instance of sink: k1, type: logger
20/06/22 12:53:02 INFO node.AbstractConfigurationProvider: Channel c1 connected to [r1, k1]

其中,"-n"为 agent 的名称;"-c"为配置文件所在的目录;"-f"为配置文件名称。

④ 打开新终端,向文件 log.00 输入一些信息。

[root@ node1 bin]# echo "hello world" >/flume/apache-flume-1.8.0-bin/log.00

⑤ 使用 avro-client 发送文件,得到输出信息。

[root@ node1 bin]# ./flume-ng avro-client -c /flume/apache-flume-1.8.0-bin/conf/ -H 0.0.0.0 -p 4141 -F /flume/apache-flume-1.8.0-binlog.00
Info: Sourcing environment configuration script /flume/apache-flume-1.8.0-bin/conf/flume-env.sh
Info: Including Hadoop libraries found via (/media/hadoop/bin/hadoop) for HDFS access

Info: Including Hive libraries found via ( ) for Hive access

+ exec /media/jdk/bin/java -Xms100m -Xmx200m -Dcom. sun. management. jmxremote -cp ′/flume/apache-flume-1. 8. 0-bin/conf/flume/apache-flume-1. 8. 0-bin/lib/ * :/media/hadoop-2. 6. 0/etc/hadoop:/media/hadoop-2. 6. 0/share/hadoop/common/lib/ * :/media/hadoop-2. 6. 0/share/hadoop/common/ * :/media/hadoop-2. 6. 0/share/hadoop/hdfs:/media/hadoop-2. 6. 0/share/hadoop/hdfs/lib/ * :/media/hadoop-2. 6. 0/share/hadoop/hdfs/ * :/media/hadoop-2. 6. 0/share/hadoop/yarn/lib/ * :/media/hadoop-2. 6. 0/share/hadoop/yarn/ * :/media/hadoop-2.6.0/share/hadoop/mapreduce/lib/ * :/media/hadoop-2.6.0/share/hadoop/mapreduce/ * :/media/hadoop/contrib/capacity-scheduler/ * . jar:/lib/ * ′ -Djava. library. path =:/media/hadoop-2. 6. 0/lib/native org. apache. flume. client. avro. AvroCLIClient -H 0. 0. 0. 0 -p 4141 -F /flume/apache-flume-1. 8. 0-binlog. 00

SLF4J: Class path contains multiple SLF4J bindings.

SLF4J: Found binding in [jar:file:/flume/apache-flume-1. 8. 0-bin/lib/slf4j-log4j12-1. 6. 1. jar!/org/slf4j/impl/StaticLoggerBinder. class]

SLF4J: Found binding in [jar:file:/media/hadoop-2. 6. 0/share/hadoop/common/lib/slf4j-log4j12-1. 7. 5. jar!/org/slf4j/impl/StaticLoggerBinder. class]

SLF4J: See http://www. slf4j. org/codes. html#multiple_bindings for an explanation.

3.4 采集贸易出口数据

本节内容主要为原始数据的入库方式,通过四个案例,分别介绍四种不同的数据入库方式。

3.4.1 原始数据的入库方式

1. Python

Python 编写数据入库有两种方式,分别是 PyMySQL 和 Redis。

(1) PyMySQL

PyMySQL 是在 Python3. x 版本中用于连接 MySQL 服务器的一个库,Python2 中则使用 MySQLdb。PyMySQL 遵循 Python 数据库 API v2.0 规范,并包含了 pure-Python MySQL 客户端库。

(2) Redis

Redis 是一个开源、支持网络、基于内存、键值对存储数据库,使用 ANSI C 编写。从 2015 年 6 月开始,Redis 的开发由 Redis Labs 赞助,在 2013 年 5 月至 2015 年 6 月,其开发由 Pivotal 赞助。在 2013 年 5 月之前,其开发由 VMware 赞助。根据月度排行网站 DB-Engines. com 的数据显示,Redis 是最流行的键值对存储数据库。

Redis 支持主从同步。数据可以从主服务器向任意数量的从服务器上同步,从服务器可以是关联其他从服务器的主服务器。这使得 Redis 可执行单层树复制,存盘可以对数据进行写操作。由于完全实现了发布/订阅机制,使得从数据库在任何地方同步树时,可订阅一个频道并接收主服务器完整的消息发布记录。同步对读取操作的可扩展性和数据冗余很有帮助。

2. Sqoop

在导入开始之前,Sqoop 使用 JDBC 来检查将要导入的表。它检索出表中所有的列以及列的 SQL 数据类型。这些 SQL 数据类型(varchar、integer)被映射到 Java 数据类型(string、integer 等),在 MapReduce 应用中将使用这些对应的 Java 类型来保存字段的值。Sqoop 的代码生成器使用这些信息来创建对应表的类,用于保存从表中抽取的记录。Sqoop 启动的 MapReduce 作业用到一个 InputFormat,它可以通过 JDBC 从一个数据库表中读取部分内容。

Hadoop 提供的 DataDriverDB InputFormat,能为查询结果进行划分,传给指定个数的 Map 任务。为了获取更好的导入性能,查询会根据一个"划分列"来进行划分。Sqoop 会选择一个合适的列作为划分列(通常是表的主键)。在生成反序列化代码和配置 InputFormat 之后,Sqoop 将作业发送到 MapReduce 集群。Map 任务将执行查询并将 ResultSet 中的数据反序列化到生成类的实例,这些数据要么直接保存在 SequenceFile 文件中,要么在写到 HDFS 之前被转换成分割的文本。Sqoop 不需要每次都导入整张表,用户也可以在查询中加入 where 子句,以此来限定需要导入的记录。

3. Mysqldump

Mysqldump 工具很多方面类似相反作用的工具 Mysqlimport。它们有一些同样的选项。但 Mysqldump 能够做更多的事情。它可以把整个数据库装载到一个单独的文本文件中。这个文件包含有所有重建数据库所需要的 SQL 命令。这个命令取得所有的模式(Schema,后面有解释)并且将其转换成 DDL 语法(CREATE 语句,即数据库定义语句),取得所有的数据,并且从这些数据中创建 INSERT 语句。这个工具将数据库中所有的设计倒转。因为所有的东西都被包含到了一个文本文件中。这个文本文件可以用一个简单的批处理和一个合适 SQL 语句导回到 MySQL 中。

3.4.2 使用 Python 编写数据入库程序

本节主要介绍使用 Python 编写数据入库程序的步骤。

(1)首先,升级 pip 版本,然后使用 pip 命令安装 PyMySQL。

```
pip install --upgrade pip
#查看 pip 版本
C:\Users\>pip -V
pip 20.1.1 from d:\programs\Python\Python37-32\lib\site-packages\pip (Python 3.7)
#安装 PyMySQL
pip install PyMySQL
C:\Users\ >pip install PyMySQL
```

```
Collecting PyMySQL
Downloading PyMySQL-0.9.3-py2.py3-none-any.whl (47 kB)
Installing collected packages：PyMySQL
Successfully installed PyMySQL-0.9.3
```

（2）开启 MySQL 服务。

[注意]如果该命令不可用,请修改电脑环境变量:右键"我的电脑"→"高级系统配置"→"环境变量",然后找到系统变量、path,新键环境变量到 mysql server bin 文件夹的路径。

```
service mysql start
```

（3）开启 MySQL(密码:strongs)。

```
mysql -u root -p
C:\Users\ >mysql -u root -p
Enter password：******
Welcome to the MySQL monitor.  Commands end with ; or \g.
Your MySQL connection id is 14
Server version：8.0.19 MySQL Community Server - GPL
Copyright (c) 2000, 2020, Oracle and/or its affiliates. All rights reserved.
Oracle is a registered trademark of Oracle Corporation and/or its
affiliates. Other names may be trademarks of their respective owners.
Type 'help;' or '\h' for help. Type '\c' to clear the current input statement.
mysql>
```

（4）创建并使用 testdb 数据库。

```
create database testdb;
mysql> create database testdb;
Query OK, 1 row affected (0.05 sec)
mysql>
mysql> use testdb;
Database changed
```

（5）创建 employee 表,包含 first_name varchar(20)、last_name varchar(20)、age int、sex char(5)、income float 五个字段。

```
mysql> create table employee(first_name varchar(20),last_name varchar(20),age int,sex char(5),income float);
Query OK, 0 rows affected (0.11 sec)
mysql>
```

(6) 编辑一个 test.py 文件,功能为测试是否可以连接上 testdb 数据库。

```python
import pymysql
#打开数据库连接
db = pymysql.connect("localhost","root","strongs","testdb")
#使用 cursor() 方法创建一个游标对象 cursor
cursor = db.cursor()
#使用 execute() 方法执行 SQL 查询
cursor.execute("select version()")
#使用 fetchone() 方法获取单条数据.
data = cursor.fetchone()
print("Database version : %s " % data)
#关闭数据库连接
db.close()
```

(7) 编辑一个 create.py 文件,功能为创建一个 employee 表,如果该表已存在则删除重建。

```python
import pymysql
#打开数据库连接
db = pymysql.connect("localhost","root","strongs","testdb")
#使用 cursor() 方法创建一个游标对象 cursor
cursor = db.cursor()
#使用 execute() 方法执行 SQL,如果表存在则删除
cursor.execute("drop table if exists employee")
#使用预处理语句创建表
sql = """create table employee(
first_name varchar(20) not null,
Last_name  varchar(20),
age int,
sex char(5),
income float )"""
print('create success!')
cursor.execute(sql)
#关闭数据库连接
db.close()
```

(8) 编辑一个 insert.py 文件,功能为向 employee 表插入一行数据。

```python
import pymysql
#打开数据库连接
```

```
db = pymysql.connect("localhost","root","strongs","testdb")
#使用 cursor()方法获取操作游标
cursor = db.cursor()
# SQL 插入语句
sql = """insert into employee(first_name,
         last_name,age,sex,income)
         values ('TOM','Jack', 20, 'M', 2000)"""
try:
    #执行 sql 语句
    cursor.execute(sql)
    #提交到数据库执行
    db.commit()
except:
    #如果发生错误则回滚
    db.rollback()
#关闭数据库连接
db.close()
print('insert success!')
```

3.4.3 使用 Mysqldump 进行数据入库

(1) 基础知识

Mysqldump 是一个备份程序,可以用来转储一个数据库或者数据库集合,用于备份或者将数据转移到另一个数据库,也不一定非要是 MySQL 服务器。转储的类型也包括 SQL 语句,如创建表、填充表等。而且,Mysqldump 也可以用于生成 CSV 文件、分隔文本或者 XML 格式。

Mysqldump 工具很多方面类似相反作用的工具 Mysqlimport。它们有一些同样的选项。但 Mysqldump 能够做更多的事情,简单而快速。它可以把整个数据库装载到一个单独的文本文件中。这个文件包含所有重建数据库所需要的 SQL 命令。这个命令取得所有的模式(Schema,后面有解释)并且将其转换成 DDL 语法(CREATE 语句,即数据库定义语句),取得所有的数据,并且从这些数据中创建 INSERT 语句。这个工具将数据库中所有的设计倒转。因为所有的东西都被包含到了一个文本文件中。这个文本文件可以用一个简单的批处理和一个合适 SQL 语句导回到 MySQL 中。

(2) 基本使用方法

① 导出整个数据库(包括数据库中的数据)。

```
Mysqldump -u username -p dbname > dbname.sql
```

② 导出数据库结构(不含数据)。

```
Mysqldump -u username -p -d dbname > dbname.sql
```

③ 导出数据库中的某张数据表(包含数据)。

```
Mysqldump -u username -p dbname tablename > tablename.sql
```

④ 导出数据库中的某张数据表的表结构(不含数据)。

```
Mysqldump -u username -p -d dbname tablename > tablename.sql
```

(3) 实现原理

Mysqldump 是最简单的逻辑备份方式。在备份某表的时候,如果要得到一致的数据,就需要锁表,简单而粗暴。而在备份 innodb 表的时候,加上-master-data=1-single-transaction 选项,在事务开始时刻,记录下 binlog pos 点,然后利用 MVCC 来获取一致的数据,由于是一个长事务,在写入和更新量很大的数据库上,将产生非常多的 undo,显著影响性能,所以要慎用。

① 优点:简单,可针对单表备份,在全量导出表结构的时候尤其有用;

② 缺点:简单粗暴,单线程,备份慢而且恢复慢,跨 IDC 有可能遇到时区问题。

(4) Mysqldump 进行数据入库实例

① 插入测试数据。

```
CREATE DATABASE db1 DEFAULT CHARSET utf8; #创建数据库 db1
USE db1;
CREATE TABLE a1(id int);
insert into a1() values(1),(2);
CREATE TABLE a2(id int);
insert into a2() values(2);
CREATE TABLE a3(id int);
insert into a3() values(3);
CREATE DATABASE db2 DEFAULT CHARSET utf8; #创建数据库 db2
USE db2;
CREATE TABLE b1(id int);
insert into b1() values(1);
CREATE TABLE b2(id int);
insert into b2() values(2);
```

② 导出所有数据库。

```
Mysqldump -uroot -proot --all-databases >/tmp/all.sql
```

③ 导出 db1、db2 两个数据库的所有数据。

```
Mysqldump -uroot -proot --databases db1 db2 >/tmp/user.sql
```

④ 导出 db1 中的 a1、a2 表。

[注意]导出指定表只能针对一个数据库进行导出,且导出的内容和导出数据库也不一样,指定表的导出文本中没有创建数据库的判断语句,只有删除表—创建表—导入数据。

  Mysqldump -uroot -proot --databases db1 --tables a1 a2　>/tmp/db1.sql

⑤ 条件导出,导出 db1 表 a1 中 id=1 的数据。

  #字段是整型
  Mysqldump -uroot -proot --databases db1 --tables a1 --where='id=1'　>/tmp/a1.sql
  #字段是字符串,并且导出的 sql 中不包含 drop table,create table
  Mysqldump -uroot -proot --no-create-info --databases db1 --tables a1
--where="id='a'"　>/tmp/a1.sql

3.4.4 使用 Kettle 进行数据入库

本节内容介绍使用 Kettle 进行数据入库的步骤。

(1) 由于是绿色版本,解压后直接双击 data-integration 目录下 spoon.bat 启动程序,如图 3-4-1 所示。

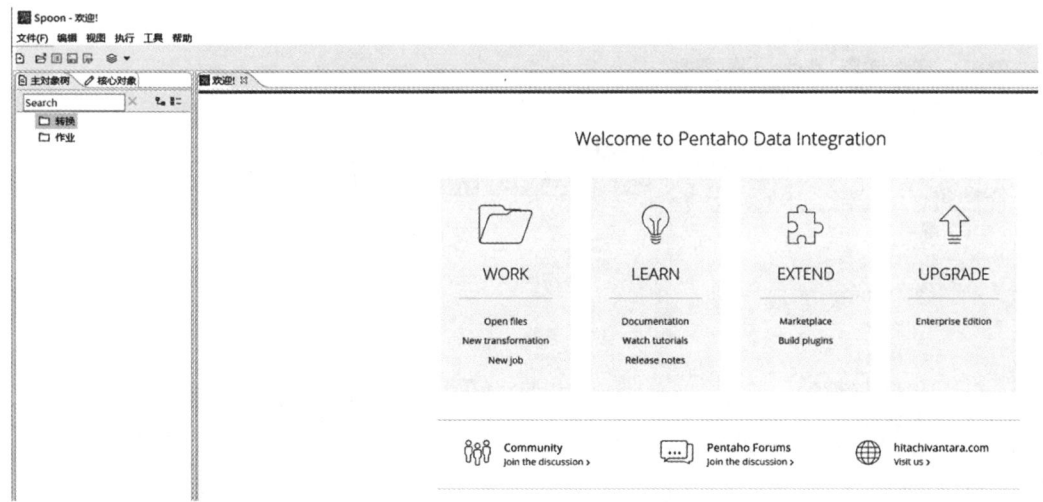

图 3-4-1　spoon.bat 启动程序

(2) 新建作业(这里的作业指的是一个整体的服务,把数据采集和数据入库串起来),如图 3-4-2 所示。

(3) 从左边通用中双击 1 次 START、2 次转换,并把转换改名为数据采集和数据入库,如图 3-4-3 所示,START 为启动服务,执行顺序按照连线箭头所示,然后点击左上角的保存,保存到本地文件。

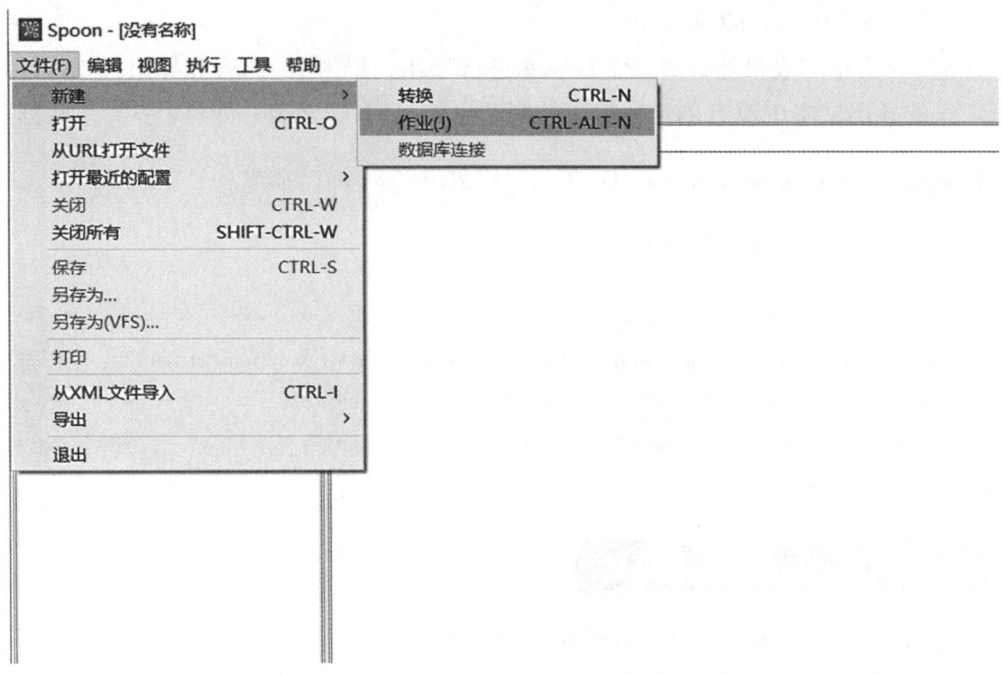

图 3-4-2 新建作业

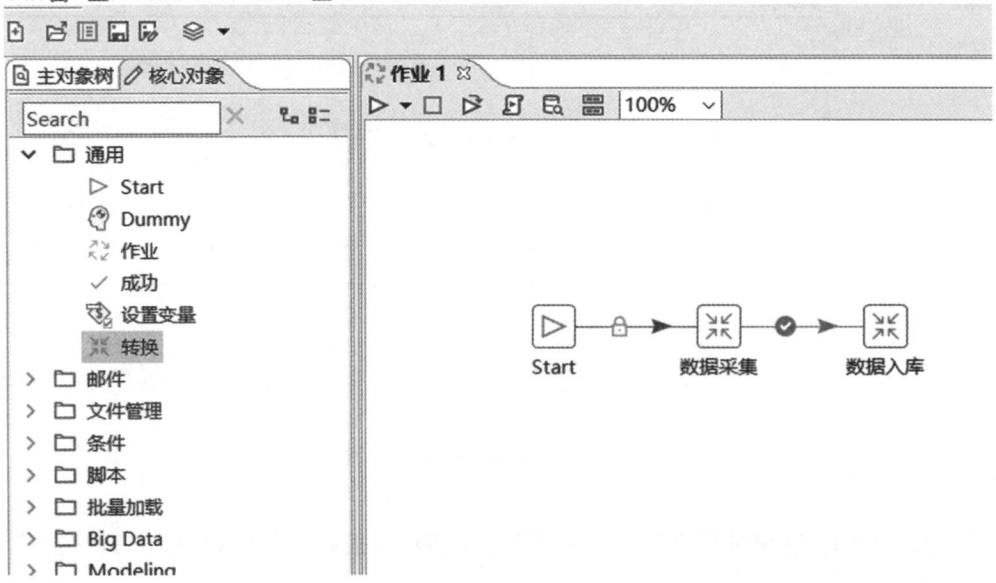

图 3-4-3 转换并改名

（4）新建数据采集程序如图 3-4-4 所示，在左边步骤里搜索"表输入"与"复制记录到结果"两个组件依次双击，如图 3-4-5 所示。

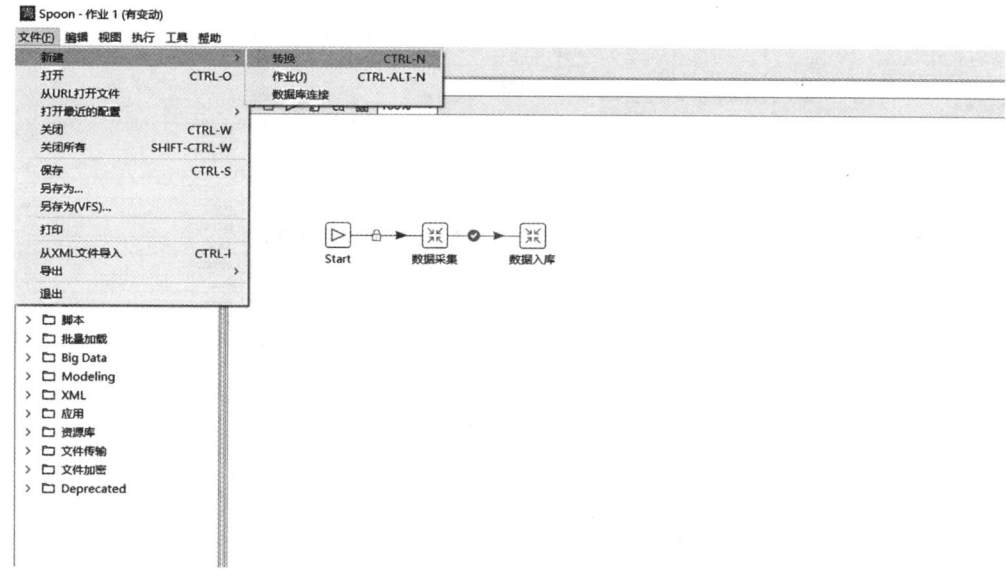

图 3-4-4 新建数据采集程序

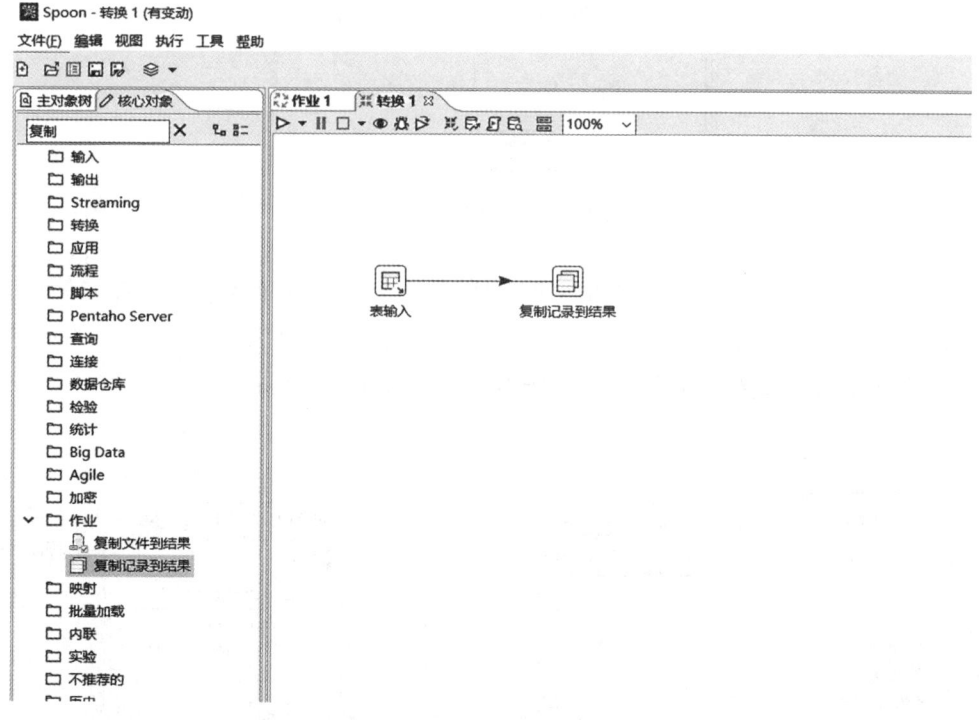

图 3-4-5 输入与复制记录

（5）新建数据库链接如图 3-4-6 所示，双击"表输入"，并在打开的窗口右上角点击"新建"，测试连接数据库，如图 3-4-7 所示。

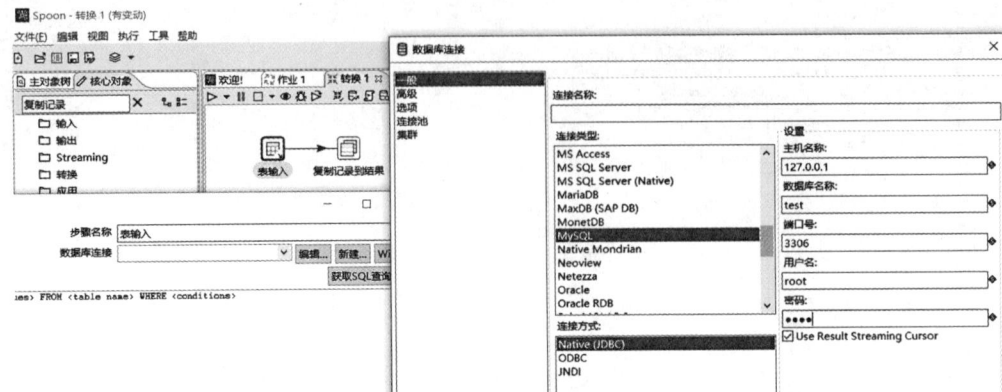

图 3-4-6 新建数据库链接

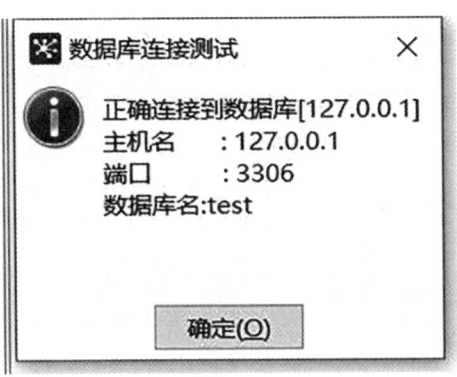

图 3-4-7 测试连接数据库

（6）编辑 SQL，这里的 SQL 可以根据业务需要自己编写，这里为了演示直接获取 SQL 查询语句，如图 3-4-8 所示，同时可以点击预览查看是否能查询到数据，如图 3-4-9 所示，然后点击左上角的保存到本地文件，此时数据采集服务就已经配置完毕。

图 3-4-8 获取 SQL 查询语句

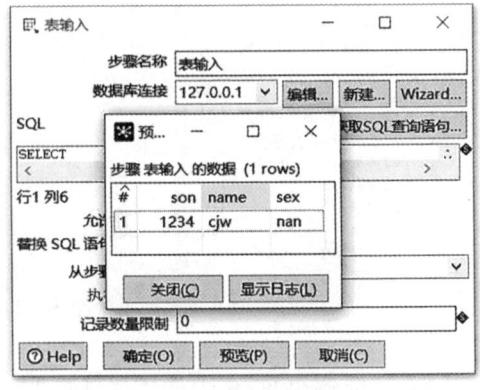

图 3-4-9 查询结果预览

（7）新建数据入库服务，还是点左上角的新建转换，在步骤中依次找到图中的组件并双击，如图 3-4-10 所示。

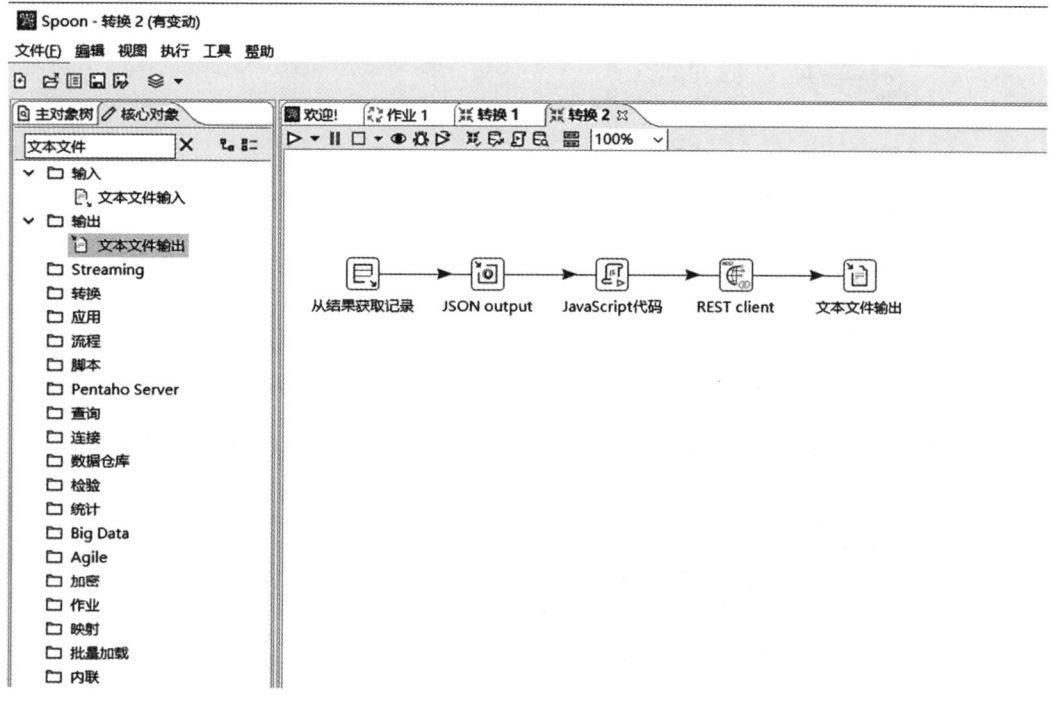

图 3-4-10　新建数据入库

（8）双击从结果获取记录，编辑业务需要的数据字段，如图 3-4-11 所示，这里的字段就是从数据采集获取到的，根据自己的需要选择。

（9）双击 JSON Output，如图 3-4-12 所示，字段界面编辑入库对应的表字段，左边是采集到的字段，右边对应入库的字段，如图 3-4-13 所示。

（10）双击 JavaScript，输入图 3-4-14 所示内容，双击 REST Client，输入接收数据的接口地址，这里演示用的是 Java 编写的，如图 3-4-15 所示。

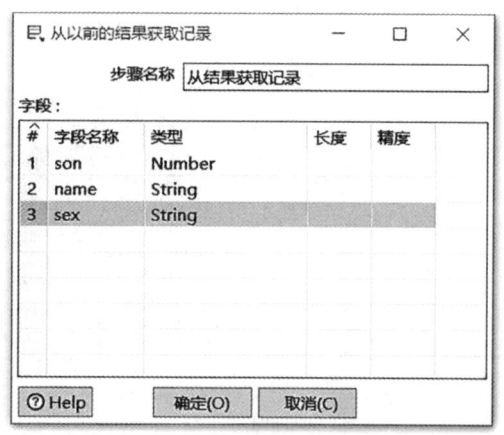

图 3-4-11　编写数据字段

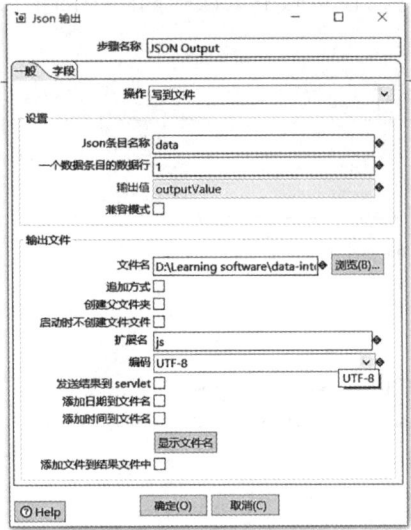
图 3-4-12 JSON Output

图 3-4-13 JSON Output 结果显示

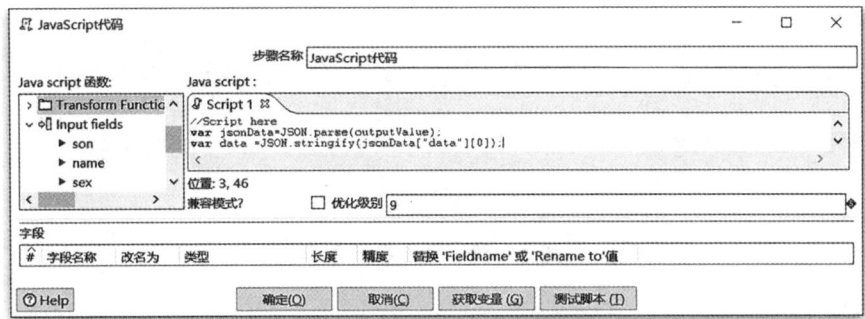
图 3-4-14 JavaScript 功能演示

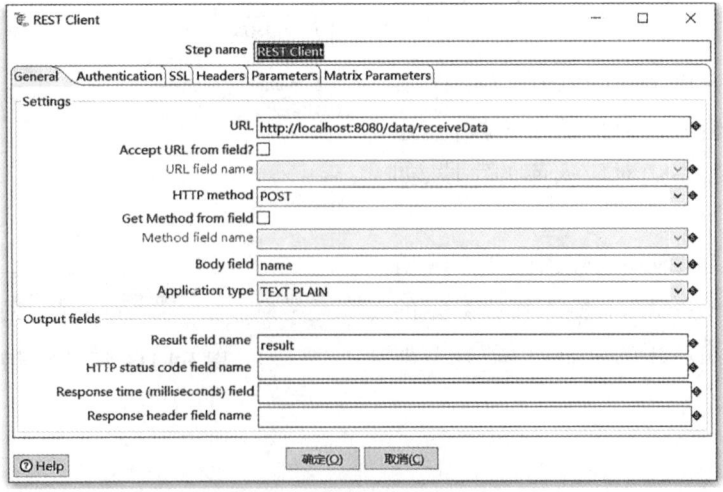
图 3-4-15 接收数据的接口地址

3.4.5 使用 Sqoop 将数据导入到 HDFS

使用 Sqoop 将数据导入到 HDFS 主要操作步骤如下。

（1）首先检查 Hadoop 相关进程是否已经启动。若未启动,切换到/apps/hadoop/sbin 目录下,启动 Hadoop；

```
jps
cd /apps/hadoop/sbin
./start-all.sh
```

（2）在 Linux 本地新建/data/sqoop2 目录,切换到/data/sqoop2 目录下将 buyer_log 文件放在此目录下；

```
mkdir -p /data/sqoop2
```

（3）开启 mysql 服务；

```
service mysql start
```

（4）开启 mysql(密码:strongs)；

```
mysql -u root -p
```

（5）创建数据库 mydb,并使用 mydb 数据库；

```
create database mydb;
use mydb;
```

（6）在 mydb 数据库中创建表 record；

```
create table record(id varchar(100), buyer_id varchar(100), dt varchar(100), ip varchar(100), opt_type varchar(100));
```

（7）将 Linux 本地/data/sqoop2/buyer_log 里的内容,导入到 mydb 数据库 record 表中；

```
load data infile '/data/sqoop2/buyer_log' into table record fields terminated by '\t';
```

（8）查看 record 表中内容；

```
select * from record;
```

（9）另开一个窗口,使用 Sqoop 查看 Mysql 中的数据库。此步目的是检查 Sqoop 以及

Mysql 是否可以正常使用;

```
sqoop list-databases \
--connect jdbc:mysql://localhost:3306/ \
--username root \
--password strongs
```

(10) 使用 Sqoop 查看 Mysql 中的表(在 jdbc 连接字符串中添加了数据库的名称。用于直接访问数据库实例);

```
sqoop list-tables \
--connect jdbc:mysql://localhost:3306/mydb \
--username root \
--password strongs
```

(11) 使用 Sqoop 将 Mysql 中 mydb 数据库 record 表里的数据导入到 HDFS/mysqoop2 目录里(HDFS 上的/mysqoop2 目录,不需要提前创建);

```
sqoop import \
--connect jdbc:mysql://localhost:3306/mydb \
--username root \
--password strongs \
--table record -m 1 \
--target-dir /mysqoop2
```

(12) 查看 HDFS 上/mysqoop2 目录下的文件内容。

```
Hadoop fs -ls /mysqoop2
hadoop fs -cat /mysqoop2/part-m-00000
```

3.4.6 Sqoop 数据导入导出

使用 Sqoop 将 HBase 中数据导出到 Mysql 中,暂时无法直接接口实现,需要借助其他途径去处理,如:HBase→HDFS→Mysql 或 HDFS→Hive→Mysql。

(1) 使用 Sqoop 将 Mysql 中 record 表中的数据,导入到 Hive 中的 hiverecord 表中。

使用 vim 编辑用户环境变量,将以下内容追加到#hadoop 下。

```
exportHadoop_HOME=/apps/hadoop
export PATH=$Hadoop_HOME/bin:$PATH
exportHadoop_CLASSPATH=$Hadoop_CLASSPATH:/apps/hive/lib/*
```

执行 source,使用户环境变量生效。

```
source /etc/profile
```

（2）开启 Hive,在 Hive 中创建 hiverecord 表,包含(id、buyer_id、dt、ip、opt_type)五个字段,字符类型均为 varchar(100),分隔符为'\'。

（3）在 linux 命令行下,使用 Sqoop 将 Mysql 中 record 表导入 Hive 中。

```
sqoop import \
--connect jdbc:mysql://localhost:3306/mydb?characterEncoding=UTF-8 \
--username root \
--password strongs \
--table record \
--hive-import \
--hive-table hiverecord \
--fields-terminated-by ',' -m 1
```

在 hive 下,查看 Hive 中 hiverecord 表。

```
select * from hiverecord;
```

使用 Sqoop 将 Hive 表 hiverecord 中的数据,导出到 Mysql 中的 recordfromhive 表中。

（4）首先在 Mysql 中创建表 recordfromhive。

```
create table recordfromhive like record;
```

在 linux 命令行下,使用 sqoop 导入数据。

```
sqoop export \
--connect jdbc:mysql://localhost:3306/mydb?characterEncoding=UTF-8 \
--username root \
--password strongs \
--table recordfromhive \
--export-dir /user/hive/warehouse/hiverecord/part-m-00000 \
--input-fields-terminated-by ','
```

（5）导入完成,查看 Mysql 中 recordfromhive 表。

```
select * from recordfromhive;
```

3.5 采集和存储日志数据

本节内容主要为 HBasesinks 的三种序列化模式和利用 Flume+HBase 构建大数据采集汇

总系统。

3.5.1 HBasesinks 的三种序列化模式

1. HBasesink--SimpleHbaseEventSerializer

如下是展示如何使用 HBasesink--SimpleHbaseEventSerializer。

> agenttest.channels = memoryChannel-1
> agenttest.sinks = hbaseSink-1
> agenttest.sinks.hbaseSink-1.type = org.apache.Flume.sink.hbase.HBaseSink
> agenttest.sinks.hbaseSink-1.table = test_hbase_table   //HBase 表名
> agenttest.sinks.hbaseSink-1.columnFamily = familycolumn-1 //HBase 表的列族名称
> agenttest.sinks.hbaseSink-1.serializer = org.apache.Flume.sink.hbase.SimpleHbaseEventSerializer
> agenttest.sinks.hbaseSink-1.serializer.payloadColumn = columnname   //HBase 表的列族下的某个列名称
> agenttest.sinks.hbaseSink-1.channels = memoryChannel-1

2. HBasesink--RegexHbaseEventSerializer

如下是展示如何使用 HBasesink--RegexHbaseEventSerializer（使用正则匹配切割 event，然后存入 HBase 表的多个列）。

> agenttest.channels = memoryChannel-2
> agenttest.sinks = hbaseSink-2
> agenttest.sinks.hbaseSink-2.type = org.apache.Flume.sink.hbase.HBaseSink
> agenttest.sinks.hbaseSink-2.table = test_hbase_table
> agenttest.sinks.hbaseSink-2.columnFamily = familycolumn-2
> agenttest.sinks.hbaseSink-2.serializer = org.apache.Flume.sink.hbase.RegexHbaseEventSerializer

比如要对 nginx 日志做分割，然后按列存储 HBase，正则匹配分成的列为 [xxx]、[yyy]、[zzz]、[nnn] 这种格式，所以用下面的正则。

> agent.sinks.hbaseSink-2.serializer.regex = \\[(.*?)\\]\\ \\[(.*?)\\]\\ \\[(.*?)\\]\\ \\[(.*?)\\]
> //指定上面正则匹配到的数据对应的 hbase 的 familycolumn-2 列族下的 4 个 cloumn 列名
> agent.sinks.hbaseSink-2.serializer.colNames = column-1,column-2,column-3,column-4
> #agent.sinks.hbaseSink-2.serializer.payloadColumn = test
> agenttest.sinks.hbaseSink-2.channels = memoryChannel-2

3. AsyncHBaseSink--SimpleAsyncHbaseEventSerializer

以下为如何使用 AsyncHBaseSink--SimpleAsyncHbaseEventSerializer。

> agenttest.channels = memoryChannel-3
> agenttest.sinks = hbaseSink-3

agenttest.sinks.hbaseSink-3.type = org.apache.Flume.sink.hbase.AsyncHBaseSink

agenttest.sinks.hbaseSink-3.table = test_hbase_table

agenttest.sinks.hbaseSink-3.columnFamily = familycolumn-3

agenttest.sinks.hbaseSink-3.serializer = org.apache.Flume.sink.hbase.SimpleAsyncHbaseEventSerializer

agenttest.sinks.hbaseSink-3.serializer.payloadColumn = columnname   //HBase 表的列族下的某个列名称

agenttest.sinks.hbaseSink-3.channels = memoryChannel-3

3.5.2 利用 Flume+HBase 构建大数据采集汇总系统

1. 利用 SimpleHbaseEventSerializer 序列化模式

首先在 HBase 里面建立一个表 mikeal-hbase-table，拥有 familyclom1 和 familyclom2 两个列族：

```
hbase(main):102:0> create 'mikeal-hbase-table','familyclom1','familyclom2'
0 row(s) in 1.2490 seconds
=> Hbase::Table - mikeal-hbase-table
```

然后写一个 Flume 的配置文件 test-Flume-into-hbase.conf：

```
#从文件读取实时消息，不做处理直接存储到 Hbase
agent.sources = logfile-source
agent.channels = file-channel
agent.sinks = hbase-sink
# logfile-source 配置
agent.sources.logfile-source.type = exec
agent.sources.logfile-source.command = tail -f /data/Flume-hbase-test/mkhbasetable/data/nginx.log
agent.sources.logfile-source.checkperiodic = 50
#组合 source 和 channel
agent.sources.logfile-source.channels = file-channel
# channel 配置，使用本地 file

agent.channels.file-channel.type = file
agent.channels.file-channel.checkpointDir = /data/Flume-hbase-test/checkpoint
agent.channels.file-channel.dataDirs = /data/Flume-hbase-test/data
# sink 配置为 HBaseSink 和 SimpleHbaseEventSerializer
agent.sinks.hbase-sink.type = org.apache.Flume.sink.hbase.HBaseSink
#HBase 表名
agent.sinks.hbase-sink.table = mikeal-hbase-table
```

```
#HBase 表的列族名称
agent.sinks.hbase-sink.columnFamily = familyclom1
agent.sinks.hbase-sink.serializer =
org.apache.Flume.sink.hbase.SimpleHbaseEventSerializer
#HBase 表的列族下的某个列名称
agent.sinks.hbase-sink.serializer.payloadColumn = cloumn-1
#组合 sink 和 channel
agent.sinks.hbase-sink.channel = file-channel
```

从配置文件可以看出,选择本地的/data/Flume-hbase-test/mkhbasetable/data/nginx.log 日志目录作为实时数据采集源,选择本地文件目录/data/Flume-hbase-test/data 作为 Channel,选择 HBase 为 Sink(也就是数据流向写入 HBase)。

[注意]提交 Flume-ng 任务的用户,比如 Flume 用户,必须要有/data/Flume-hbase-test/mkhbasetable/data/nginx.log 和/data/Flume-hbase-test/data 目录与文件的读写权限;也必须要有 HBase 的读写权限。

```
#启动 Flume:
bin/Flume-ng agent --name agent --conf /etc/Flume/conf/agent/ --conf-file /etc/Flume/conf/agent/test-Flume-into-hbase.conf -DFlume.root.logger=DEBUG,console
```

在另外一个 Shell 客户端输入以下代码来查看 mikeal-hbase-table 表。

```
echo "nging-1" >> /data/Flume-hbase-test/mkhbasetable/data/nginx.log;
echo "nging-2" >> /data/Flume-hbase-test/mkhbasetable/data/nginx.log;
```

2. 利用 SimpleAsyncHbaseEventSerializer 序列化模式

为了示例清晰,先把 mikeal-hbase-table 表数据清空:

```
truncate 'mikeal-hbase-table'
```

然后写一个 Flume 的配置文件 test-Flume-into-hbase-2.conf:

```
#从文件读取实时消息,不做处理直接存储到 Hbase
agent.sources = logfile-source
agent.channels = file-channel
agent.sinks = hbase-sink# logfile-source 配置
agent.sources.logfile-source.type = exec
agent.sources.logfile-source.command = tail -f /data/Flume-hbase-test/mkhbasetable/data/nginx.log
agent.sources.logfile-source.checkperiodic = 50
# channel 配置,使用本地 file
agent.channels.file-channel.type = file
agent.channels.file-channel.checkpointDir = /data/Flume-hbase-test/checkpoint
```

```
agent.channels.file-channel.dataDirs = /data/Flume-hbase-test/data
# sink 配置为 Hbase
agent.sinks.hbase-sink.type = org.apache.Flume.sink.hbase.AsyncHBaseSink
agent.sinks.hbase-sink.table = mikeal-hbase-table
agent.sinks.hbase-sink.columnFamily = familyclom1
agent.sinks.hbase-sink.serializer = org.apache.Flume.sink.hbase.SimpleAsyncHbaseEventSerializer
agent.sinks.hbase-sink.serializer.payloadColumn = cloumn-1
#组合 source、sink 和 channel
agent.sources.logfile-source.channels = file-channel
agent.sinks.hbase-sink.channel = file-channel
#启动 Flume：
bin/Flume-ng agent --name agent --conf /etc/Flume/conf/agent/ --conf-file /etc/Flume/conf/agent/test-Flume-into-hbase-2.conf -DFlume.root.logger=DEBUG,console
```

在另外一个 Shell 客户端输入：

```
echo "nging-1" >> /data/Flume-hbase-test/mkhbasetable/data/nginx.log;
echo "nging-two" >> /data/Flume-hbase-test/mkhbasetable/data/nginx.log;
echo "nging-three" >> /data/Flume-hbase-test/mkhbasetable/data/nginx.log;
```

3. 利用 RegexHbaseEventSerializer 序列化模式

RegexHbaseEventSerializer 可以使用正则匹配切割 event，然后存入 HBase 表的多个列。因此，本文简单展示如何使用 RegexHbaseEventSerializer 对 event 进行切割，然后存入 HBase 的多个列。为了示例清晰，先把 mikeal-hbase-table 表数据清空：

```
truncate 'mikeal-hbase-table'
```

然后写一个 Flume 的配置文件 test-Flume-into-hbase-3.conf：

```
#从文件读取实时消息，不做处理直接存储到 Hbase
agent.sources = logfile-source
agent.channels = file-channel
agent.sinks = hbase-sink
# logfile-source 配置
agent.sources.logfile-source.type = exec
agent.sources.logfile-source.command = tail -f /data/Flume-hbase-test/mkhbasetable/data/nginx.log
agent.sources.logfile-source.checkperiodic = 50
# channel 配置，使用本地 file
agent.channels.file-channel.type = file
agent.channels.file-channel.checkpointDir = /data/Flume-hbase-test/checkpoint
agent.channels.file-channel.dataDirs = /data/Flume-hbase-test/data
```

```
# sink 配置为 Hbase
agent.sinks.hbase-sink.type = org.apache.Flume.sink.hbase.HBaseSink
agent.sinks.hbase-sink.table = mikeal-hbase-table
agent.sinks.hbase-sink.columnFamily = familyclom1
agent.sinks.hbase-sink.serializer = org.apache.Flume.sink.hbase.RegexHbaseEventSerializer
#比如我要对 nginx 日志做分割,然后按列存储 HBase,正则匹配分成的列为:([xxx][yyy][zzz]
[nnn]...)这种格式,所以用下面的正则:
agent.sinks.hbase-sink.serializer.regex = \\[(.*?)\\]\\ \\[(.*?)\\]\\ \\[(.*?)\\]
agent.sinks.hbase-sink.serializer.colNames = time,url,number
#组合 source、sink 和 channel
agent.sources.logfile-source.channels = file-channel
agent.sinks.hbase-sink.channel = file-channel
```

启动 Flume:

```
bin/Flume-ng agent --name agent --conf /etc/Flume/conf/agent/ --conf-file /etc/Flume/conf/agent/test-Flume-into-hbase-3.conf -DFlume.root.logger=DEBUG,console
```

在另外一个 Shell 客户端输入:

```
echo "[2016-12-22-19:59:59][http://www.qq.com][10]" >> /data/Flume-hbase-test/mkhbasetable/data/nginx.log;
echo "[2016-12-22 20:00:12][http://qzone.qq.com][19]" >> /data/Flume-hbase-test/mkhbasetable/data/nginx.log;
```

查看 mikeal-hbase-table 表。

3.6 课后习题

1. 填空题

(1) 一个完整的大数据平台,一般包括以下五个过程模块:_____、_____、_____、数据处理和数据展现(可视化、报表和监控)。

(2) 数据的采集是指利用多个_____或_____来接收发自客户端(Web、App 或者传感器形式等)的数据。

(3) 网络数据采集是指通过_____或网站公开 API 等方式从网站获取数据信息的过程。

(4) Kettle 是一款国外开源的_____工具,纯 Java 编写,可以在 Windows、Linux、Unix 上运行,绿色无须安装,数据抽取高效稳定。

(5) Sqoop 是一款开源的工具,主要用于在_____和传统的数据库(MySQL、PostgreSQL 等)进行数据的传递,可以将一个关系型数据库(例如:MySQL、Oracle、Postgres 等)中的数据导入到 Hadoop 的_____

中,也可以将 HDFS 的数据导入关系型数据库中。

(6) 感知设备数据采集是指通过_____、_____和其他智能终端自动采集信号、图片或录像来获取数据。

2. 简答题

(1) 采用哪些方式可以获取大数据?

(2) 常用大数据采集工具有哪些?

(3) 什么是 Apache Kafka 数据采集?

(4) 简述数据预处理的原理。

(5) 数据集成需要重点考虑的问题有哪些?

(6) 分别简述常用 ETL 工具。

模块 4　数据清洗、处理和存储

4.1　引言

由于海量数据的来源是广泛的,数据类型也是多而繁杂的,因此数据中会夹杂着不完整、重复以及错误的数据,如果直接使用这些原始数据,会严重影响数据决策的准确性和效率。因此,对原始数据进行有效的清洗是大数据分析和应用过程中的关键环节。本项目将介绍 ETL 技术的相关知识,并结合具体案例完整展示大数据的数据整合、数据处理以及数据清洗的全过程。

4.2　ETL 技术

对于企业来说,数据已经成为一种重要的战略资源,为了充分利用好自己的数据资源,使用 ETL 技术进行数据分析已成为企业决策的重要工作内容之一。ETL 是将业务系统的数据经过抽取、清洗转换之后加载到数据仓库的过程,目的是将企业中的不完整数据、重复数据以及错误数据等脏数据内容通过清洗转换操作转变为符合企业要求的数据,便于为企业的决策提供分析依据。

4.2.1　ETL 基本概念

ETL 是英文 Extract Transform Load 的缩写,分别表示用来描述将数据从源端经过抽取(extract)、转换(transform)、加载(load)至目的端的过程。它能够对各种分散的、异构的源数据(如关系数据)进行抽取,按照预先设计的规则将不完整数据、重复数据以及错误数据等脏数据内容进行清洗,最终得到符合要求的"干净"数据,并加载到数据仓库中进行存储,这些

"干净"数据就成了数据分析、数据挖掘的基石。

ETL 是实现商务智能(Business Intelligence,BI)的核心和灵魂,一般情况下,ETL 会花费掉整个 BI 项目三分之一的时间,因此 ETL 设计的好坏直接影响到 BI 项目的成败。

企业中常用的 ETL 实现有多种方式,常见的方式如下:

① 借助 ETL 工具(如 Pentaho Kettle、Informatic 等);
② 编写 SQL 语句;
③ 将 ETL 工具和 SQL 语句结合起来使用。

上述三种实现方式各有利弊,第一种可以快速建立 ETL 工程,屏蔽复杂的编码任务、加快速度和降低难度,但是缺少灵活性;第二种使用编写 SQL 语句的方式,优点是灵活,可以提高 ETL 的运行效率,但是编码复杂,对技术要求比较高;第三种综合了前面两种方法的优点,可以极大地提高 ETL 的开发速度和效率。

4.2.2 ETL 的关键技术

ETL 的关键技术一共有三个,分别是数据的抽取、数据的清洗转换和数据的加载。

1. 数据抽取

数据抽取就是从异构数据源抽取数据,但是并不是所有的数据源中的数据都有实际的价值。数据的抽取分为数据的全量抽取和数据的增量抽取。其中,全量抽取类似于数据迁移或数据复制,它将原数据表中的数据全部抽取出来;经过上次抽取后,源数据表中的数据出现变化时,就会进行增量抽取,增量抽取是抽取数据源表中新增或被修改的数据。在 ETL 的使用过程中,数据的增量抽取比数据的全量抽取应用更为广泛。要实现增量抽取,就要准确地捕获到数据库中数据源表数据的变化,因此捕获变化的数据是增量抽取的关键。数据的增量抽取有四种方式。

(1) 触发器方式

触发器方式是根据抽取要求,在要被抽取的数据源表上建立插入、修改、删除三个触发器,每当数据源表中数据发生变化,就被相应触发器将变化数据写入一个增量日志表中,ETL 增量抽取是从增量日志中抽取,而不是直接在源表中抽取数据,同时增量日志表中抽取过的数据要及时被标记或者删除。

(2) 时间戳方式

时间戳方式是在增量抽取时,抽取进程通过比较指定抽取时间与抽取源表的时间戳字段的值来决定抽取哪些数据。这种方式需要在源表中增加一个时间戳字段,系统中更新或修改源表数据的时候,也会同时修改时间戳字段的值,插入数据的时间戳是由系统时间指定。

(3) 全表比对方式

全表比对方式是指在增量抽取时,ETL 进行逐条比较源表和目标表,每次从源表中读取所有记录,然后逐条比较源表和目标表的记录,将变化的记录过滤读取出来。

(4) 日志表方式

对于建立了业务系统的生产数据库的企业来说,可以在数据库中创建业务日志表,当特定需要监控的业务数据发生变化时,由相应的业务系统程序模块更新维护日志表的内容。增量抽取时,通过读日志表数据决定加载哪些数据及如何加载。日志表的维护需要由业务系统程序编写代码来完成。

以上四种常见的增量抽取方式没有一种方式具有绝对的优势,不同方式在不同企业中的表现大体都是相对平衡的。通常根据企业中的业务需求和硬件环境来选择数据抽取方式。

2. 数据的清洗转换

数据的清洗转换是指将抽取到数据源表中的数据,根据数据仓库系统模型的要求来进行数据的清洗、转换等操作,保证来自不同系统、不同格式数据的一致性和完整性,并且要按照业务要求加载到目标表。数据的清洗转换是 ETL 中最为复杂的部分,主要任务是过滤掉不符合要求的数据,不符合要求的数据主要有不完整的数据、错误的数据、重复的数据三大类。

(1) 不完整的数据

当数据上报、接口调用时都会产生大量的不完整数据,不完整数据的产生是不可避免的现象,而不完整的数据对大数据环境下的决策具有一定的影响。不完整数据主要包括缺失部分信息的数据,检测不完整数据主要是采用计算机和人工相结合的方法进行查找,并对缺失的内容进行填充处理,不完整数据的清洗流程如图 4-2-1 所示。

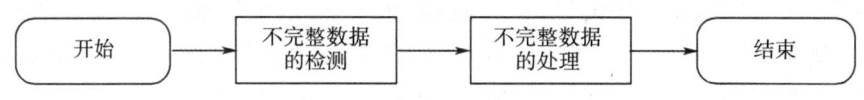

图 4-2-1　不完整数据的清洗流程

(2) 错误的数据

大数据环境下数据量的剧增使得获取到的数据源会由于各种原因存在大量的错误数据。错误数据产生的原因是业务系统不够健全,在接收输入数据后没有进行过滤判断,而是直接将数据写入到后台数据库而造成的,如数值数据输成全角数字字符、字符串数据后面出现一个回车操作、日期格式不正确、日期越界等错误。错误数据的清洗流程如图 4-2-2 所示。

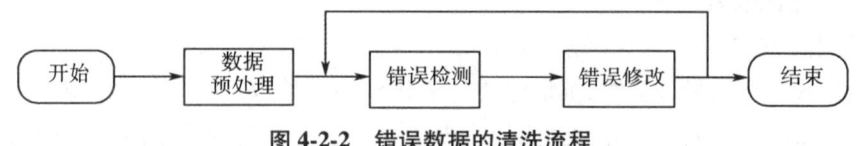

图 4-2-2　错误数据的清洗流程

在图 4-2-2 中,错误数据的清洗流程主要分为三个步骤,具体如下:

① 将数据源按照规定的数据格式进行检测,并执行数据预处理,为后续处理步骤做准备;

② 对预处理后的数据进行一致性检测,如果预处理后的数据与原始数据存在完整性不一致的问题,则通过数据修改过程使数据统一,为避免再次出现该问题,应重复进行检测与

修改过程,直到符合要求为止;

③ 输出修改后的数据。

(3) 重复的数据

重复数据产生的原因较多。例如数据集成、系统重复录入等,通常表现为多条记录所表达的含义相同,或同一目标实体的记录虽然在形式上有所不同,但其描述的目标却相同。这些重复记录的数据特征并不明显,但是对数据识别和数据清洗造成很大的难度。因此,对重复记录数据进行清洗,可提高数据库使用率,降低系统消耗,并提高数据质量。

重复数据检测主要分为基于字段和基于记录的重复检测。基于字段的重复检测算法主要为编辑距离算法;基于记录的重复检测算法主要包括排序邻居算法、优先队列算法、N-Gram 聚类算法。采用排序合并算法清洗重复数据的流程如图 4-2-3 所示。

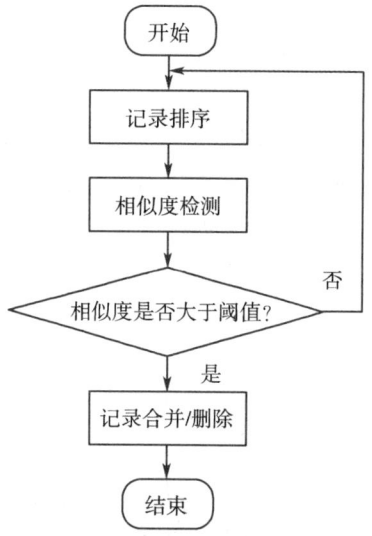

图 4-2-3 排序合并算法清洗重复数据流程图

在图 4-2-3 中,重复数据的清洗流程主要分为四个步骤,具体如下:

① 通过对源数据库属性字段的分析,找到属性的唯一值,并根据唯一值对源数据库中的数据记录进行排序,可以选择自上而下或者自下而上的顺序来排序;

② 按顺序扫描数据库中的每一条记录,并将它与相邻的记录进行比较,进行记录的相似度匹配计算输出修改后的数据;

③ 如果计算出的相似度数值大于系统设定的阈值,说明该记录或连续的几条记录为相似重复记录,则进行数据记录的合并或删除操作;否则,扫描下一条数据记录,重复以上第②、③步骤;

④ 当所有数据记录检测完毕后,输出清洗后的数据结果。

3. 数据的加载

数据加载是 ETL 的最后一个阶段,它的主要任务是将数据从临时数据表或文件中,加载到指定数据仓库中。一般来说,可以通过编写 SQL 语句和利用加载工具将数据加载到数据仓库中。ETL 的数据加载和数据抽取类似,将数据加载到目标数据表或者数据仓库的过程中可分为全量加载、增量加载以及批量加载。

(1) 全量加载

全量加载是指全表删除后再进行全部(全量)数据加载。从技术角度来说,全量加载和增量加载相比较,全量加载更为简单。一般只需要在数据加载之前将目标表清空,再将源数据表中的数据进行导入。但是,由于数据量、系统资源和数据实时性的要求,很多情况下都需要使用增量加载机制。

（2）增量加载

增量加载是指目标表仅更新源数据表中变化的数据。增量加载的关键在于如何正确地设计相应的方法，用于从源数据表中抽取增量的数据，以及变化"牵连"数据（虽没有变化，但受到变化数据影响的数据）。同时，将这些变化的和未变化但受到影响的数据，在完成相应的逻辑转换后更新到数据仓库中。

数据加载的性能和作业失败后可进行恢复重启的易维护性，需要一个有效的增量抽取机制的支持。因为在一个有效的增量抽取机制中，ETL能够将业务系统中变化的数据按一定的频率准确地进行捕获，并且不会对业务系统造成太大的压力，也不会影响现有的业务。增量加载类似于增量抽取，也有四种方式：时间戳方式、日志表方式、全表对比方式、全表删除插入方式。

① 时间戳方式，即在业务表中统一添加一个字段作为时间戳，当联机分析处理（OLAP）系统更新修改业务数据时，同时也会修改时间戳字段值，这时就将更新修改的数据加载到目标表中；

② 日志表方式，即在 OLAP 系统中添加日志表，业务数据发生变化时，更新维护日志表内容；

③ 全表对比方式，即抽取所有源数据，在加载目标表之前先根据主键和字段进行数据比对，有更新的数据就进行更新或插入；

④ 全表删除插入方式，即删除目标表中的数据，将源数据表中的数据全部加载到目标表中。

（3）批量加载

通常情况下，对于几十万条记录的数据迁移而言，采取 DML（即数据操纵语言）的 Insert、Update、Delete 等语句能够较好地将数据迁移到目标数据库中，然而，当数据迁移量过大时，DML 语句执行时所生成的事务日志（事务日志是一个与数据库文件分开的文件，用于存储对数据库进行的所有更改，并全部记录插入、更新、删除、提交、回退和数据库模式变化）和约束条件将大大影响加载性能，故需要针对数据采取批量加载处理。

4.2.3 ETL 常见工具介绍

目前比较流行的 ETL 工具有 Pentaho Kettle、Hawk、Informatica PowerCenter 及 DataStage，分别介绍如下：

1. Pentaho Kettle

Pentaho Kettle，简称 Kettle，是一款国外免费开源的 ETL 工具，纯 Java 语言编写，可以在 Windows、Linux、UNIX 系统上运行，并且是绿色无须安装的。

Kettle 的中文名称叫"水壶"，该工具的设计理念是希望把来自不同数据库中的数据放到一个"壶"里，然后以一种指定的格式流出。Kettle 拥有两种脚本文件，分别是 Transformation（转换）和 Job（作业），其中 Transformation 是用于完成数据的基础转换，而 Job 是完成整个工作流的控制。

2. Hawk

Hawk 是一种数据采集和清洗工具，依据 GPL（GNU 通用公共许可证）协议开源，基于

C#语言编写的,并且其前端界面使用 WPF 开发,支持插件扩展。

单词 hawk 的含义为"鹰",其能够高效、准确地捕杀猎物,类似地,Hawk 能够灵活、有效地采集来自网页、数据库和文件等来源的数据,并通过可视化的拖拽操作快速地进行生成、过滤及转换操作。Hawk 主要应用于爬虫和数据清洗等领域。

3. Informatica PowerCenter

Informatica PowerCenter 是 Informatica 公司开发的世界级的企业数据集成平台,也是业界领先的 ETL 工具。Informatica PowerCenter 用于访问和集成几乎任何业务系统、任何格式的数据,它可按任意速度在企业内交付数据,具有高性能、高可扩展性、高可用性的特点。Informatica PowerCenter 提供了多个可选的组件,以扩展 Informatica PowerCenter 的核心数据集成功能,这些组件包括数据清洗和匹配、数据屏蔽、数据验证、元数据交换等。

4. DataStage

IBM 的 InfoSphere DataStage 简称 DataStage,它是一个领先的 ETL 平台,可跨多个企业系统集成数据。DataStage 利用高性能并行框架,可根据项目需求在云中或者本地部署 ETL 环境,它支持 HBase、Hive、Amazon 以及 MongoDB 等数据库的连接,可以灵活、有效地更新和管理数据继承的基础架构。

4.3 大数据 ETL 过程说明

前一节中提到 ETL 是用来描述将数据从来源端经过抽取(extract)、转换(transform)、加载(load)至目的端的过程,目的是将企业中的分散、零乱、标准不统一的数据整合到一起,为企业的决策提供分析依据。

考虑大数据架构计算和存储的特点,以及上层应用对数据访问的需求,数据分层结构规划为贴源层、整合层、清单层(轻度)、应用层,如图 4-3-1 所示。

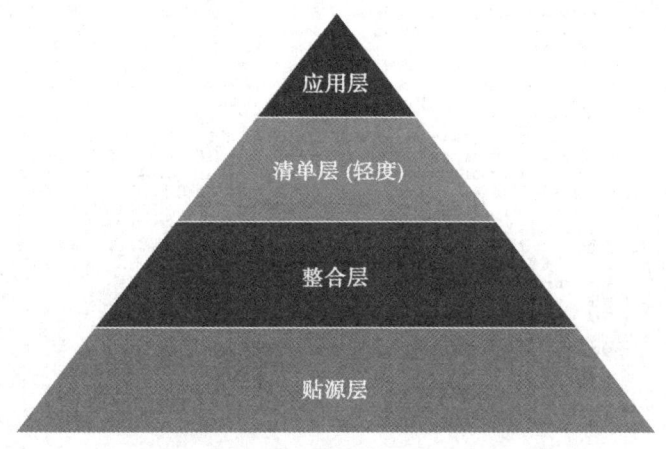

图 4-3-1 数据分层结构

1. 贴源层

采用分布式事务数据库，接收和处理实时数据，支持大表条件索引检索和 DML 原子事务，为确保此层性能的稳定性，不接受上层应用的直接访问。

2. 整合层

根据源平台上事务处理逻辑和业务请求，此层将需要多表关联进行复杂计算（尤其是大表）的多张单表进行整合，组织成宽表，优化大数据的访问方式。

3. 清单层（轻度）

为提升大数据实时访问的效率，规划将上层应用场景中需要访问的基础数据进行分门别类和轻度预处理，形成清单级数据表。

4. 应用层

报表、多维等应用展示。

4.4 案例数据结构说明

某家小型的外贸企业通过政府授权的数据交易商获取某年的海关贸易数据，获取的原始信息包括以下五份数据。

一份原始的贸易清单数据（origin. txt），如图 4-4-1 所示，该数据为某年外贸企业实际的贸易出口情况，包含如下信息：贸易企业名称、企业性质、供应商、产品名称、产品类型、原产地、海关 HS 编码、出口口岸、出口国、贸易方式、运输方式、目的港、买家、贸易金额、贸易单位、贸易数量。

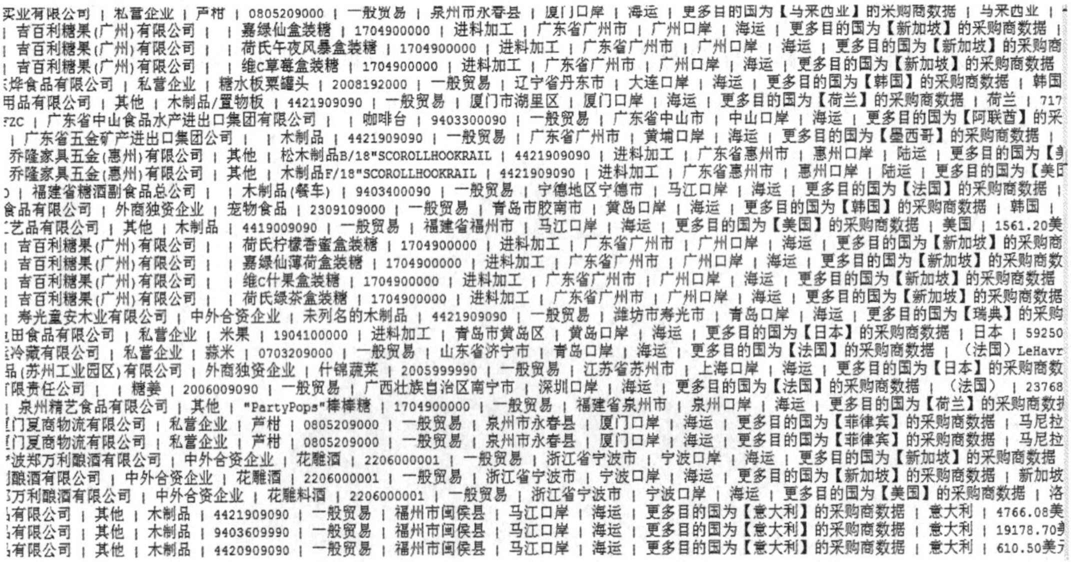

```
实业有限公司 | 私营企业 | 芦柑 | 0805209000 | 一般贸易 | 泉州市永春县 | 厦门口岸 | 海运 | 更多目的国为【马来西亚】的采购商数据 | 马来西亚 |
 | 吉百利糖果(广州)有限公司 | | 嘉绿仙盒装糖 | 1704900000 | 进料加工 | 广东省广州市 | 广州口岸 | 海运 | 更多目的国为【新加坡】的采购商数据 |
 | 吉百利糖果(广州)有限公司 | | 荷氏午夜风暴盒装糖 | 1704900000 | 进料加工 | 广东省广州市 | 广州口岸 | 海运 | 更多目的国为【新加坡】的采购商
 | 吉百利糖果(广州)有限公司 | | 维C草莓盒装糖 | 1704900000 | 进料加工 | 广东省广州市 | 广州口岸 | 海运 | 更多目的国为【新加坡】的采购商数据
烨食品有限公司 | 私营企业 | 糖水板栗罐头 | 2008192000 | 一般贸易 | 辽宁省丹东市 | 大连口岸 | 海运 | 更多目的国为【韩国】的采购商数据 | 韩国
用品有限公司 | 其他 | 木制品/置物板 | 4421909090 | 一般贸易 | 厦门市湖里区 | 厦门口岸 | 海运 | 更多目的国为【荷兰】的采购商数据 | 荷兰 | 717
ZC | 广东省中山食品水产进出口集团有限公司 | | 咖啡台 | 9403300090 | 一般贸易 | 广东省中山市 | 中山口岸 | 海运 | 更多目的国为【阿联酋】的采
 | 广东省五金矿产进出口集团公司 | | 木制品 | 4421909090 | 一般贸易 | 广东省广州市 | 黄埔口岸 | 海运 | 更多目的国为【墨西哥】的采购商数据 |
乔隆家具五金(惠州)有限公司 | 其他 | 松木制品B/18"SCOROLLHOOKRAIL | 4421909090 | 进料加工 | 广东省惠州市 | 惠州口岸 | 陆运 | 更多目的国为【美
乔隆家具五金(惠州)有限公司 | 其他 | 木制品F/18"SCOROLLHOOKRAIL | 4421909090 | 进料加工 | 广东省惠州市 | 惠州口岸 | 陆运 | 更多目的国为【美国
) | 福建省糖酒副食品总公司 | | 木制品(餐车) | 9403400090 | 一般贸易 | 宁德地区宁德市 | 马江口岸 | 海运 | 更多目的国为【法国】的采购商数据 |
食品有限公司 | 外商独资企业 | 宠物食品 | 2309109000 | 一般贸易 | 青岛市胶南市 | 黄岛口岸 | 海运 | 更多目的国为【韩国】的采购商数据 | 韩国 |
艺品有限公司 | 其他 | 木制品 | 4419009090 | 一般贸易 | 福建省福州市 | 马江口岸 | 海运 | 更多目的国为【美国】的采购商数据 | 美国 | 1561.20美
 | 吉百利糖果(广州)有限公司 | | 荷氏柠檬香蜜盒装糖 | 1704900000 | 进料加工 | 广东省广州市 | 广州口岸 | 海运 | 更多目的国为【新加坡】的采购商
 | 吉百利糖果(广州)有限公司 | | 嘉绿仙薄荷盒装糖 | 1704900000 | 进料加工 | 广东省广州市 | 广州口岸 | 海运 | 更多目的国为【新加坡】的采购商数
 | 吉百利糖果(广州)有限公司 | | 维C什果盒装糖 | 1704900000 | 进料加工 | 广东省广州市 | 广州口岸 | 海运 | 更多目的国为【新加坡】的采购商数据
 | 吉百利糖果(广州)有限公司 | | 荷氏绿茶盒装糖 | 1704900000 | 进料加工 | 广东省广州市 | 广州口岸 | 海运 | 更多目的国为【新加坡】的采购商数据
 | 寿光童安木业有限公司 | 中外合资企业 | 未列名的木制品 | 4421909090 | 一般贸易 | 潍坊市寿光市 | 青岛口岸 | 海运 | 更多目的国为【瑞典】的采购
田食品有限公司 | 私营企业 | 米果 | 1904100000 | 进料加工 | 青岛市黄岛区 | 黄岛口岸 | 海运 | 更多目的国为【日本】的采购商数据 | 日本 | 59250
冷藏有限公司 | 私营企业 | 蒜米 | 0703209000 | 一般贸易 | 山东省济宁市 | 青岛口岸 | 海运 | 更多目的国为【法国】的采购商数据 | (法国) LeHavr
品(苏州工业园区)有限公司 | 外商独资企业 | 什锦蔬菜 | 2005999990 | 一般贸易 | 江苏省苏州市 | 上海口岸 | 海运 | 更多目的国为【日本】的采购商数
限责任公司 | | 糖姜 | 2006009090 | 一般贸易 | 广西壮族自治区南宁市 | 深圳口岸 | 海运 | 更多目的国为【法国】的采购商数据 | (法国) | 23768
 | 泉州精艺食品有限公司 | 其他 | "PartyPops"棒棒糖 | 1704900000 | 一般贸易 | 福建省泉州市 | 泉州口岸 | 海运 | 更多目的国为【荷兰】的采购商数据
门夏商物流有限公司 | 私营企业 | 芦柑 | 0805209000 | 一般贸易 | 泉州市永春县 | 厦门口岸 | 海运 | 更多目的国为【菲律宾】的采购商数据 | 马尼拉
门夏商物流有限公司 | 私营企业 | 芦柑 | 0805209000 | 一般贸易 | 泉州市永春县 | 厦门口岸 | 海运 | 更多目的国为【菲律宾】的采购商数据 | 马尼拉
波郑万利酿酒有限公司 | 中外合资企业 | 花雕酒 | 2206000001 | 一般贸易 | 浙江省宁波市 | 宁波口岸 | 海运 | 更多目的国为【新加坡】的采购商数据
酿酒有限公司 | 中外合资企业 | 花雕酒 | 2206000001 | 一般贸易 | 浙江省宁波市 | 宁波口岸 | 海运 | 更多目的国为【新加坡】的采购商数据 | 新加坡
万利酿酒有限公司 | 中外合资企业 | 花雕料酒 | 2206000001 | 一般贸易 | 浙江省宁波市 | 宁波口岸 | 海运 | 更多目的国为【美国】的采购商数据 | 洛
有限公司 | 其他 | 木制品 | 4421909090 | 一般贸易 | 福州市闽侯县 | 马江口岸 | 海运 | 更多目的国为【意大利】的采购商数据 | 意大利 | 4766.08美
有限公司 | 其他 | 木制品 | 9403609990 | 一般贸易 | 福州市闽侯县 | 马江口岸 | 海运 | 更多目的国为【意大利】的采购商数据 | 意大利 | 19178.70美
有限公司 | 其他 | 木制品 | 4420909090 | 一般贸易 | 福州市闽侯县 | 马江口岸 | 海运 | 更多目的国为【意大利】的采购商数据 | 意大利 | 610.50美元
```

图 4-4-1 原始贸易清单数据（origin. txt）

四份编码表数据，企业类型（enterprisenature.txt），如图 4-4-2 所示。运输方式（modeoftransportation.txt），如图 4-4-3 所示。省份代码（cux_administration_region.txt），如图 4-4-4 所示。贸易方式（modeoftrans.txt），如图 4-4-5 所示。

```
id|name|describetion
1001|中外合作企业|
1002|其他|
1003|私营企业|
1004|中外合资企业|
1005|国有企业|
1006|外商独资企业|
1007|集体企业|
```

图 4-4-2　企业编码表（enterprisenature.txt）

```
id|name|describetion
1001|海运|
1002|空运|
1003|其他|
1004|空运集装箱|
1005|陆运|
```

图 4-4-3　运输方式编码表（modeoftransportation.txt）

```
region_code|region_name|re
110000|北京市|1|0|
110100|市辖区|2|110000|
110101|东城区|3|110100|
110102|西城区|3|110100|
110105|朝阳区|3|110100|
110106|丰台区|3|110100|
110107|石景山区|3|110100|
110108|海淀区|3|110100|
110109|门头沟区|3|110100|
110111|房山区|3|110100|
110112|通州区|3|110100|
110113|顺义区|3|110100|
110114|昌平区|3|110100|
110115|大兴区|3|110100|
110116|怀柔区|3|110100|
110117|平谷区|3|110100|
110200|县|2|110000|
110228|密云县|3|110200|
110229|延庆县|3|110200|
120000|天津市|1|0|
120100|市辖区|2|120000|
120101|和平区|3|120100|
120102|河东区|3|120100|
120103|河西区|3|120100|
```

图 4-4-4　省份编码表（cux_administration_region.txt）

```
id|name|describetion
1001|对外承包工程进出口货物|
1002|空运集装箱|
1003|保税区进出区货物|
1004|无偿援助|
1005|外商投资|
1006|边境贸易|
1007|来料加工|
1008|陆运|
1009|海运|
1010|空运|
1011|保税区进出境仓储、转口货物|
1012|出口加工区进出境货物|
1013|易货贸易|
1014|过境货物|
1015|出口加工区进出区货物|
1016|样品|
1017|其他非贸易性物品|
1018|一般贸易|
1019|展览品|
1020|其他贸易性货物|
1021|暂时进出口货物|
1022|其他|
1023|进料加工|
1024|退运货物|
```

图 4-4-5　贸易方式编码表（modeoftrans.txt）

由于从海关获取的数据信息量较大，同时价值密度较低，该企业不具备专业的数据分析能力，无法快速提取对企业出口经营有效的信息。因此，企业委托专业数据分析机构对所获取的原始数据进行加工处理和深度分析。通过数据清洗等技术手段，形成价值密度较高的数据，处理思路如下：

在所提供的五份数据中，贸易清单数据（origin.txt）可归入基础事实表数据，四份编码表数据可归入维度数据。为了制作多维场景，可以使用四张维度表和一张事实表来进行整合并且规范清洗数据作为多维场景使用的宽表。

首先将这五份原始数据导入 HDFS，然后通过 Hive 制成对应的表，完成贴源层工作。

接下来，采用 Kettle 工具将数据源的数据导入大数据平台的 Hive 数据仓库中，并根据业务逻辑进行数据清洗。

4.5 Kettle 导入数据并完成清洗

将四张维度数据(企业类型 enterprisenature.txt,省份代码 cux_administration_region.txt,贸易方式 modeoftrans.txt,运输方式 modeoftransportation.txt)和一张基础事实表数据(origin.txt)进行整合,最终生成宽表 newo3_all,并在 newo3_all 完成最后的清洗工作。

4.5.1 总体流程

总体流程如图 4-5-1 所示。

图 4-5-1　Kettle 总体流程

4.5.2 抽取与加载

抽取与加载源数据表的流程如图 4-5-2 所示。

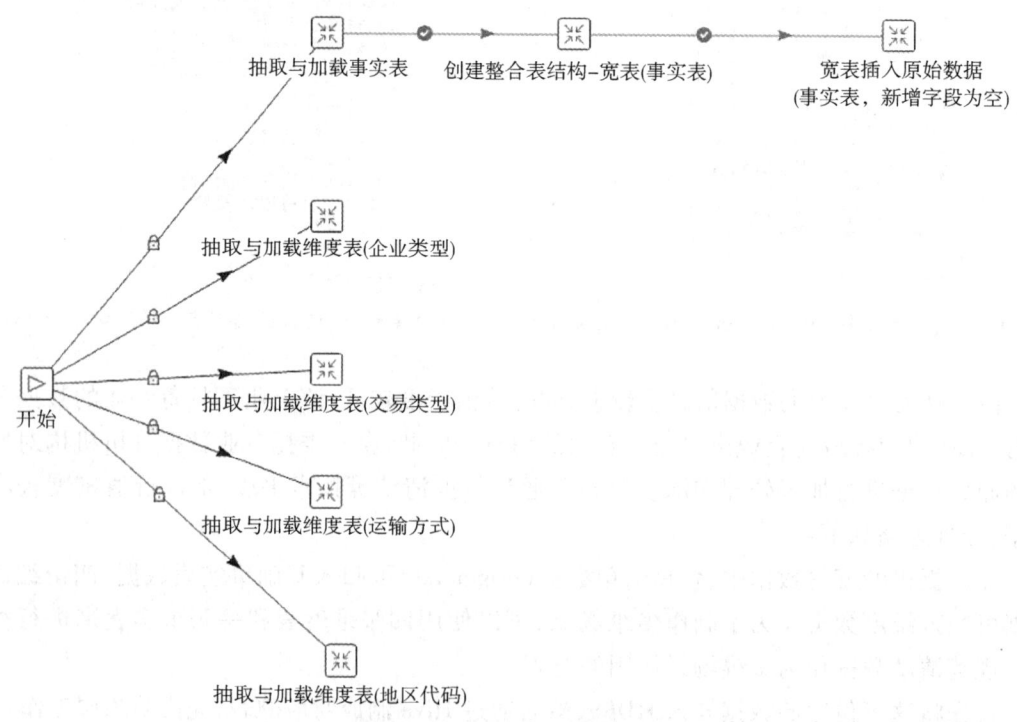

图 4-5-2　抽取与加载源数据表

创建与加载事实表步骤操作描述。

1. 举例：抽取与加载事实表

创建抽取与加载事实表如图 4-5-3 所示。

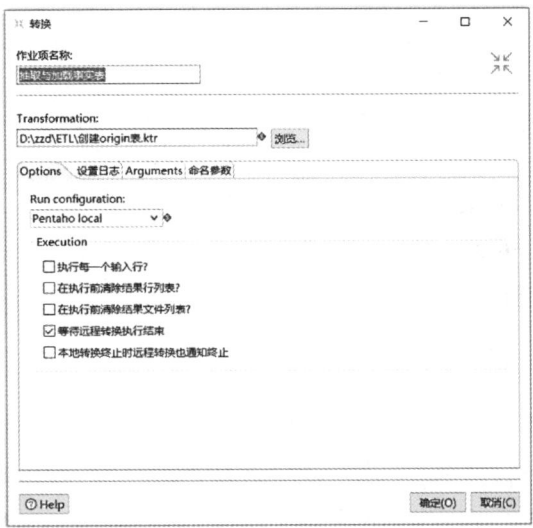

图 4-5-3　创建抽取与加载事实表

① 选择并调整事实表 origin 路径和格式，如图 4-5-4 所示；

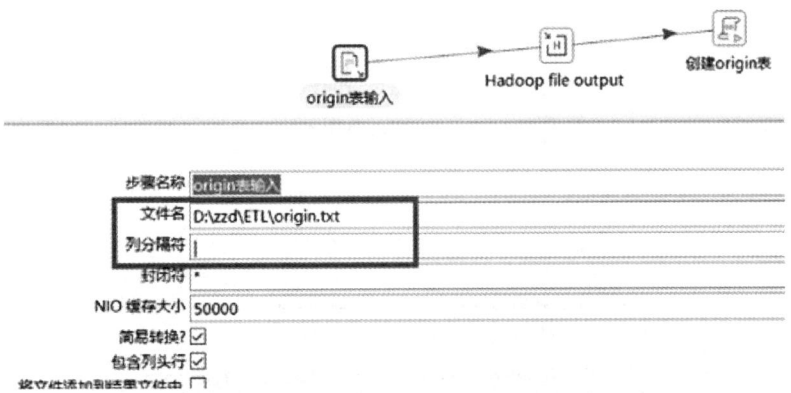

图 4-5-4　调整事实表 origin 路径和格式

② 选择 origin 数据存放在 hdfs 上的位置，如图 4-5-5 所示；

③ 创建 SQL 脚本将数据制成 Hive 外部表，如图 4-5-6 所示。

操作如下：

```
CREATE external table olap. origin(
    product type string,
```

```
    buyername string,
    suppliername string,
    enterprisenature string,
    productname string,
    hscode string,
    modeof trade string,
    countryoforigin string,
    port of loding string,
    modeof transportation string,
    countryof destination string,
    portofdestination string,
    totalamount string,
    quantityorweight string,
    unit string,
    code string
    )
row format delinited
fields terminated by '|'
stored as textfile
location 'hdfs://fjstclu/varehouse/tablespace/external/hive/zzd/origin3/';
```

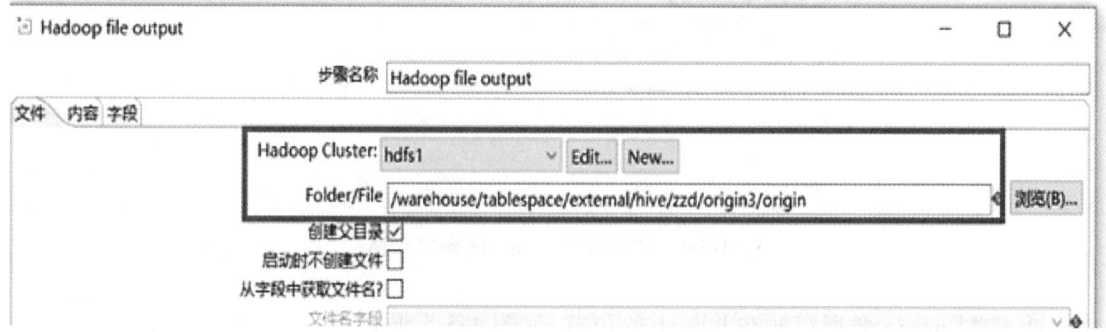

图 4-5-5　选择 origin 数据放在 hdfs 上的位置

2. 创建整合表结构——宽表(事实表)

创建宽表用于整合四个维度表和一个事实表，对大数据量进行多维场景分析，直接访问宽表，有利于性能提升，如图 4-5-7 所示。

模块 4　数据清洗、处理和存储

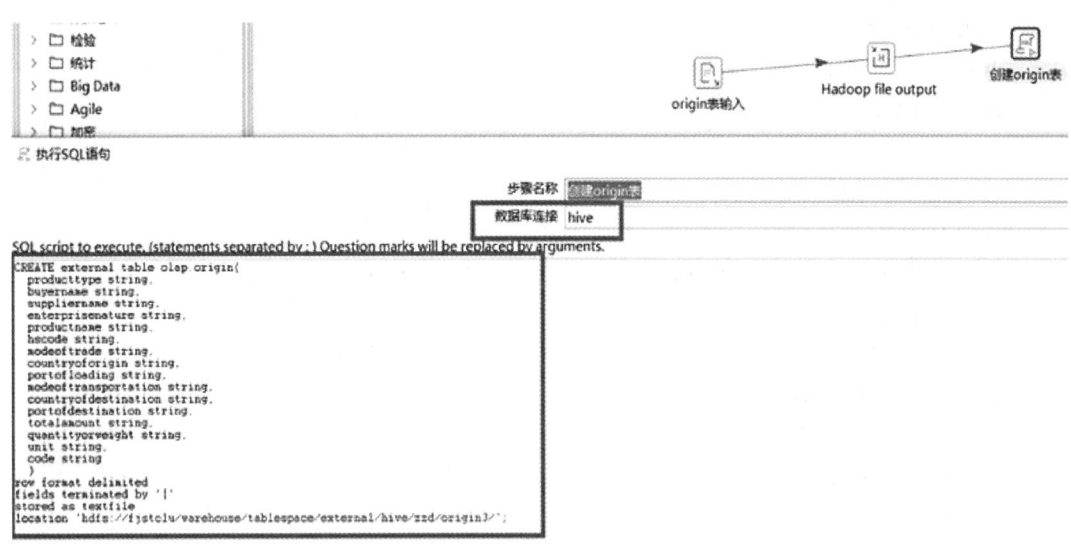

图 4-5-6　将数据制成 Hive 外部表

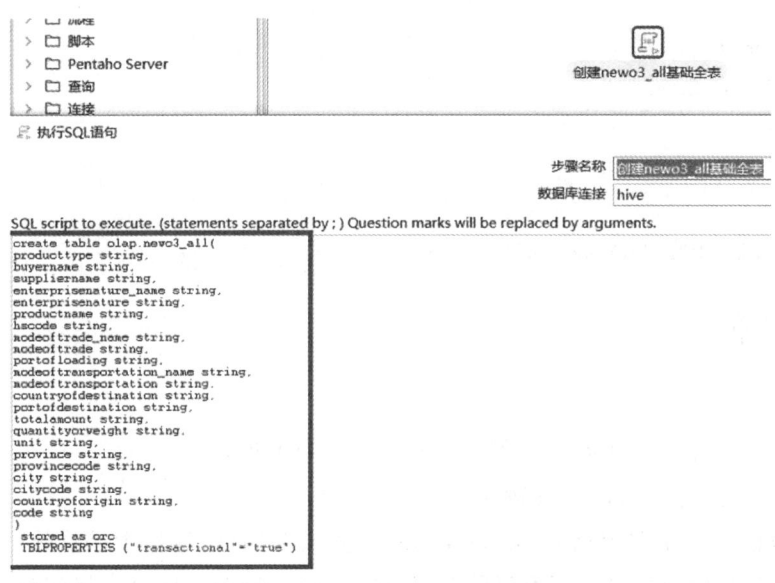

图 4-5-7　创建宽表 newo3_all

操作如下：

```
create table olap.newo3_all(
    product type string,
    buyername string,
    suppliername string,
    enterprisenature_name string,
```

```
    enterprisenature   string,
    productname string,
    hscode string,
    modeof trade_name string,
    modeof trade string,
    portof loading string,
    modeof transportation_name string,
    modeof transportation string,
    countryof destination string,
    portofdestination string,
    totalamount string,
    quantityorweight string,
    unit string,
    province string,
    provincecode string,
    city string,
    citycode string,
    countryoforigin string,
    code string
)
    stored as orc
    TBLPROPERTIES ("transactional" = "true")
```

4.5.3 转换

1. 整合

将四份维度表与一份事实表整合成宽表,如图 4-5-8 所示。

(1) 宽表接入数据(新增字段暂为空),如图 4-5-9 所示。

insert into 语句用于向表格 olap.newo3_all 中插入新的行,括号中是具体的值,distinct 表示对后面的所有参数的拼接取不重复的记录,即每行记录都是唯一的,操作如下:

```
insert into olap.newo3_all(product type, buyername, suppliername, enterprisenature,
    productname, hscode, modeoftrade, countryoforigin, portofdestination)
SELECT distinct product type, buyername, suppliername, enterprisenature, productname,
    hscode, modeoftrade, countryoforigin, portofdestination
FROM olap.newo3;
```

(2) 维度表整合

① 企业维度整合,将企业名称加入 newo3_all 宽表,与其代码对应,如图 4-5-10 所示。

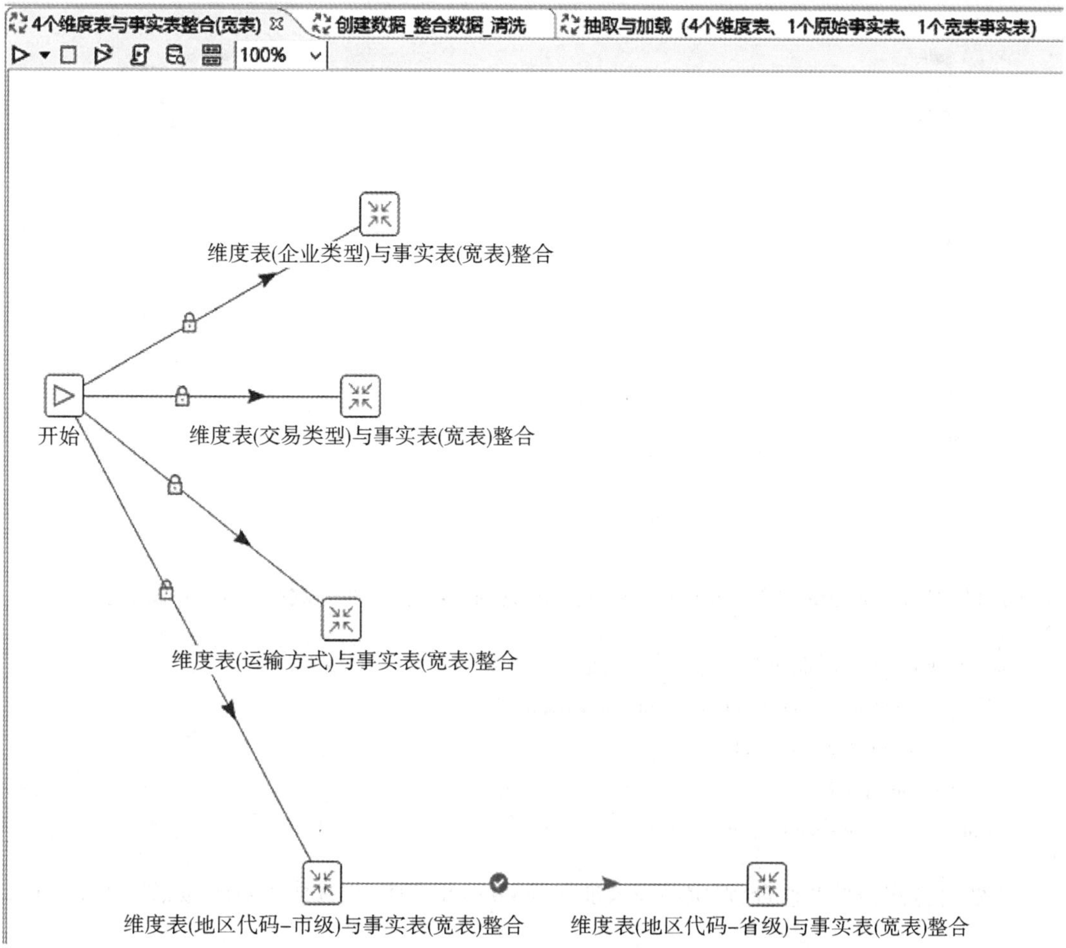

图 4-5-8 维度表与事实表整合

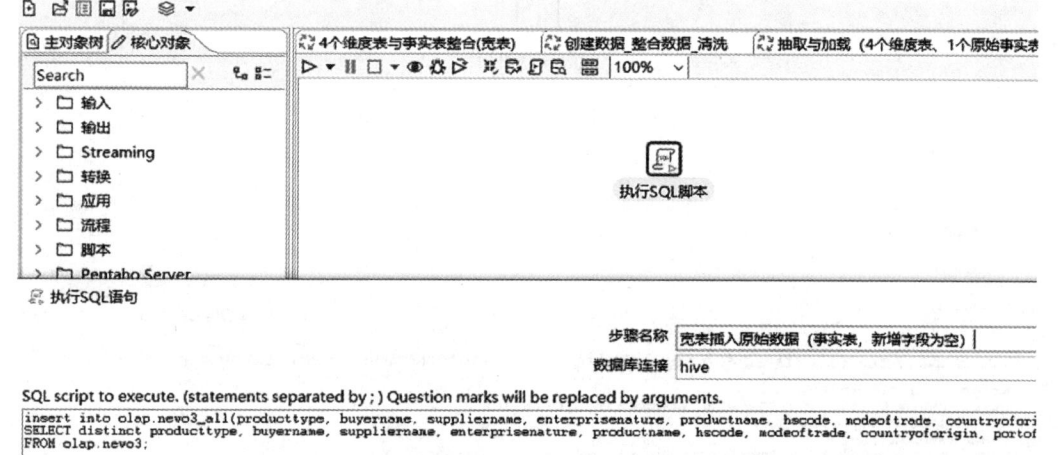

图 4-5-9 宽表接入数据

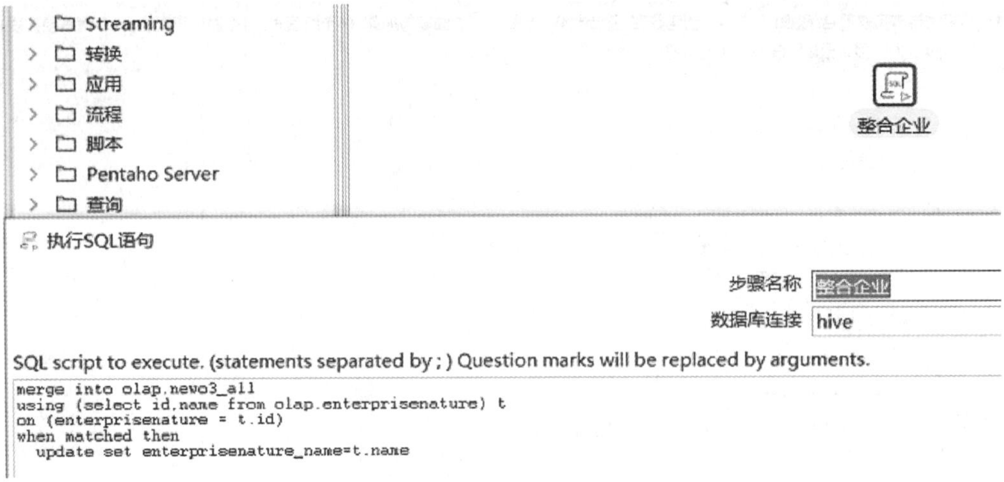

图 4-5-10 企业维度整合

通过使用 merge into 代替 update 执行批量更新，会提升执行效率。操作如下：

```
merge into olap.newo3_all
using （select id，name from olap.enterprisenature）t
on（enterprisenature = t.id）
when matched then
update set enterprisenature_name = t.name
```

② 贸易方式表维度整合，将贸易模式加入 newo3_all 宽表，与其代码对应，如图 4-5-11 所示。

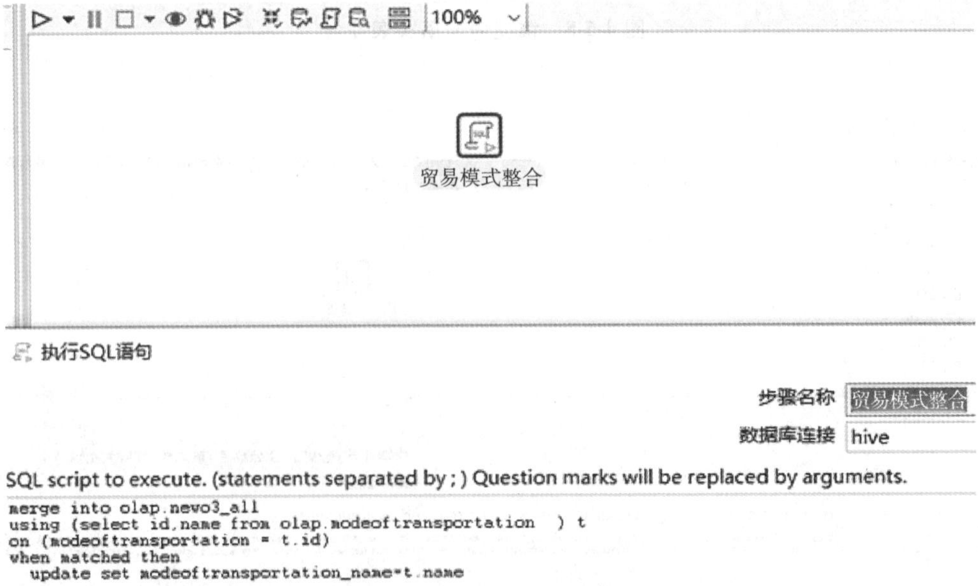

图 4-5-11 贸易方式维度整合

操作如下:

```
merge into olap.newo3_all
using （select id,name from olap.modeof trade）t
on（modeof trade = t.id）
when matched then
    update set modeof trade_name = t.name
```

③ 运输方式维度整合,将运输方式加入 newo3_all 宽表,与其代码对应,如图 4-5-12 所示。

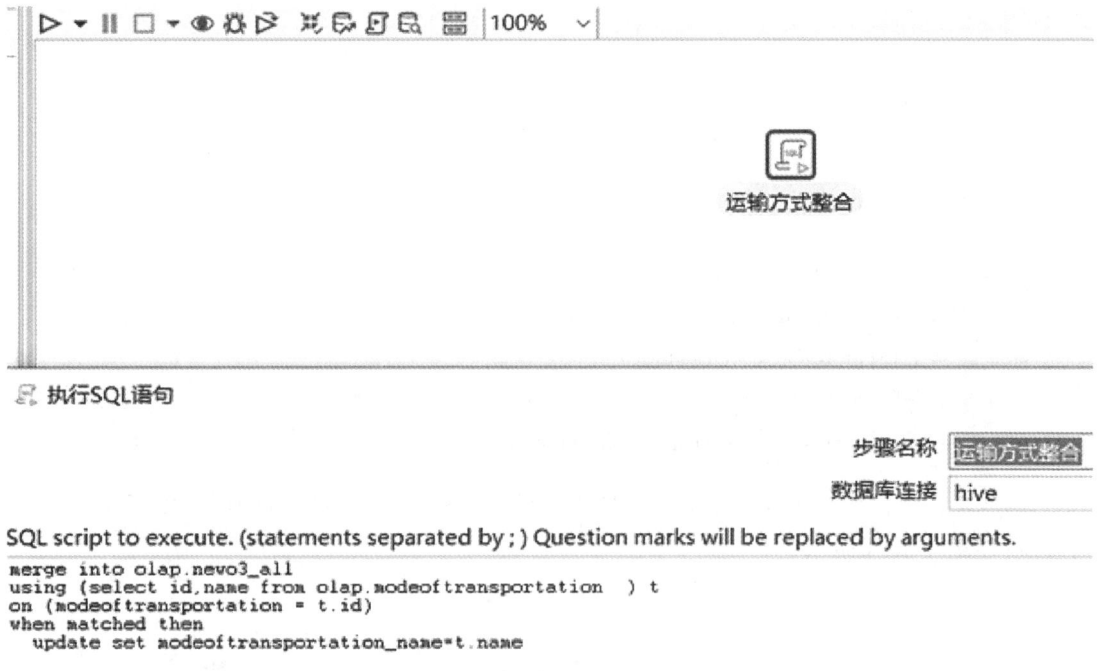

图 4-5-12　运输方式维度整合

操作如下:

```
merge into olap.newo3_all
using （select id,name from olap.modeof transportation）t
on（modeof transportation = t.id）
when matched then
    update set modeof transportation_name = t.name
```

④ 地市级代码维度整合,将地市级代码加入 newo3_all 宽表,与其代码对应,如图 4-5-13 所示。

图 4-5-13　地市级代码维度整合

操作如下：

> merge into olap. newo3_all
> using （select region_code, parent_region_code from cux_administration_region）t
> on code = CAST(t. region_code as string)
> when matched then
>   update set citycode * cast(parent_region_code as string)

⑤ 整合省级代码和地市级名称，将省级代码和地市级名称加入 newo3_all 宽表，与其代码对应，如图 4-5-14 所示。

图 4-5-14　整合省级代码和地市级名称

操作如下：

```
merge into olap.newo3_all
using （select region_code, parent_region_code, region_name from
    cux_administration_region） t
on citycode = CAST（t.region_code as string）
when matched then
    update set city = t.region_name, provincecode = cast（t.parent_region_code as string）
```

⑥ 整合省级名称，将省级名称加入 newo3_all 宽表，与其代码对应，如图 4-5-15 所示。

图 4-5-15　整合省级名称

操作如下：

```
merge into olap.newo3_all
    using （select region_code, region_name from cux_administration_region） t
on provincecode = CAST（t.region_code as string）
when matched then
    update set province = cast（region_name as string）
```

2. 清洗

清洗数据的流程，如图 4-5-16 所示。

（1）清洗事实表（规范与整理），如图 4-5-17 所示。

将 countryofdestination 字段的【】内的内容提取出来作为新的 countryofdestination 字段，并且将 totalamount 字段中的汉字删除，只保留金额，更改 quantityorweight 字段的类型为 decimal。

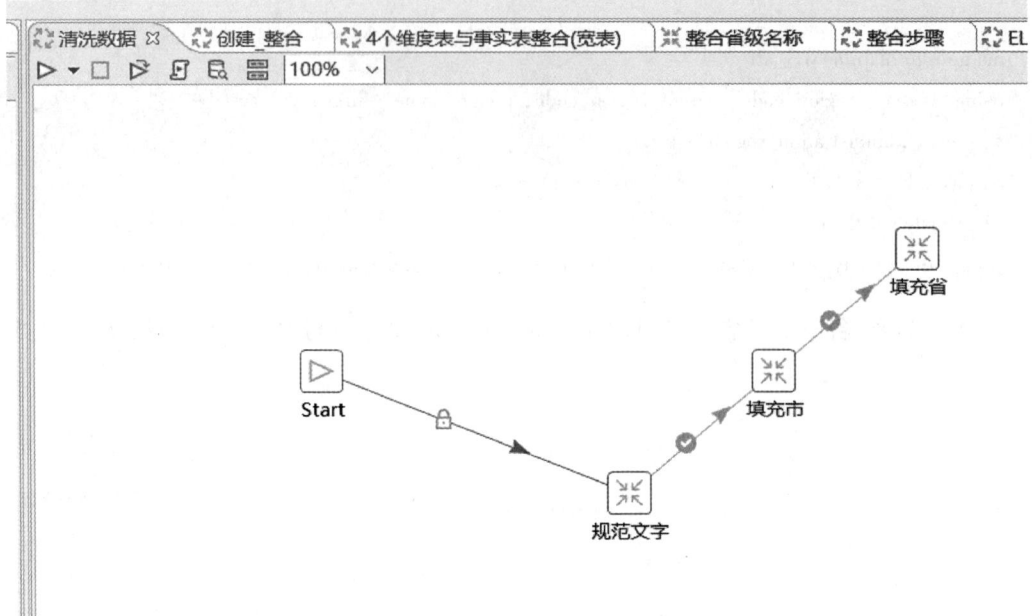

图 4-5-16 清洗数据流程图

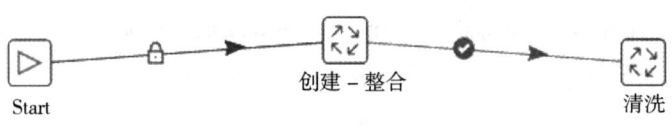

图 4-5-17 清洗事实表

操作如下:

```
update olap.newo3_all
set countryofdestination = regexp_replace(regexp_replace(countryof destination,'.*
【',''),'】.*',''),  totalamount = cast(replace(totalamount,'美元'))
where countryof destination is not null
```

(2)填充空值(市),将不规范的市级名称和代码填充为区县名称和代码,如图 4-5-18 所示。

操作如下:

```
update olap.newo3_all
set city = countryof origin, citycode = code
where city is null
```

(3)填充空值(省),将不规范的省级名称和代码填充为市级名称和代码,如图 4-5-19 所示。

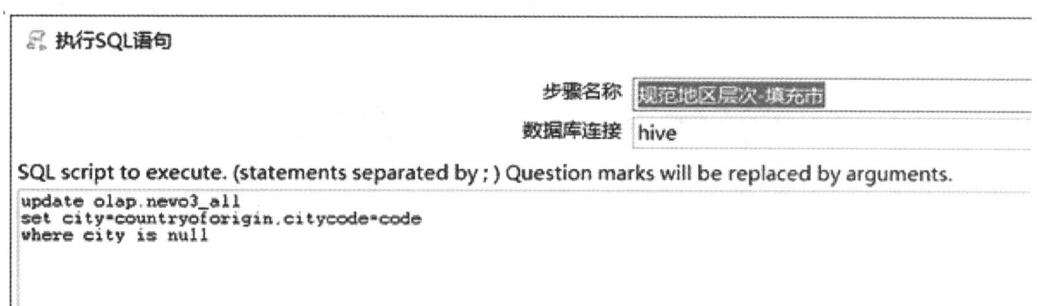

图 4-5-18　填充空值(市)

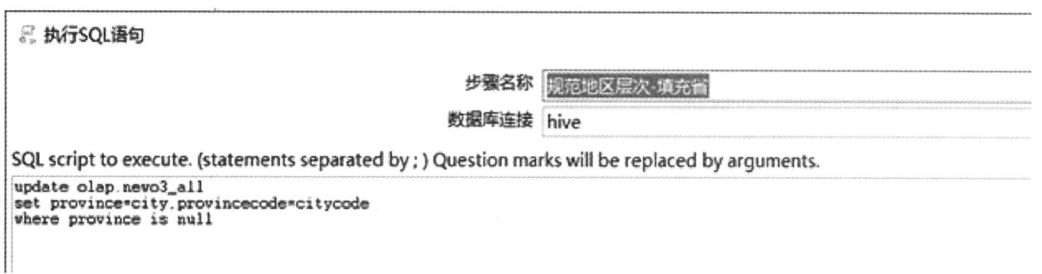

图 4-5-19　填充空值(省)

操作如下:

update olap. newo3_all

set province = city, provincecode = citycode

where province is null

3. 案例中 Kettle 实施技术细节

(1) 在转换 1(抽取数据)上将本地非结构化文件导入 Hadoop 中,如图 4-5-20 所示。

① 新建一个转换,如图 4-5-21 所示;

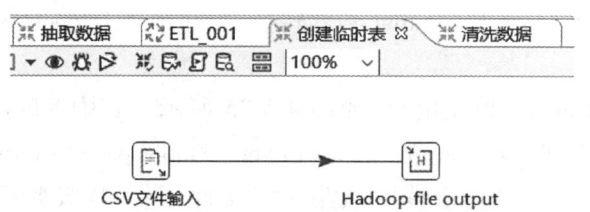

图 4-5-20　文件导入 Hadoop

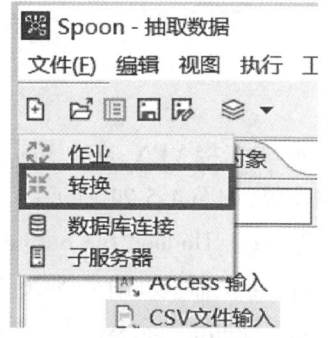

图 4-5-21　新建转换

② 将"输入"目录下的"CSV 文件输入"拖拉到新建的转换中,如图 4-5-22 所示;

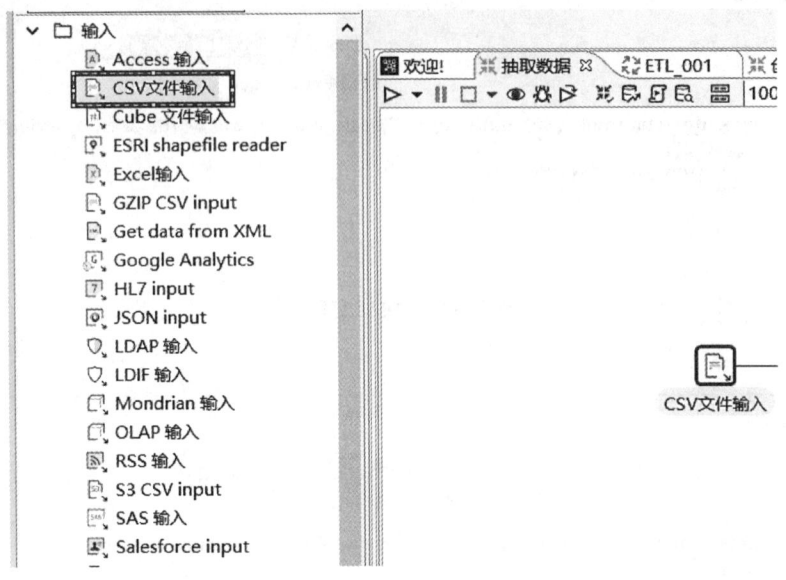

图 4-5-22　CSV 文件拖至新建转换中

③ 双击文件输入,选择要导入的本地数据路径和其他选项,使用'|'作为列分隔符,可以获取 data-1.txt 中的字段,如图 4-5-23 所示;

图 4-5-23　导入本地数据

④ 先连接 VPN,拖拉 Big Data 中的 Hadoop file output 到此转换中,并选择 Hadoop 服务器路径等,如图 4-5-24 所示;

⑤ 双击 Hadoop file output 并填写 Hadoop 相关信息,如图 4-5-25 所示。其中 hdfs1 为 Hadoop 服务器,如图 4-5-26 所示,将数据放在此路径(/warehouse/tablespace/external/hive/cksj_ketttle/aa.txt)下,之后创建表时直接指定读取该路径下文件,免去装载数据的过程;

⑥ 按住 shift 将文件输入和 Hadoop file output 连接。

模块 4 数据清洗、处理和存储

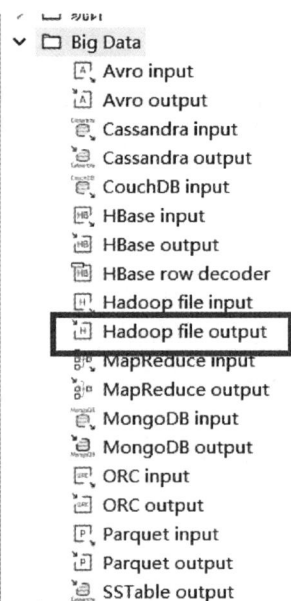

图 4-5-24 将 Hadoop file output 拖入转换中

图 4-5-25 填写 Hadoop 相关信息

（2）在转换 2（创建临时表）上创建一张临时表来接收 Hadoop 上的数据，如图 4-5-27 所示。

① 同样新建一个转换，如图 4-5-21 所示；

② 拖拉脚本下拉框的"执行 SQL 脚本"到此转换上，如图 4-5-28 所示；

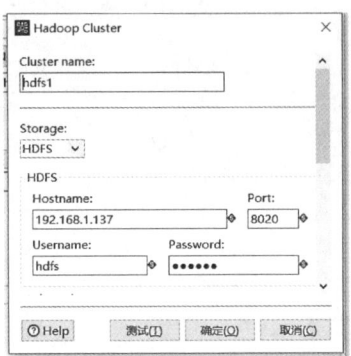

图 4-5-26　hdfs1 为 Hadoop 服务器

图 4-5-27　创建临时表

图 4-5-28　拖拉"执行 SQL 脚本"到转换上

③ 双击打开并填写相关 SQL 语句,如图 4-5-29 所示。

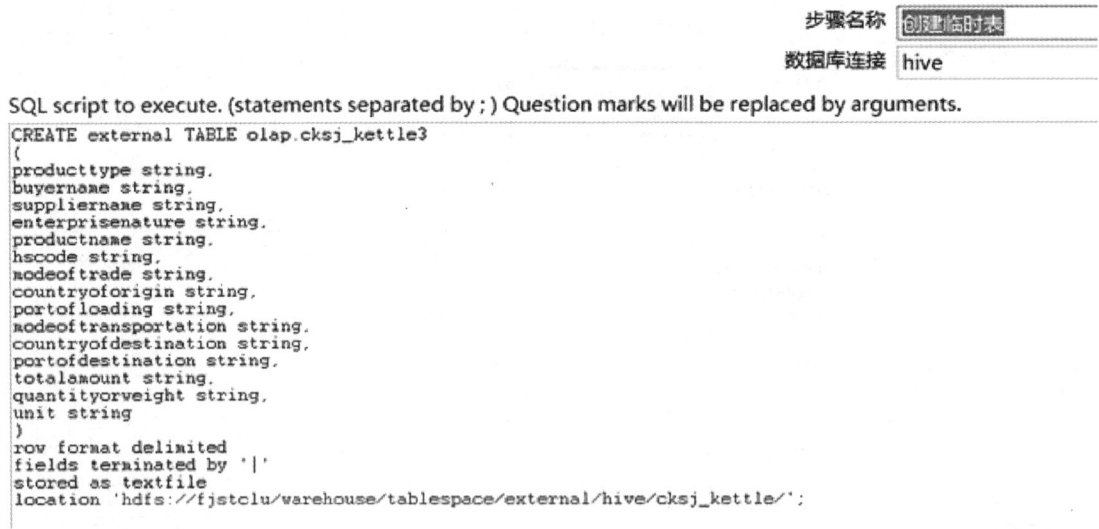

图 4-5-29　创建临时表的 SQL 语句

这里创建的表字段要和之前 data-1.txt 上的字段相同,这样才能保证数据完整性。

其中,location 子句指定此表的数据是读取"hdfs://fjstclu/warehouse/tablespace/external/hive/cksj_kettle/"路径下的数据(aa.txt 文件),即之前 CSV 文件放置在 hdfs 上的路径,这样不需要执行数据导入,可以直接读取数据。

（3）在转换3（清洗数据）上创建一个表来去除临时表上多余的数据或文字，如图4-5-30所示。

① 同样新建一个转换，如图4-5-21所示；

② 同样拖拉脚本下拉框的"执行SQL脚本"到此转换上，如图4-5-28所示；

图4-5-30　创建清洗数据临时表

③ 双击"执行SQL脚本"并填写SQL语句，如图4-5-31所示。

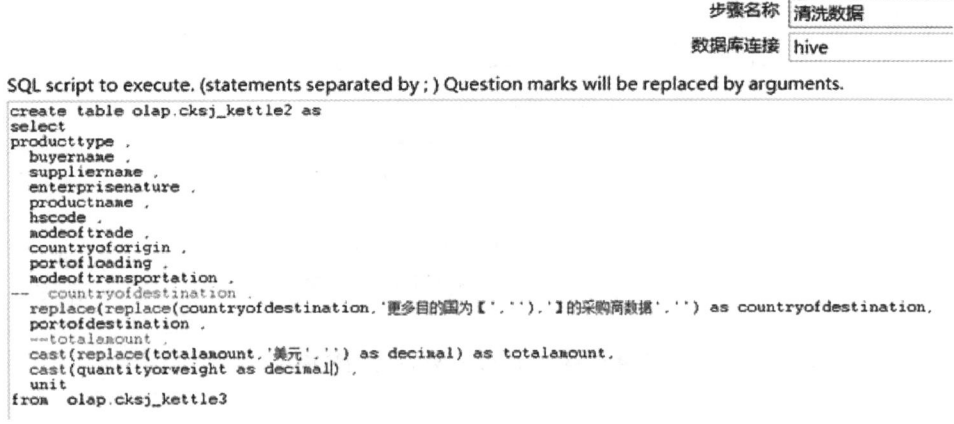

图4-5-31　清洗数据中的SQL语句

图4-5-31中，replace子句删除了countryofdestination字段中的文字"更多目的国为【'和'】的采购商数据"部分，保留该字段中的国家名称，并且将totalamount字段中的文字'美元'删除了，只保留了价格部分。这里的cast子句将对应字段的类型从string改成了decimal。

（4）在作业中添加上述转换

具体步骤如下：

① 新建一个作业，如图4-5-32所示；

② 在作业中拖拉"Start""成功""转换"到此作业中，如图4-5-33所示；

图4-5-32　新建作业

图4-5-33　拖拉"Start""成功""转换"到作业中

③ 双击第一个转换并选择第一步创建的转换,如图 4-5-34 所示;

图 4-5-34 选择第一步创建的转换

④ 再拖拉一个"中止作业"到此作业,如图 4-5-35 所示;

⑤ 按住[Shift]连接第一个转换→"成功"→"中止作业"。如图 4-5-36 所示,图中此转换已经改名为"外部文件导入到 Hadoop";

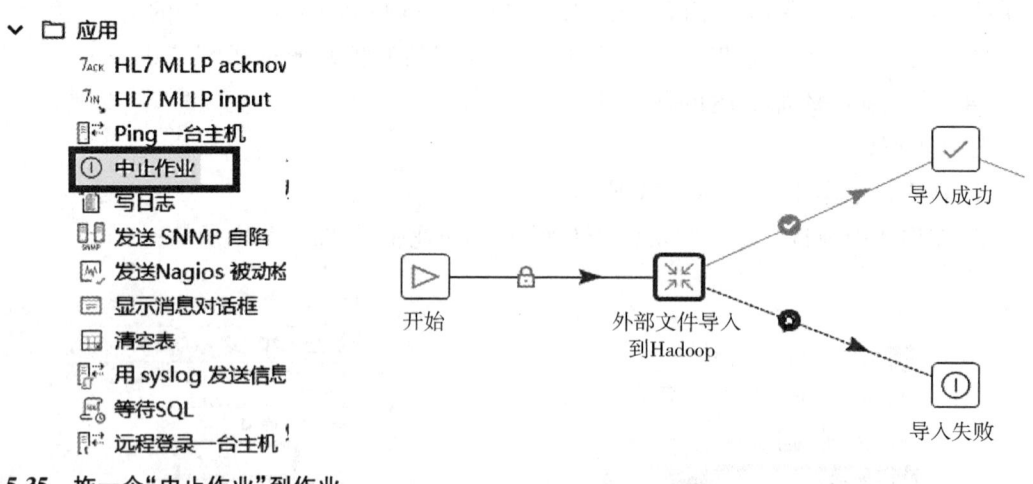

图 4-5-35 拖一个"中止作业"到作业　　图 4-5-36 连接转换、成功、中止作业

⑥ 仿照添加第一个转换的方法将剩余两个转换添加到此作业中,最终完成作业中添加转换的全过程,如图 4-5-37 所示,图中的转换等步骤均已改名;

⑦ 最终完成后,进入 Hive 查看数据,如图 4-5-38 所示。

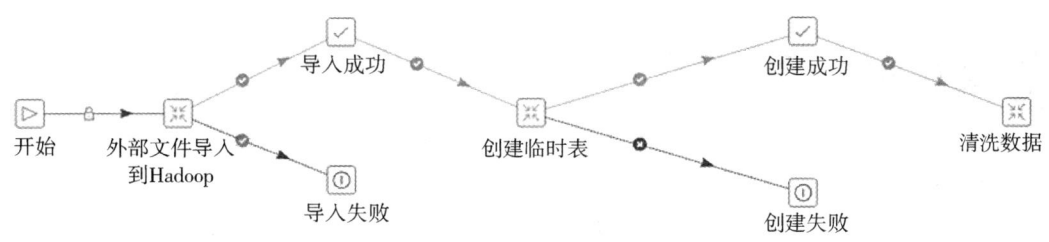

图 4-5-37　作业中添加转换

图 4-5-38　查看 Hive 中的数据

4.6　模块小结

本模块主要讲解了 ETL 的相关知识,包括基于 ETL 的数据清洗、ETL 关键技术以及 ETL 常见的工具。并通过完整的贸易出口大数据分析案例,将一个原始的非结构化的价值密度较低的数据通过一系列 ETL 的技术处理过程,最终以结构化的方式存入大数据平台,形成价值密度较高的数据,便于后续进行数据分析和数据挖掘。

4.7 课后习题

1. 填空题

（1）对原始数据进行有效的 _____ 是大数据分析和应用过程中的关键环节。

（2）_____ 是实现商务智能（Business Intelligence）的核心。

（3）ETL 是将业务系统的数据经过抽取、_____、_____ 之后加载到数据仓库的过程。

（4）数据的抽取分为数据的全量抽取和数据的 _____。

（5）不符合要求的数据主要有不完整的数据、_____、重复的数据三大类。

2. 判断题

（1）直接使用原始数据不会影响数据决策的准确性和效率。（   ）

（2）数据清洗的目的是要将"脏"数据洗掉。（   ）

（3）基于 ETL 的数据清洗是挖掘有价值数据的一种方案。（   ）

（4）如果数据源为外部文件，可使用 SQL 语句进行数据清洗工作。（   ）

（5）Kettle 是一款国外免费开源的 ETL 工具，纯 Python 语言编写。（   ）

3. 选择题

（1）下列方式中，（   ）不属于增量抽取方式。

A. 触发器方式　　　　　　　　　　B. 时间戳方式

C. 全表比对方式　　　　　　　　　D. 批量抽取方式

（2）下列算法中，（   ）不可用于检测重复记录。

A. 编辑距离算法　　　　　　　　　B. 优先队列算法

C. N-Gram 聚类算法　　　　　　　 D. 排序邻居算法

4. 简答题

简述不符合要求数据的清洗流程。

模块 5　数据分析

5.1　引言

　　数据分析的目的是把隐藏在一大批看来杂乱无章的数据中的信息集中和提炼出来,从而找出所研究对象的内在规律。在实际应用中,数据分析可帮助人们做出判断,以便采取适当行动。数据分析是有组织有目的地收集数据、分析数据,使之成为信息的过程。这一过程是质量管理体系的支持过程。在产品的整个寿命周期,包括从市场调研到售后服务和最终处置的各个过程都需要适当运用数据分析,以提升有效性。例如设计人员在开始一个新的设计以前,要通过广泛的设计调查,分析所得数据以判定设计方向,因此数据分析在工业设计中具有极其重要的地位。数据分析的数学基础在 20 世纪早期就已确立,但直到计算机的出现才使得实际操作成为可能,并使得数据分析得以推广。数据分析是数学与计算机科学相结合的产物。

　　数据分析是对收集来的大量第一手数据资料和第二手数据资料进行分析,以求最大化地开发数据资料的功能,发挥数据的作用,为了提取有用信息和形成结论而对数据加以详细研究和概括总结的过程。本模块先介绍数据分析的定义、类型和分析方法,然后利用商业大数据 BI 工具 KNOWBI,对外贸数据案例进行分析并进行可视化展示。

5.2　数据分析的定义及方法

5.2.1　数据分析的定义

　　大数据分析是指对规模巨大的数据进行分析。大数据的特点可以概括为四个"V",数据量大(Volume)、速度快(Velocity)、类型多(Variety)、价值(Value)。

大数据作为时下最火热的 IT 行业的词汇,随之而来的数据仓库、数据安全、数据分析、数据挖掘等等围绕大数据商业价值的利用逐渐成为行业人士争相追捧的利润焦点。随着大数据时代的来临,大数据分析也应运而生。

从数据分析的定义可以知道,数据分析的目的是获取有用信息。有明确使用场景的数据分析结果就是有用的信息。这里的使用场景指的是 5W1H(What、Why、Who、When、Where、How),如图 5-2-1 所示。

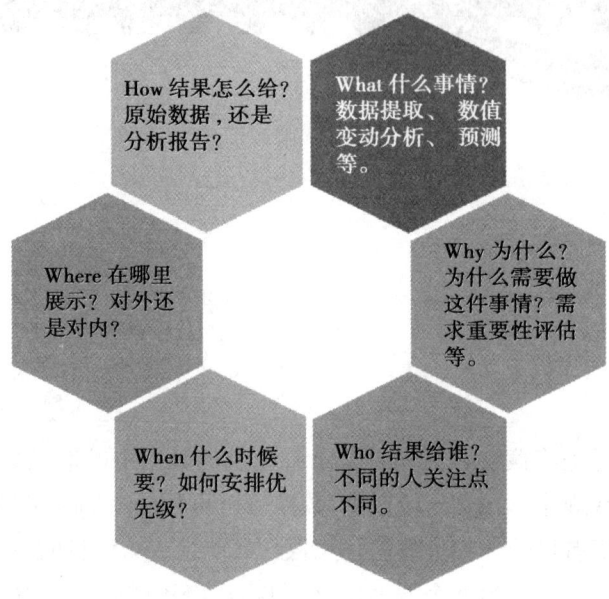

图 5-2-1 数据分析使用场景

What 指"什么事情",包括数据提取、数值变动分析、预测等。
Why 指"为什么需要做这件事情",需求重要性评估等。
Who 指"结果给谁",不同的使用者关注点不同。
When 指"什么时候要结果",是安排操作的优先级。
Where 指"分析结果在哪里展示"。
How 指"怎么给结果",直接提供原始数据或提供分析报告。

5.2.2 数据分析类型

根据数据分析工作的具体目标和结果,一般把数据分析分为四种类型:描述型、诊断型、预测型和指导型,如图 5-2-2 所示。

1. 描述型:当前正在发生什么

这是数据分析工作中最常见的任务类型,它的产出是各种各样的数据报表。这些报表可能是临时的,也可能是要固定成数据产品。它向分析师们提供业务的重要衡量标准的概览。通常采用一些基于用户行为的指标框架来描述产品运营状况,如 AARRR(用户获取

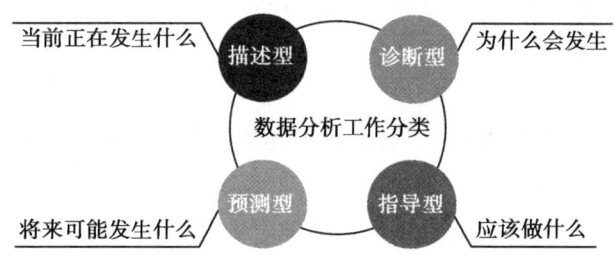

图 5-2-2　数据分析的类型

Acquisition、用户激活 Activation、用户留存 Retention、获得收益 Revenue 和推荐传播 Referrel)、RAC(认识产品 Recognize、还原产品 Analysis、创造产品 Creative)等。

例如每月的利润和损失账单的分析。类似地,分析师可以获得大批客户的数据。了解客户的地理信息也可认为是"描述型分析"。最后充分利用可视化工具能增强描述型分析所带来的信息。

2. 诊断型:为什么会发生

分析数据变动的原因。利用维度拆解、统计或者机器学习算法挖掘出某个现象的影响因素,同时还要分析变动背后的商业逻辑是什么,使得分析师们能够深入分析问题的核心原因。

设计良好的商业信息整合了时间序列数据(如在多个连续时间点上的数据)的读入、特征的过滤和钻入功能,能够用于诊断型分析。

3. 预测型:将来可能发生什么

预测型分析主要是进行预测。某事件在将来发生的可能性,预测一个可量化的值,或者是估计事情可能发生的某个时间点,这些都可以通过预测模型完成。常见的问题有,市场环境不变的情况下,未来产品的用户数量趋势如何? 未来两周,每天的销售额大概是多少?

预测模型通常运用各种可变数据作出预测。数据成员的多样化与可能预测的目标是相关联的。随后这些数据被放在一起,产生分数或预测。

在一个充满不确定性因素的世界里,能够预测使得人们可以作出更好的决定。预测模型在很多领域都被用到。

4. 指导型:应该做什么

基于历史数据(发生了什么,为什么会发生),以及一系列"可能发生什么"的分析,帮助用户确定要采取的最好的措施,用以指导未来的行动。这就是人们常说的从数据中发现机会。例如,交通应用帮助人们选择最好的回家路线,考虑到了每条路线的距离、在每条路上的速度,以及极为关键的目前的交通限制。使用者可以从历史数据分析渠道的重要性、渠道质量,从而得出结论。指导型任务没有固定的分析方法和工具,建议的产生依靠的是分析师的数据敏感度和商业意识。

不同类型的分析能提供不同的商业价值,每一种分析都有它自己的用处。

5.2.3　常用的分析方法

面对数据分析的问题,现在要考虑的是如何解决问题? 用什么方法解决问题? 常用数据分析方法有三种：对比分析、细分分析和趋势分析。这三种分析方法只有相互结合才能解决数据分析工作中的各种问题。

1. 对比分析

对比分析是最常用的分析方法，不管是简单的诊断分析（例如活动效果分析），还是复杂的数据挖掘（分类、聚类），都会用到对比分析。在对比分析时，要考虑对比的结果是否有说服力，如果数值差异不明显，就要考虑做假设检验。对比分析又可以分为绝对数值比较和相对数值比较。

（1）绝对数值比较

比较多个绝对数值，从而寻找差异。如两周的销售额比较、本周销售额与预期比较等。

（2）相对数值比较

如果需要比较绝对数值相差较大的两个总体的特征，无法从绝对数值角度比较，这时候需要使用相对数值比较。相对数值比较消除了总体数量的差异。例如，比较两个渠道的流量质量，不能只比较渠道带来的销售额，还要考虑到渠道流量数量的差异，这时候使用订单转化率、留存率等相对数值指标比较合适。相对数值又可以分为简单相对数和复杂相对数两个类别。

2. 细分分析

细分（segmentation）又称为钻取（drill down），也是非常重要的分析方法，是分析数据变动原因（诊断分析）的重要工具。任何一张数据表格都是由两个部分组成，一是属性（维度）、二是指标。细分就是将某个维度值拆分，将拆分后下级维度加入表格，构成新表。比如某公司某年全国订单数，可以将"年"的下级属性月份加入表格，可以分析月订单数变化，看看哪个月做得不够好；将维度值"全国"的下级维度省份加入表格，就可以分析哪个地区做得不够好。

3. 趋势分析

趋势分析是互联网数据分析最重要的分析方法。通过趋势分析跟踪运营状况，为评估运营效果以及制定运营计划提供帮助，这是数据分析师的一项重要工作内容。在互联网数据分析中，趋势分析有两种类型：趋势变动分析和趋势预测。

5.3 数据分析案例

5.3.1 了解项目分析需求

中国是贸易进出口大国，对贸易情况进行分析统计具有诸多现实的意义。本案例中的贸易数据包括贸易企业、企业类型、贸易品类、运输方式、海关口岸、出口目的地、贸易金额、贸易单位、贸易数量等，为数据的多维度分析提供丰富的场景，最终的分析结果将以可视化的方式加以展示。

由于从海关获取的数据信息量较大,同时价值密度较低,该企业不具备专业的数据分析能力,无法快速提取对企业出口经营有效的信息。因此,企业委托专业数据分析机构对所获取的原始数据进行加工处理和深度分析。通过数据清洗等技术手段,形成价值密度较高的数据;通过梳理各类业务场景,分别进行了贸易交易明细及纵向的同比环比分析,根据贸易品类、运输方式、目的港等多个维度查看贸易金额交易量及横向对比竞争对手情况,并通过可视化方式展示各项业务间的关联等,最终完成数据赋能和价值变现。

该企业委托专业数据分析机构完成的业务场景如表 5-3-1 所示:

表 5-3-1　　　　　　　　　　　数据分析业务场景

序号	分析方式	业务场景
1	报表分析	展示所用外贸企业的贸易明细数据,不做分类汇总
		以贸易企业类型维度来分组查询每家贸易企业下总贸易金额及贸易数量
		首页展示企业名称、类型等非数据类型的数据,通过点击企业名称进行下钻,跳转到这家贸易企业的明细数据以及总计
2	多维分析	根据"企业性质"维度统计各类企业的贸易出口总金额
		根据"企业类型"与"贸易方式"维度统计国有企业下各个贸易方式的贸易总金额
		根据"企业类型""贸易方式""原产地"维度统计国有企业以无偿援助方式出口的各个不同原产地的贸易总金额
		上个场景中,对原产地进行逐级下钻分析,分别展示各省、市、区县的贸易总金额
		分析国有企业以展览品方式出口的所属原产地的金额(指标)平均值
		分析国有企业以一般贸易方式出口的所属原产地(福建)汇总金额(指标)明细数据
3	可视化展示	按国家分类根据出口金额取前 10 个国家
		按国家分类根据交易笔数取前 10 个国家
		根据商品类别进行出口金额统计
		根据贸易方式进行统计
		根据物流方式统计出口金额
		根据供应商的企业类型进行统计
		将以上场景整合到一个页面,要求整体布局合理,所选图表组件能快速体现指标含义,颜色选择适中,业务逻辑清晰

5.3.2　对外贸数据进行报表分析

本案例所用分析软件为商业大数据 BI 工具 KNOWBI,KNOWBI 基于目前行业数据中心多源、多类型、多容器等特点,结合大数据教学实训要求,开发的一款面向大数据环境下的数据分析挖掘利器。包含了大数据存储、大数据分析、大数据挖掘、大数据展示与可视化这五大模块,融合分维分析、自助查询、可视化报表技术为一体,支持对多种数据容器和数据格式进行适配,提供简洁快速实时分析应用。

1. 报表制作

以下以模块 4 ETL 过程产生的表 olap.cksj_kettle2 作为数据源介绍报表制作过程。报表制作过程需要四个步骤：

(1) 数据源：数据的来源,或提供者。如 xml 数据源、jdbc 数据源等。

在商业大数据 BI 工具 KNOWBI 布局编辑器(客户端)中开始设计报表之前,构建数据源以将报表连接至数据库或其他类型的数据源。构建数据源时,要指定驱动程序类、数据源名称和其他连接信息(例如用户名和密码),如图 5-3-1 所示。

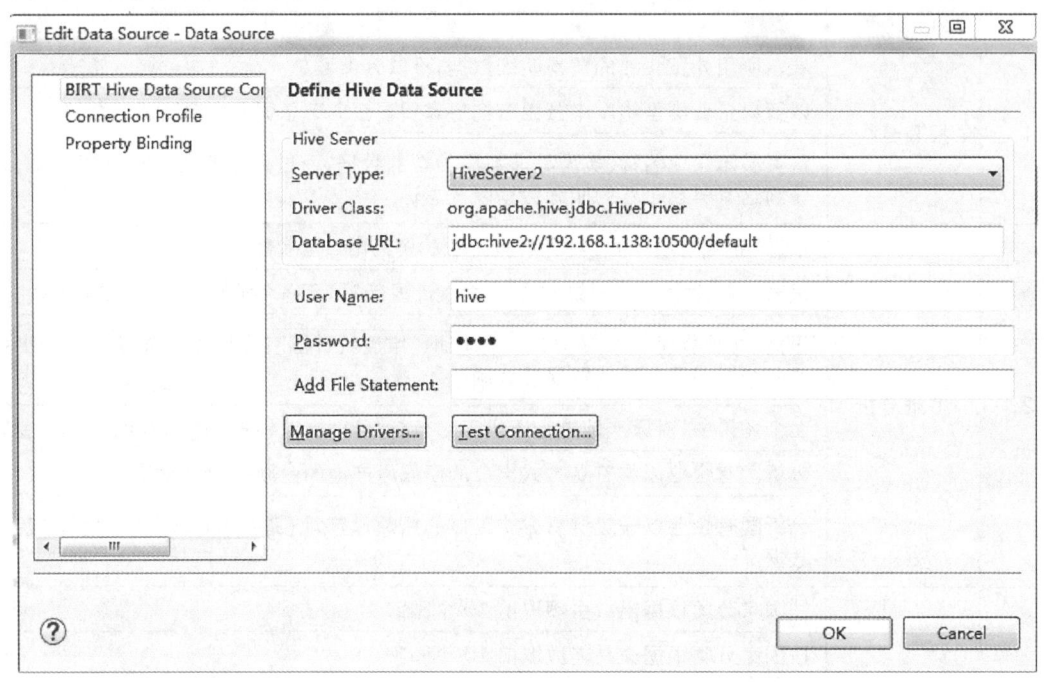

图 5-3-1　构建数据源

(2) 数据集：数据集合,它必须与数据源关联,可以理解为查询的结果(SQL/HQL 查询结果)或通过拖拽的方式形成的数据集。

数据集标识要从数据源中检索数据。通过连接至 Hive 数据源,使用 SQL select 语句来标识要检索的数据。

在数据资源管理器(Data Explorer)中,右键单击数据集(Data Set)并从上下文菜单中选择新建数据集。

写入要查询的 SQL,如图 5-3-2 所示。

(3) 报表参数：查询参数的表现形式,使用它可以构建更灵活的报表。报表参数就是在 BI 上报表右边显示的查询条件,可自定义。

(4) 模板和库：主要用于复用报表设计,提高报表开发的效率。模板是设计报表里面的重要一环。外观及数据展现都是模板里面的操作,如图 5-3-3 所示。

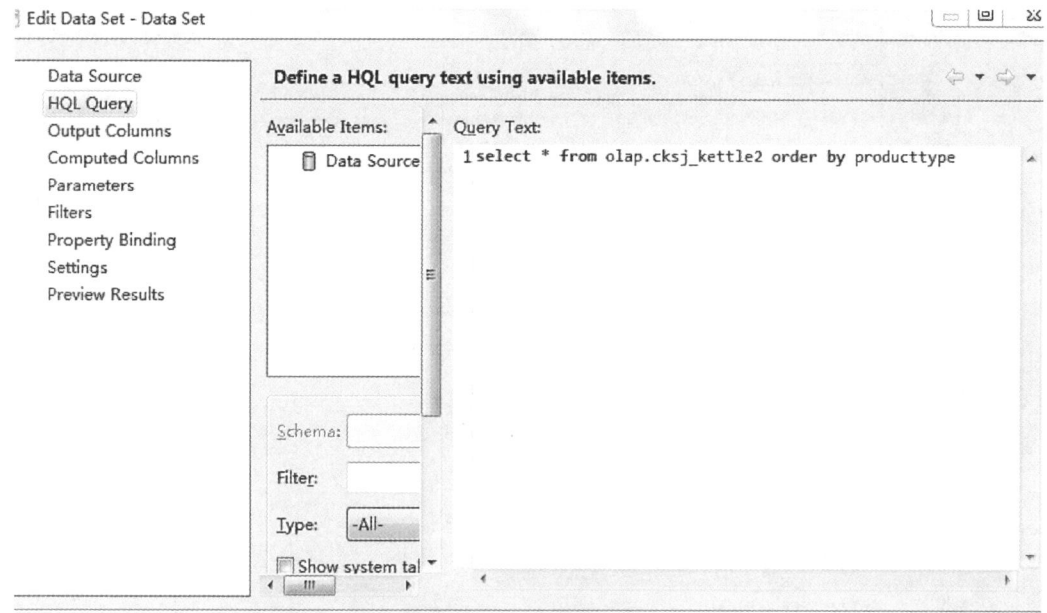

图 5-3-2　创建数据集

贸易数据								
贸易企业	企业类型	贸易品类	运输方式	海关口岸	出口目的地	贸易金额	贸易单位	贸易数量
[suppliername]	[enterprisenature]	[productname]	[modeoftrade]	[portofloading]	[countryoforigin]	[totalamount]	[unit]	[quantityorweight]

图 5-3-3　报表模板

比如做个贸易数据展现其贸易企业、企业类型、贸易品类等栏位，就需要在之前创建数据集的时候要查询出来，并且把此列拖到报表模板中，标题、列名和各种 HTML 属性都以自定义的方式设定好。

如果要做链接功能，需要在报表设计中进行 CELL 设置，属性 Hyperlink 设置为 URL，如图 5-3-4 所示。

然后保存报表，最后一步就是链接到服务端 Server 并上传。如图 5-3-5 所示。最终一个报表就能呈现出来，如图 5-3-6 所示。

2. 报表分析

报表以二维的方式展示数据的逻辑关系，供数据分析使用。通过选择分析条件，然后生成相应的固定式二维表（含下钻功能）。

报表操作相对简单，本案例由之前 ETL 过程产生的表 olap.cksj_kettle2 作为数据源实现的报表，具体操作步骤如下：

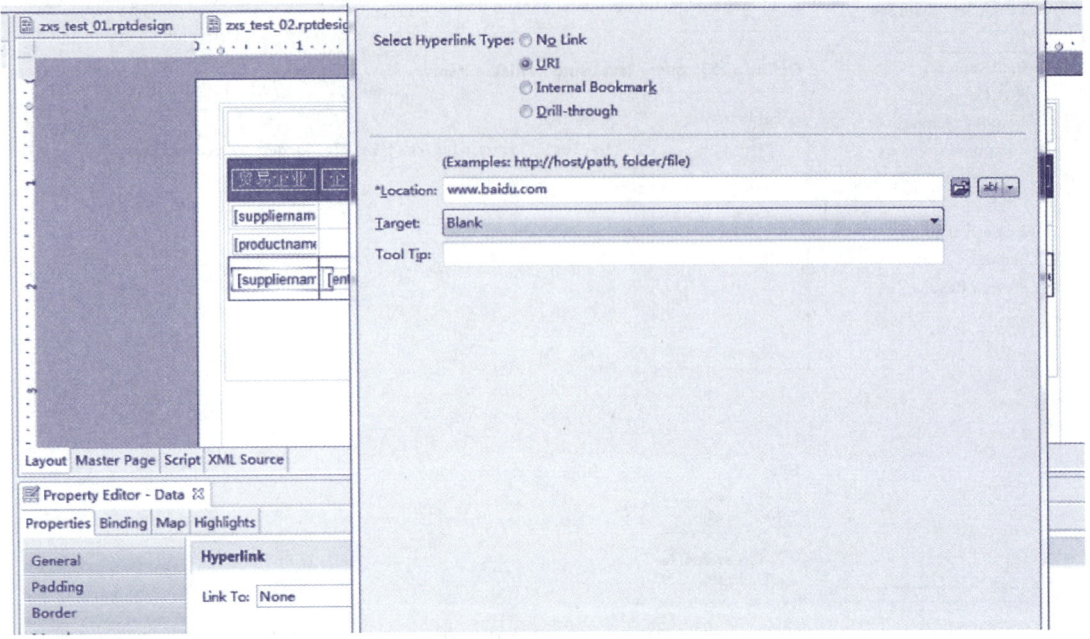

图 5-3-4 报表链接功能设置

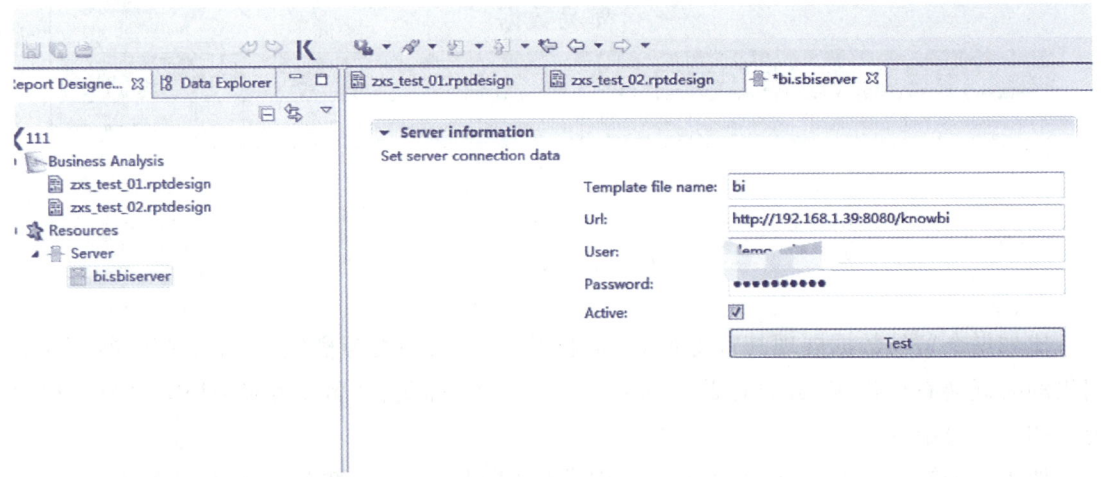

图 5-3-5 链接到服务器上传

（1）通过筛选条件生成满足不同条件的报表

① 场景 1：报表展示

展示所有外贸企业的贸易明细数据，不做分类汇总，如图 5-3-6 所示。

② 场景 2：报表维度汇总

以贸易企业类型维度来分组查询每家贸易企业下总贸易金额及贸易数量，如图 5-3-6 所示。

贸易数据

贸易企业	企业类型	贸易品类	运输方式	海关口岸	出口目的地	贸易金额	贸易单位	贸易数量
厦门群鑫机械工业有限公司	外商独资企业	形体健身器(AB1350)	一般贸易	厦门口岸	福建省厦门市	14349.90	千克	9393.00
伟克健身器材(苏州)有限公司	外商独资企业	健身器材	进料加工	太仓口岸	苏州市太仓市	1500.81	千克	910.00
伟克健身器材(苏州)有限公司	外商独资企业	健身器材	进料加工	上海口岸	苏州市太仓市	23529.00	千克	16550.00
中山盈尧健康科技有限公司	其他	58100踩踏健身器	进料加工	中山口岸	广东省中山市	24225.60	千克	15141.00
宁波海斯昂电子有限公司	私营企业	按摩器	一般贸易	宁波口岸	宁波市鄞县	19090.00	台	230.00
联兴金属工业(昆山)有限公司	外商独资企业	室内健身器	一般贸易	上海口岸	苏州市昆山市	55820.80	千克	24692.00
嘉美华(厦门)健身器材有限公司	外商独资企业	OB健身凳	一般贸易	厦门口岸	福建省厦门市	19176.30	千克	17880.00
伟克健身器材(苏州)有限公司	外商独资企业	健身器材	进料加工	上海口岸	苏州市太仓市	7186.54	千克	3535.00
宁波昴隆健身器材有限公司	外商独资企业	健身车	样品	上海口岸	宁波市慈溪市	43.50	千克	22.50
野宝车料(工业)昆山有限公司	外商独资企业	健身车	一般贸易	上海口岸	苏州市昆山市	165.60	千克	57.30
福建怡和电子有限公司	私营企业	按摩器具	一般贸易	马江口岸	宁德地区福安市	27830.00		9019100000.00
广美善满稞畜牧有限公司	外商独资企业	200ml鲜乳酪绿茶低酯饮品	一般贸易	广州口岸	广东省广州市	58.70	千克	4070.00
内蒙古蒙牛乳业(集团)股份有限公司	私营企业	蒙牛未来星活力成长奶类饮品	一般贸易	天津口岸	内蒙古自治区呼和浩特市	196.56	千克	9507.00
厦门蒙发利科技(集团)有限公司	中外合资企业	按摩器具	一般贸易	厦门口岸	福建省厦门市	16425.00	台	450.00

图 5-3-6　制作成型的报表

③ 场景 3：报表下钻

首页展示企业名称、类型等非数据类型的数据，通过点击企业名称进行下钻，跳转到这家贸易企业的明细数据以及总计，如图 5-3-7 所示。

贸易企业	企业类型	贸易品类	运输方式	海关口岸	出口目的地	贸易金额（美元）	贸易单位	贸易数量
合计						133,892.61		
龙海龙宝家具有限公司	私营企业	餐椅	一般贸易	厦门口岸	漳州市龙海市	2598.4	个	116
龙海龙宝家具有限公司	私营企业	梳妆台	一般贸易	厦门口岸	漳州市龙海市	735.48	件	6
龙海龙宝家具有限公司	私营企业	餐柜	一般贸易	厦门口岸	漳州市龙海市	1560	件	8
龙海龙宝家具有限公司	其他	餐椅	一般贸易	厦门口岸	漳州市龙海市	2520	个	84
龙海龙宝家具有限公司	私营企业	餐桌	一般贸易	厦门口岸	漳州市龙海市	2250	件	15
龙海龙宝家具有限公司	私营企业	梳妆台	一般贸易	厦门口岸	漳州市龙海市	334.5	件	3
龙海龙宝家具有限公司	私营企业	餐柜	一般贸易	厦门口岸	漳州市龙海市	746	件	4
龙海龙宝家具有限公司	私营企业	餐椅	一般贸易	厦门口岸	漳州市龙海市	2520	个	84
龙海龙宝家具有限公司	其他	餐柜	一般贸易	厦门口岸	漳州市龙海市	746	件	4
龙海龙宝家具有限公司	其他	餐桌	一般贸易	厦门口岸	漳州市龙海市	2250	件	15
龙海龙宝家具有限公司	其他	梳妆台	一般贸易	厦门口岸	漳州市龙海市	334.5	件	3
龙海龙宝家具有限公司	私营企业	梳妆台	一般贸易	厦门口岸	漳州市龙海市	1739.6	件	20

图 5-3-7　报表下钻

（2）导出

点击工具栏上的 图标，可将报表导出为 .xls、.xlsx、.pdf 格式，根据需要选择导出的文件格式，编辑文件名称并选择导出方式，导出报表的界面如图 5-3-8 所示。

（3）打印

点击 按钮，选择"弹出"，系统将弹出打印的处理页面，用户根据需要选择对应的打印

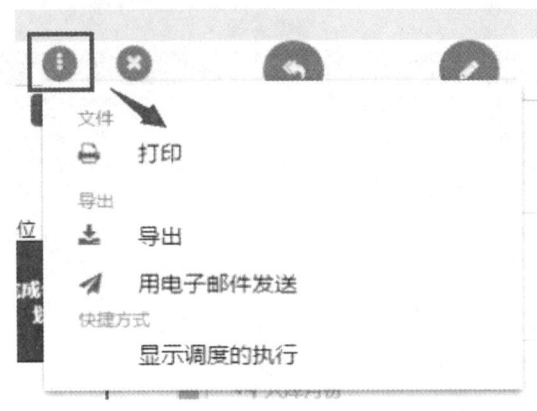

图 5-3-8　导出报表

机,并设置需要打印的页面范围和打印份数,打印前可先点击左下角的"打印预览",确定是否符合打印标准,最后点击"确定"即可进行打印,打印的界面如图 5-3-9 所示。

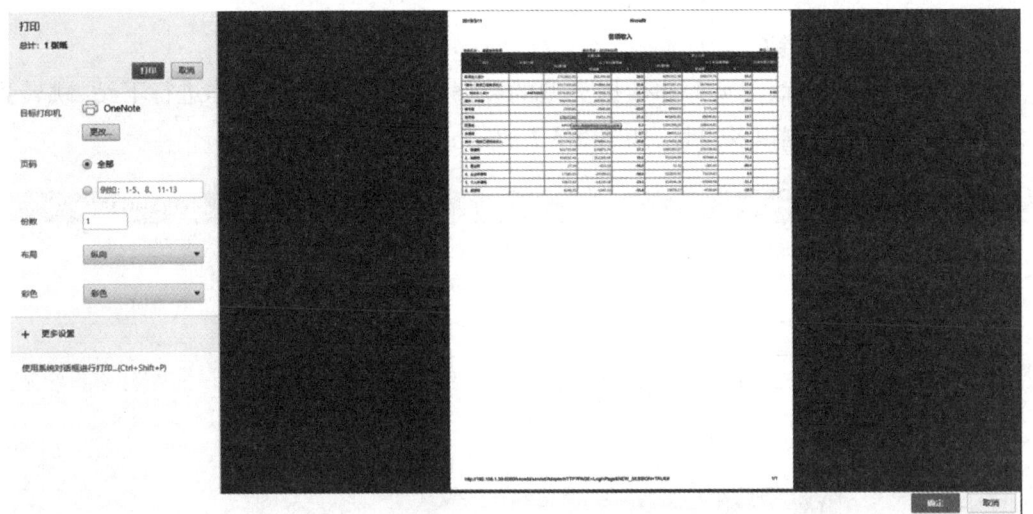

图 5-3-9　打印界面

5.3.3　对外贸数据进行多维分析

多维分析在报表分析的基础上,从业务场景从多个维度进行深入的探索式的分析。一个多维分析表是由维、指标、多种配置及分析范围这几个方面组成。其中:指标表示要分析的对象;维是指分析问题的角度,表示对指标要从哪些方面来分析;而过滤条件是对数据进行限制和筛选。

多维分析可以对以多维形式组织起来的数据采取切片(slice)、钻取(drill down 和 roll up)、旋转(pivot)等各种分析动作,以求剖析数据,使用户能从多个角度、多侧面地观察数据库中的数据,从而深入理解包含在数据中的信息。如图 5-3-10 所示。

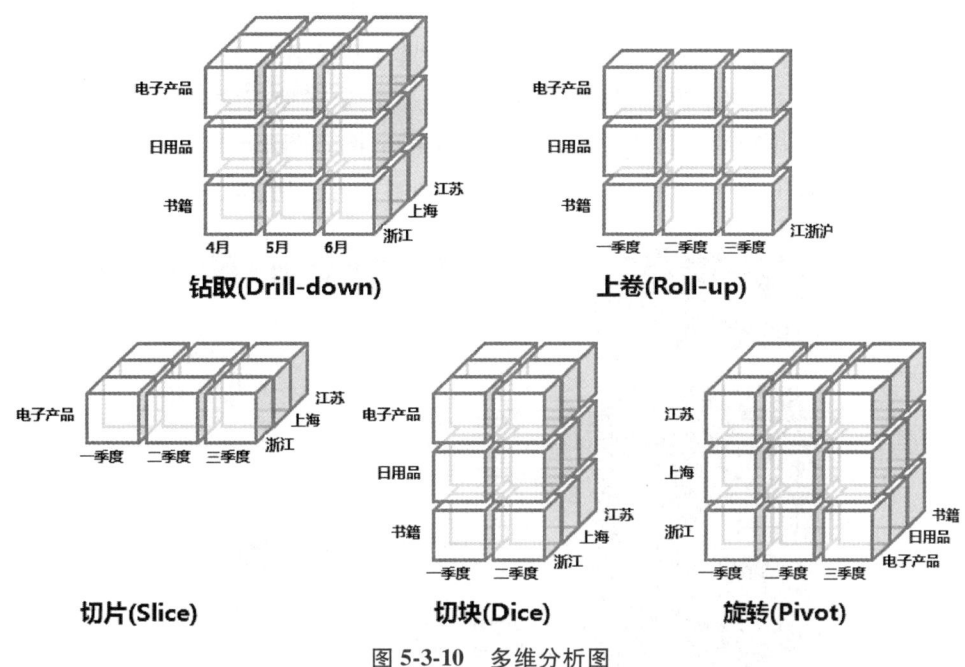

图 5-3-10 多维分析图

1. 本案例整体概述

从出口贸易数据中选取企业类型、贸易方式、原产地、出口国四个维度以及金额(指标)信息,展示不同维度下贸易数据的变化。

2. 多维模板制作

(1) 由之前 ETL 过程产生的表 olap. duowei_typechange 作为数据源实现的多维报表。

(2) 挑选 olap. duowei_typechange 表中的 enterprisenature 字段,modeoftrade 字段,countryoforigin 字段,countryofdestination 字段作为多维报表的维度。

(3) 使用上面挑选的四个维度创建多维报表需要的 xml 文件。如图 5-3-11 所示。

图 5-3-11 创建 xml 文件

① <table>标签指定 olap.duowei_typechange 表作为数据源；

② <dimension>标签指定第一个维度的名称为"企业性质"；

③ <level>标签定义该维度的等级（只有一级），还指定了使用的列为 enterprisenature 字段，nameColumn 指定显示的名称用的是 enterprisenature_name 字段。

（4）登录 KNOWBI 系统，点击多维模型设计，如图 5-3-12 所示。

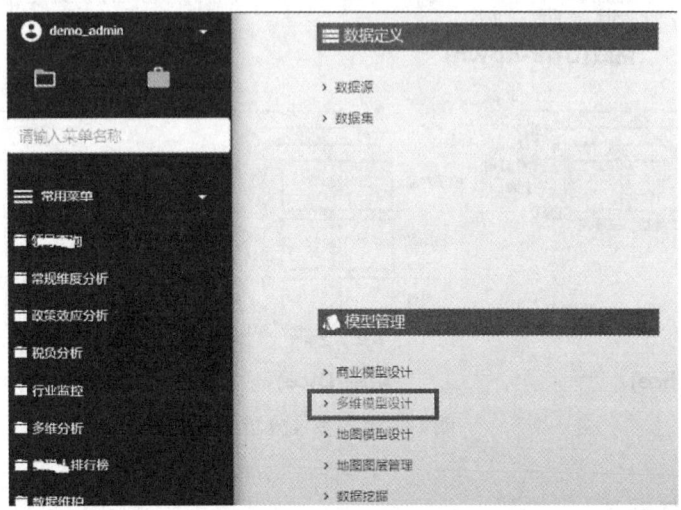

图 5-3-12　点击 KNOWBI 上的多维模型设计

（5）点击新增，然后将之前准备的 xml 文件导入，点击"保存"，完成模板制作与导入，如图 5-3-13、图 5-3-14 所示。

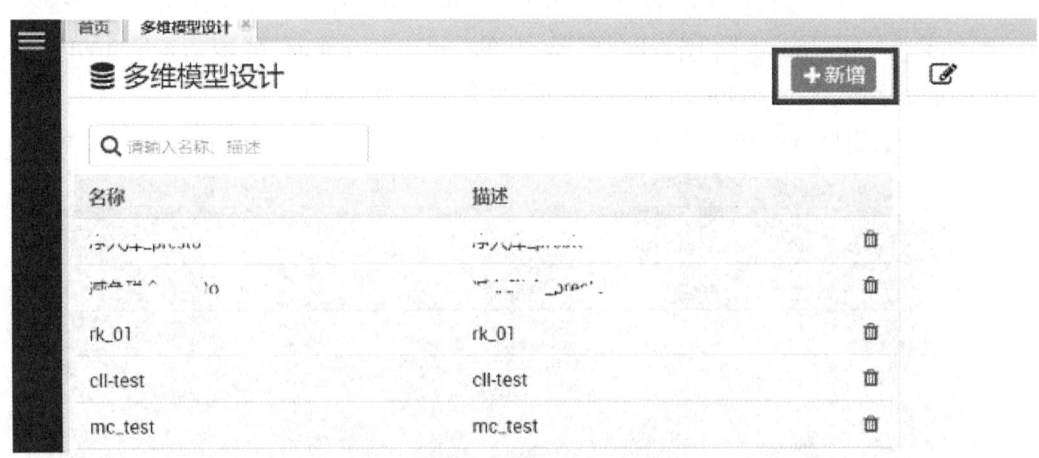

图 5-3-13　导入 xml 文件

（6）整体界面制作，在多维制作界面上通过拖拽的方式，将企业性质、贸易方式、原产地三个维度拖入"行轴"，将贸易金额拖入"列轴"，统计贸易总金额，并且以出口国作为过滤条件。如图 5-3-15 所示。

图 5-3-14　完成模板制作与导入

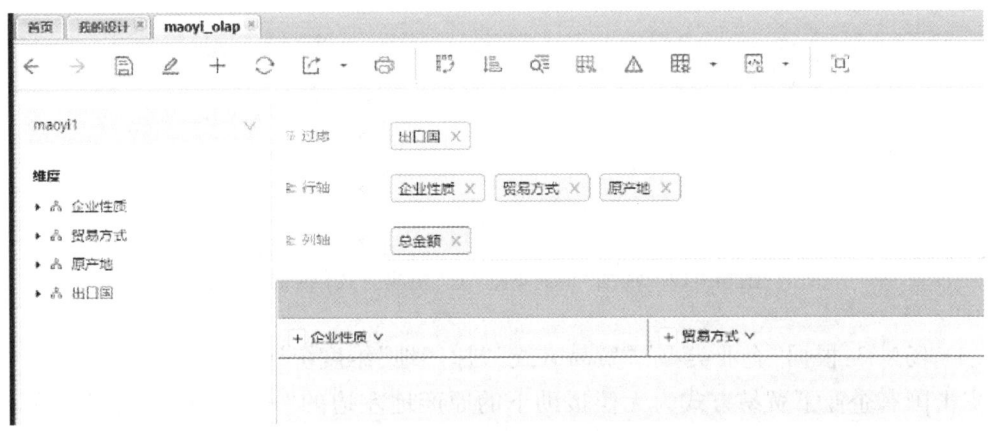

图 5-3-15　多维分析整体界面

3. 多维分析

（1）场景1：根据"企业性质"维度统计

点击企业性质左边的"+"号，可以对企业性质进行下钻，统计各类企业的贸易出口总金额，如图5-3-16所示。

图 5-3-16　根据"企业性质"维度统计

(2) 场景 2：根据"企业类型"与"贸易方式"维度统计

点击国有企业下的贸易方式左边的"+"号，对国有企业的贸易方式进行下钻，可以统计国有企业下各个贸易方式的贸易总金额，如图 5-3-17 所示。

图 5-3-17　根据"企业类型"与"贸易方式"维度统计

(3) 场景 3：根据"企业类型""贸易方式""原产地"维度统计

点击国有企业下贸易方式为无偿援助下的原产地左边的"+"号，对此国有企业下无偿援助的原产地进行下钻，统计各个原产地下的贸易总金额，如图 5-3-18 所示。

图 5-3-18　根据"企业类型""贸易方式""原产地"维度统计

(4) 场景 4：地区层级下钻

在上个场景中，对原产地进行逐级下钻分析，分别展示各省、市、区县的贸易总金额，如

图 5-3-19 所示。

		总金额 ⌄
+ 贸易方式 ⌄	+ 原产地 ⌄	15,231,177,615
+ 贸易方式 ⌄	+ 原产地 ⌄	80,067,434
+ 贸易方式 ⌄	+ 原产地 ⌄	955,361,923
+ 贸易方式 ⌄	+ 原产地 ⌄	2,004,437,510
+ 贸易方式 ⌄	+ 原产地 ⌄	5,463,180,167
− 贸易方式 ⌄	+ 原产地 ⌄	1,530,971,119
对外承包工程进出口货物 ⌄	+ 原产地 ⌄	97,230
无偿援助 ⌄	− 原产地 ⌄	82,098
	− 河北省 ⌄	2,633
	− 廊坊市 ⌄	2,633
	任丘市 ⌄	2,633
	+ 山东省 ⌄	79,465

图 5-3-19　地区级下钻分析

（5）场景 5：函数统计计算

提供对指标数据的聚合计算功能，分析国有企业以展览品方式出口的所属原产地的金额（指标）平均值，如图 5-3-20 所示。

展览品 ⌄	+ 浙江省 ⌄	15,271
	+ 山东省 ⌄	1,885
	AVG	8,578
其他贸易性货物 ⌄	+ 原产地 ⌄	903,546
暂时进出口货物 ⌄	+ 原产地 ⌄	527,728
进料加工 ⌄	+ 原产地 ⌄	290,426,460
退运货物 ⌄	+ 原产地 ⌄	230
AVG		83,314,590.93333334
+ 贸易方式 ⌄	+ 原产地 ⌄	1,461,446,644
+ 贸易方式 ⌄	+ 原产地 ⌄	104,210,606
		584,063,375.7727273

图 5-3-20　函数统计计算

（6）场景 6：取指标明细

提供对指标汇总数据的下钻功能，分析国有企业以一般贸易方式出口的所属原产地（福建）汇总金额（指标）明细数据，如图 5-3-21 所示。

同时，在指标金额处点击放大镜，即可进入明细清单页面，如图 5-3-22 所示。

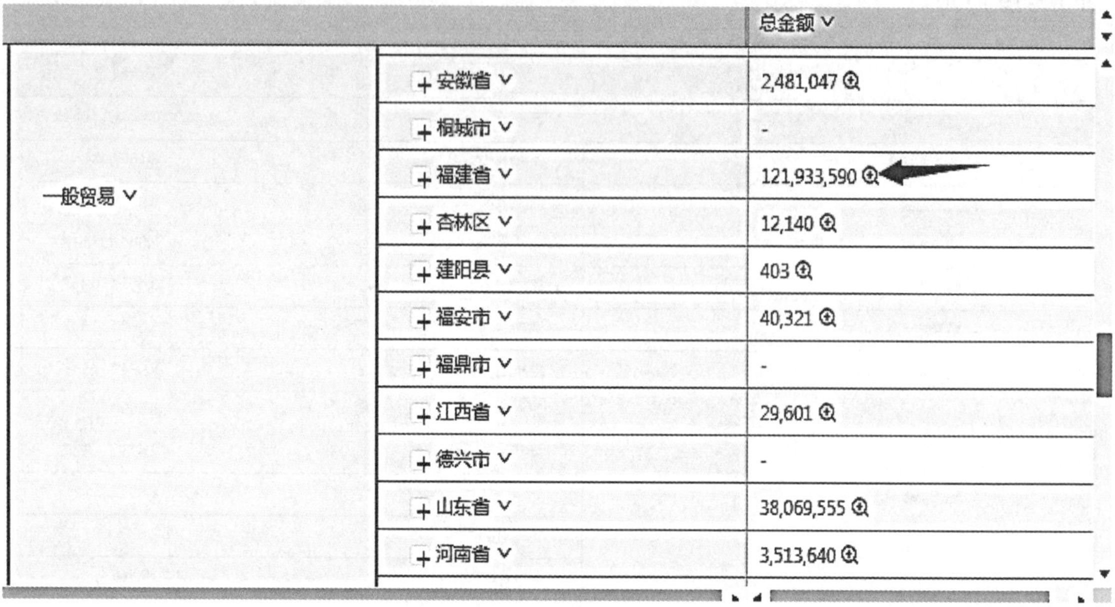

		总金额
一般贸易	安徽省	2,481,047
	桐城市	-
	福建省	121,933,590
	杏林区	12,140
	建阳县	403
	福安市	40,321
	福鼎市	-
	江西省	29,601
	德兴市	-
	山东省	38,069,555
	河南省	3,513,640

图 5-3-21　取指标明细

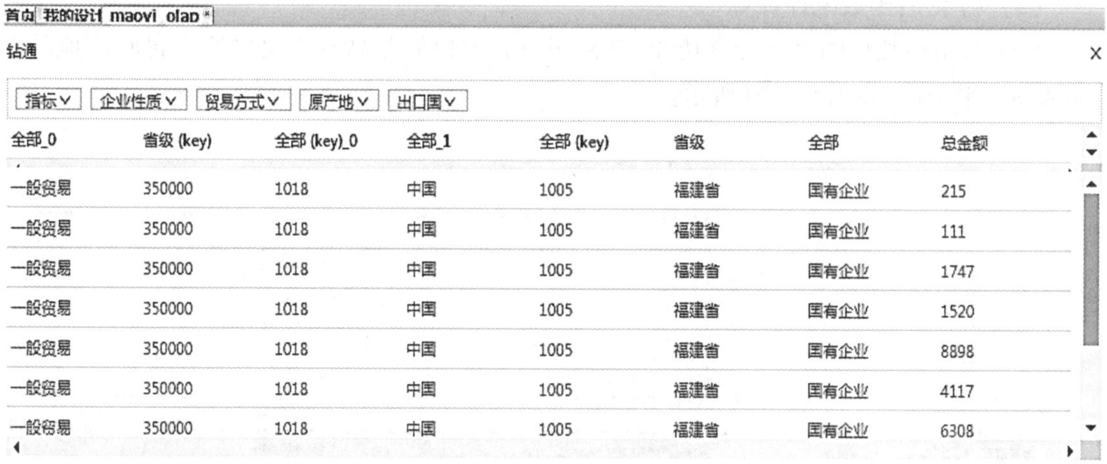

首页 我的设计 maoyi_olap

钻通

指标 企业性质 贸易方式 原产地 出口国

全部_0	省级 (key)	全部 (key)_0	全部_1	全部 (key)	省级	全部	总金额
一般贸易	350000	1018	中国	1005	福建省	国有企业	215
一般贸易	350000	1018	中国	1005	福建省	国有企业	111
一般贸易	350000	1018	中国	1005	福建省	国有企业	1747
一般贸易	350000	1018	中国	1005	福建省	国有企业	1520
一般贸易	350000	1018	中国	1005	福建省	国有企业	8898
一般贸易	350000	1018	中国	1005	福建省	国有企业	4117
一般贸易	350000	1018	中国	1005	福建省	国有企业	6308

图 5-3-22　明细清单页面

5.3.4　对外贸数据进行可视化展示

通过可视化方式展示出口商品明细数据，该驾驶舱展示了本年出口商品根据商品种类，出口国所进行的出口金额及出口交易笔数的统计，以及根据贸易方式、物流方式和供应商企业类型所进行的统计。

1. 可视化模板制作

（1）创建数据源，如图 5-3-23、图 5-3-24 所示。

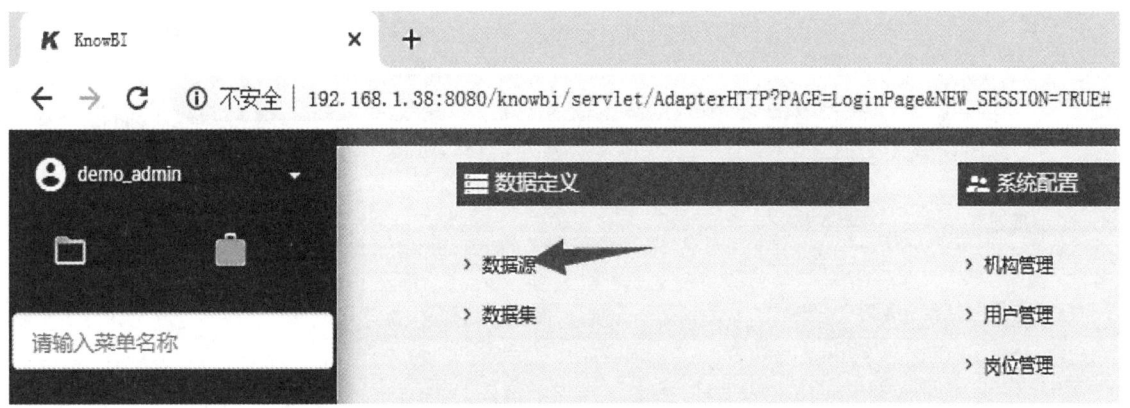

图 5-3-23　创建数据源-步骤 1

图 5-3-24　创建数据源-步骤 2

（2）创建数据集

① 创建数据集过程，如图 5-3-25、图 5-3-26 所示。

② 创建数据集 SQL。

图 5-3-25 创建数据集-步骤 1

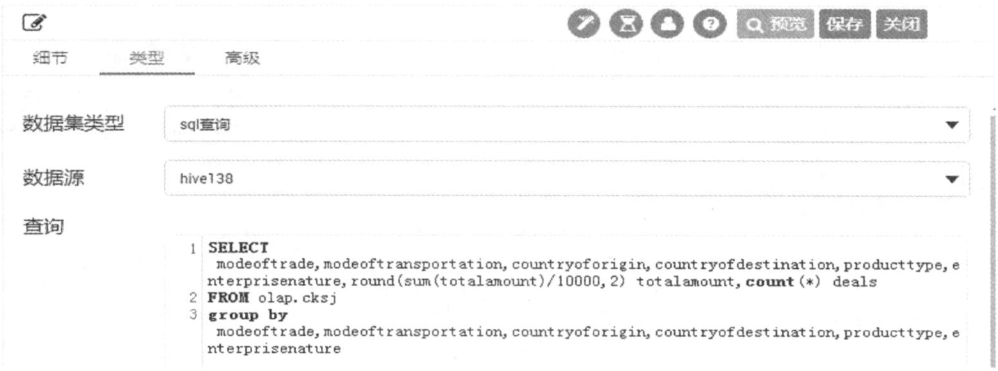

图 5-3-26 创建数据集-步骤 2

出口国家统计,操作如下:

SELECT countryofdestination,round(sum(totalamount)/10000,2) totalamount,count(*) deals
FROM olap.cksj
group by countryofdestination order by sum(totalamount) desc

贸易方式统计,操作如下:

SELECT modeoftrade,round(sum(totalamount)/10000,2) totalamount,count(*) deals
FROM olap.cksj
group by modeoftrade

物流方式统计,操作如下:

SELECT modeoftransportation,round(sum(totalamount)/10000,2) totalamount,count(*) deals
FROM olap.cksj
group by modeoftransportation

企业性质统计，操作如下：

SELECT enterprisenature,round(sum(totalamount)/10000,2) totalamount,count(*) deals
FROM olap.cksj
group by enterprisenature

出口商品统计，操作如下：

SELECT producttype,round(sum(totalamount)/10000,2) totalamount,count(*) deals
FROM olap.cksj
group by producttype

商品产地统计，操作如下：

SELECT countryoforigin,round(sum(totalamount)/10000,2) totalamount,count(*) deals
FROM olap.cksj
group by countryoforigin

（3）创建驾驶舱文档

① 进入"我的设计"，如图 5-3-27 所示。

图 5-3-27　创建驾驶舱文档-步骤 1

② 新建一个驾驶舱，如图 5-3-28 所示。

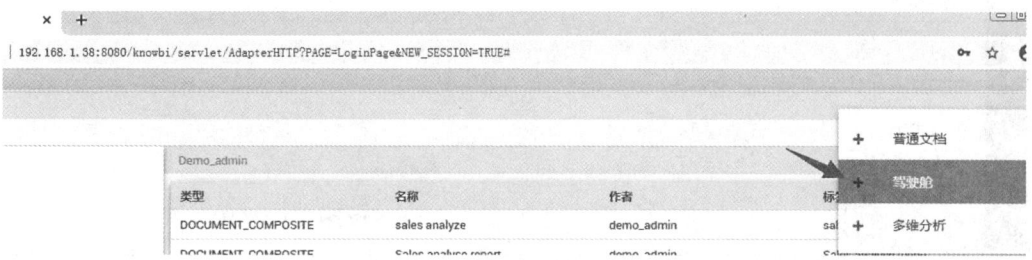

图 5-3-28　创建驾驶舱文档-步骤 2

2．可视化分析

（1）可视化分析界面首页如图 5-3-29 所示。

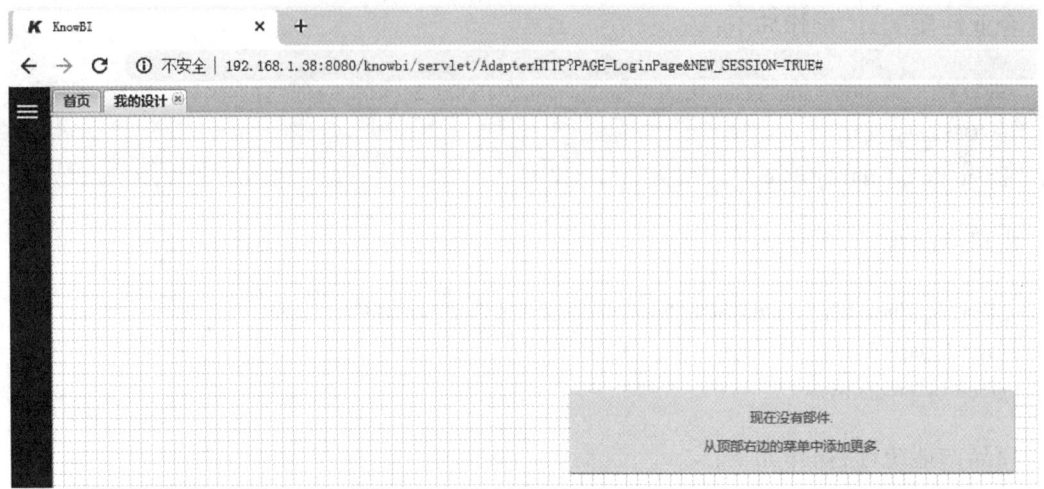

图 5-3-29　可视化分析界面首页

（2）添加数据集

① 数据配置

点击"数据配置",如图 5-3-30 所示。

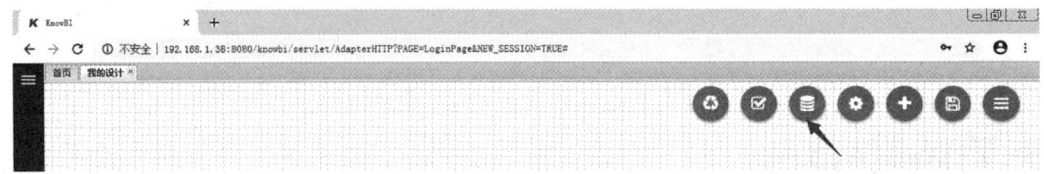

图 5-3-30　点击"数据配置"

② 添加数据集

点击"添加数据集",如图 5-3-31 所示。

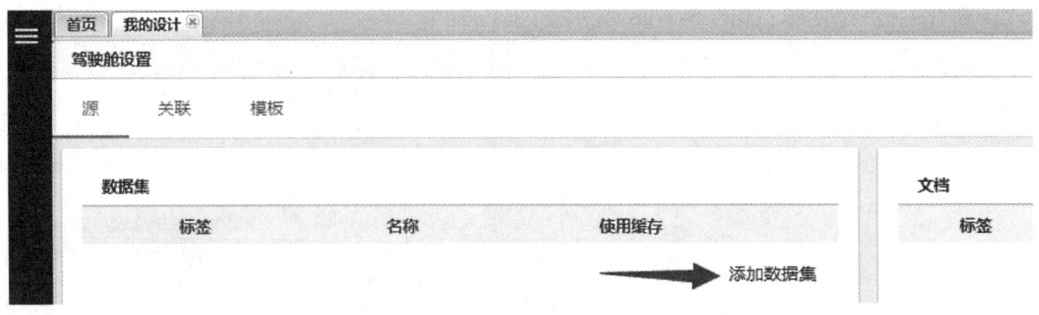

图 5-3-31　点击"添加数据集"

③ 选择数据集

选择数据集,如图 5-3-32 所示。

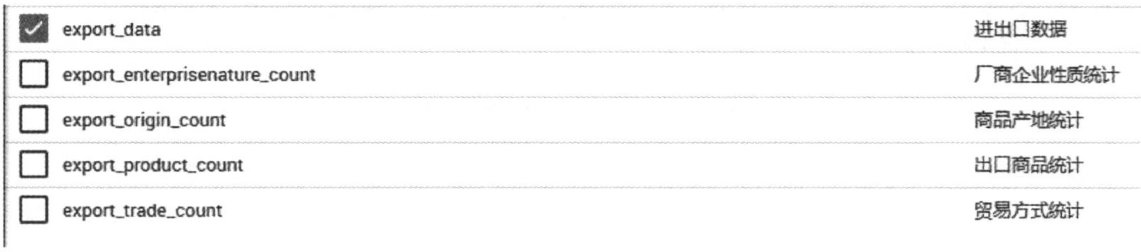

export_data
进出口数据
export_enterprisenature_count
厂商企业性质统计
export_origin_count
商品产地统计
export_product_count
出口商品统计
export_trade_count
贸易方式统计

图 5-3-32　选择数据集

选择前面章节创建的数据集，点击“保存”，本项目用到数据集列表，如图 5-3-33 所示。

源
关联
模板
数据集
标签
名称
使用缓存
export_trade_count
贸易方式统计
export_country_count
出口国家统计
export_origin_count
商品产地统计
export_transportation_c...
物流方式统计
export_product_count
出口商品统计
export_enterprisenature...
厂商企业性质统计
添加数据集

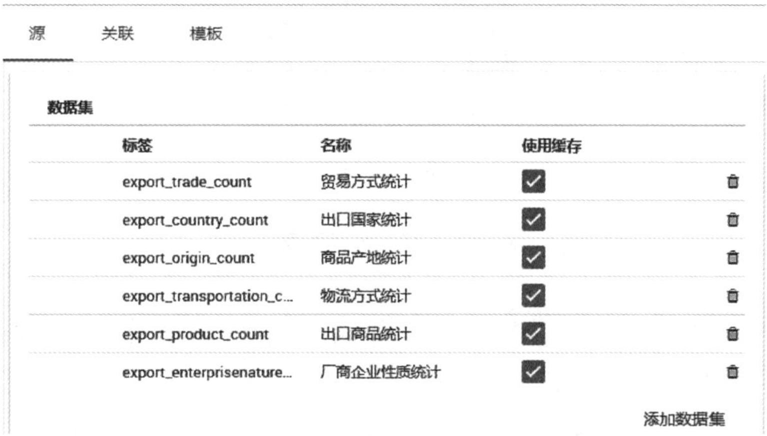

图 5-3-33　所选数据集列表

（3）添加可视化资源

为目标设计添加一个部件，具体步骤如下。

① 点击“新增图表”，如图 5-3-34 所示。

首页
我的设计
新增图表

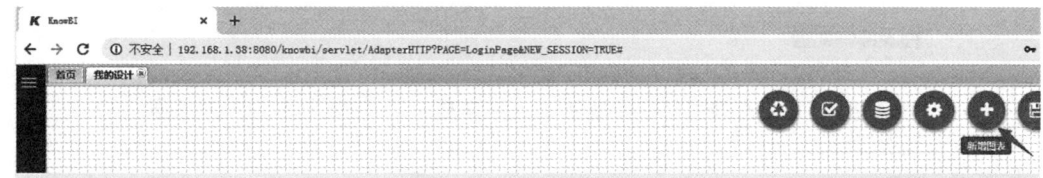

图 5-3-34　点击“新增图表”

② 选择图表，如图 5-3-35 所示。

③ 图表资源配置，如图 5-3-36 所示。

④ 添加数据集，如图 5-3-37 所示。

图 5-3-35 选择图表

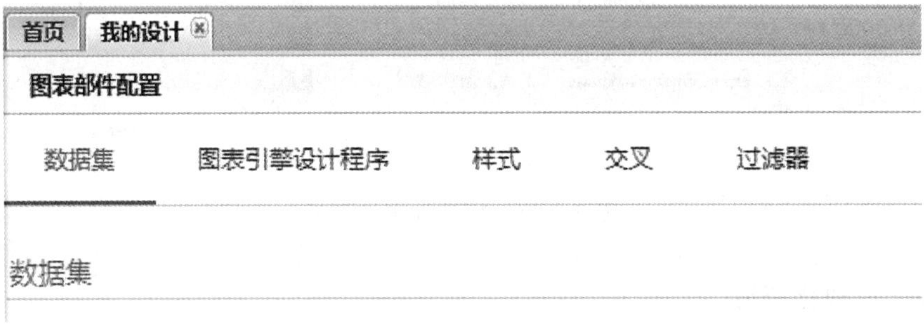

图 5-3-36 图表资源配置

图 5-3-37 添加数据集

（4）添加联动选择器，如图 5-3-38 所示。

图 5-3-38　添加联动选择器

5.4　设计示例

5.4.1　基于出口国统计（总金额）

1. 选择数据集

选择数据集，如图 5-4-1 所示。

图 5-4-1　选择数据集

2. 选择具体图表类型

在具体图表类型中选择饼图，如图 5-4-2 所示。

图 5-4-2　选择具体图表类型

3. 选择维度与指标

选择维度与指标，如图 5-4-3 所示。

图 5-4-3　选择维度与指标

分别选择维度与度量栏中的 countryofdestination（出口国）和 totalamount（总金额）即能获得数据饼图。

4. 配置维度与指标属性

点击图 5-4-2 中箭头,进入配置页面,分别对名称进行重命名与排序选择,结果如图 5-4-4 所示。

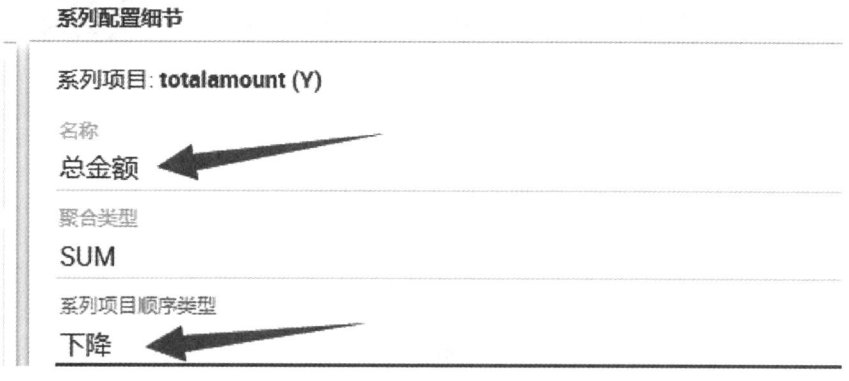

图 5-4-4　配置维度与指标属性

5. 过滤与显示记录

仅显示总金额排名为前 10 的数据,如图 5-4-5 所示,然后点击"保存"。

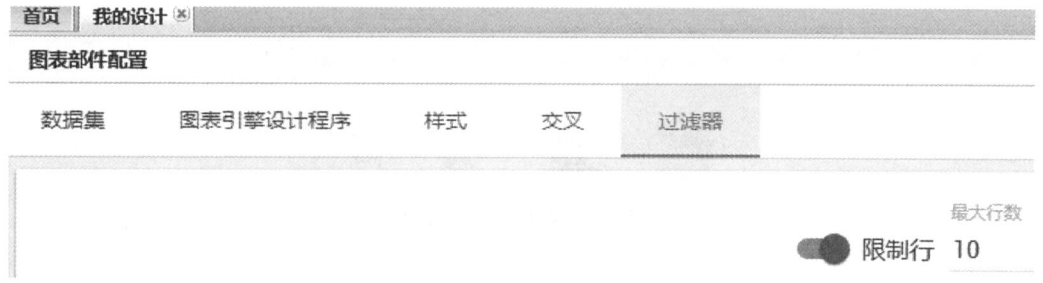

图 5-4-5　过滤与显示记录

5.4.2　基于出口国统计(交易笔数)

1. 选择数据集

选择数据集,如图 5-4-6 所示。

2. 选择具体图表类型

选择具体图表类型,这里选择柱状图,如图 5-4-7 所示。

3. 选择维度与指标

选择维度与指标,如图 5-4-8 所示。

分别选择维度与度量栏中的 countryofdestination(出口国)和 deals(交易笔数),如图 5-4-9 所示。

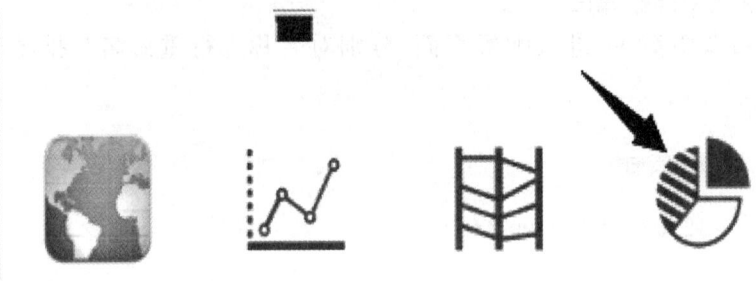

图 5-4-6　选择数据集

图 5-4-7　选择具体图表类型

图 5-4-8　选择维度与指标

图 5-4-9　选择出口国和交易笔数

4. 配置维度与指标属性

进入配置页面,分别对名称进行重命名与排序选择,结果如图 5-4-10 所示。

图 5-4-10　配置维度与指标属性

5. 过滤与显示记录

仅显示总金额排名为前 10 的数据,如图 5-4-11 所示,然后点击"保存"。

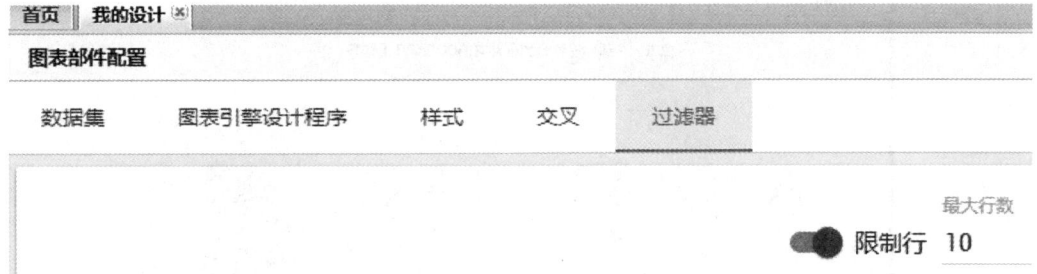

图 5-4-11　过滤与显示记录

6. 横轴配置

横轴配置，如图 5-4-12 所示。

图 5-4-12　横轴配置

配置为出口国，如图 5-4-13 所示。

图 5-4-13　配置为出口国

5.4.3　基于出口商品统计

1. 选择图表资源类型

添加可视化资源，选择表格，如图 5-4-14 所示。

图 5-4-14　选择图表资源类型

2. 选择数据集与列

选择数据集，如图 5-4-15 所示。

图 5-4-15　选择数据集

选择列并重命名，删除无关的列，如图 5-4-16 所示。

		列名称	标题	集成
↑	↓	producttype	Text 商品类型	
↑	↓	totalamount	Text 总金额	总数
↑	↓	deals	Text 交易笔数	总数

图 5-4-16　删除无关的列

3. 排序与显示条数

排序与显示条数，如图 5-4-17 所示。

图 5-4-17　排序与显示条数

4. 表格样式

设置表格样式，如图 5-4-18 所示，然后点击"保存"。

5. 可视化展示

可视化展示，如图 5-4-19 所示。

图 5-4-18　表格样式

商品统计

商品类型	总金额	交易笔数
building_materials	3246.57	1910
chemical_mineral	391183.28	10086
consumer_goods	24408.24	16410
food_native	104645.31	17467
footwear	107037.3	56297
gifts	54265.86	18181

页面 1 ▼ 1 - 10 的 11

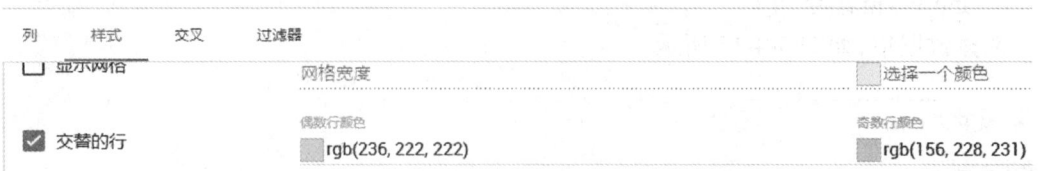

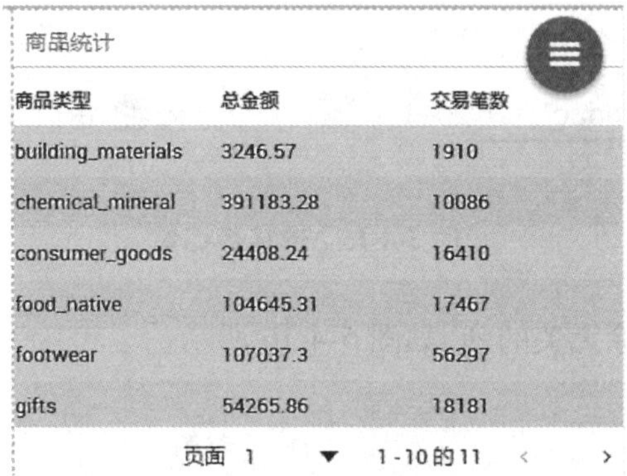

图 5-4-19　可视化展示

5.4.4　基于贸易方式统计（金额）

1. 选择数据集

选择数据集，如图 5-4-20 所示。

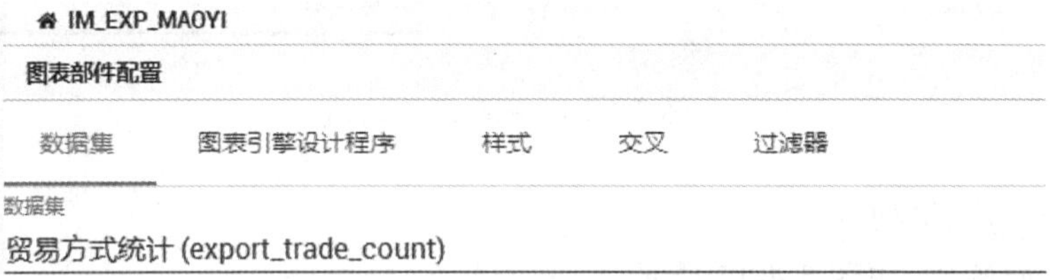

图 5-4-20　选择数据集

2. 选择具体图表类型

在具体图表类型中选择饼图，如图 5-4-21 所示。

3. 选择维度与指标

分别选择维度与度量栏中的 modeoftrade（贸易方式）和 totalmount（总金额），如图 5-4-22 所示。

4. 配置维度与指标属性

进入配置页面，分别对名称进行重命名与排序选择，结果如图 5-4-23 所示。

图 5-4-21　选择具体图表类型

图 5-4-22　选择维度与指标

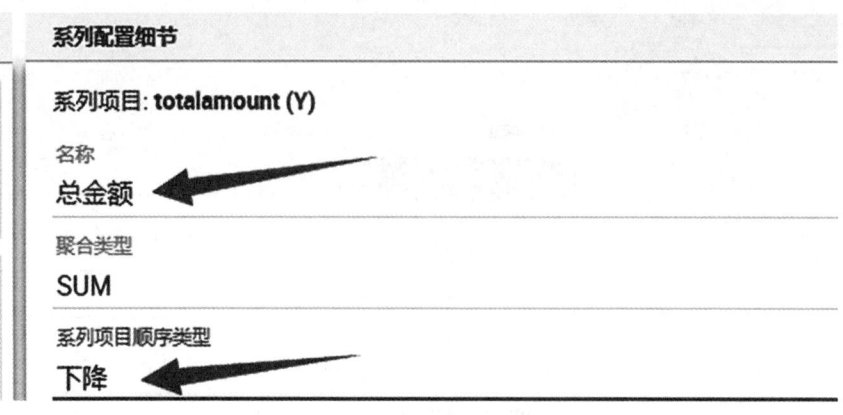

图 5-4-23　配置维度与指标属性

5. 过滤与显示记录

仅显示总金额排名为前 10 的数据，如图 5-4-24 所示，然后点击"保存"。

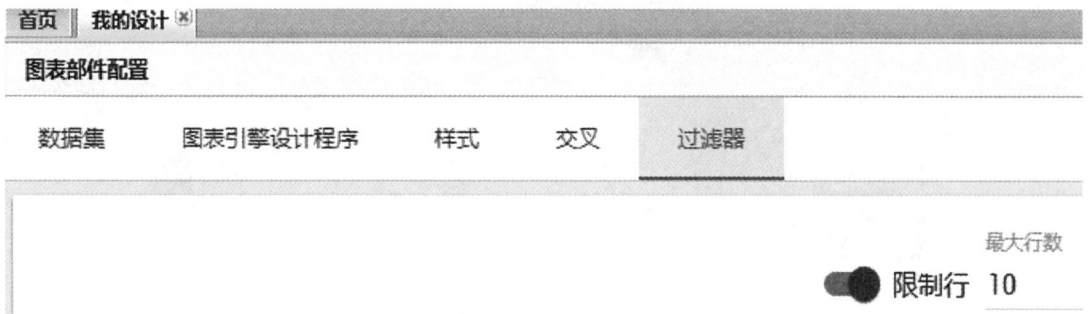

图 5-4-24　过滤与显示记录

6. 可视化展示

可视化展示，如图 5-4-25 所示。

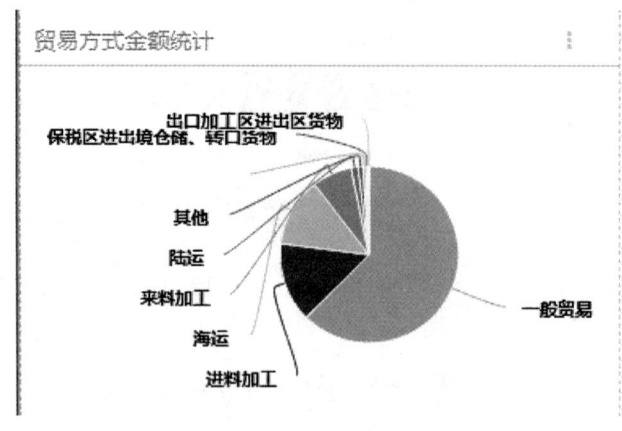

图 5-4-25　可视化展示

5.4.5 基于贸易方式统计（交易笔数）

1. 选择数据集

选择数据集，如图 5-4-26 所示。

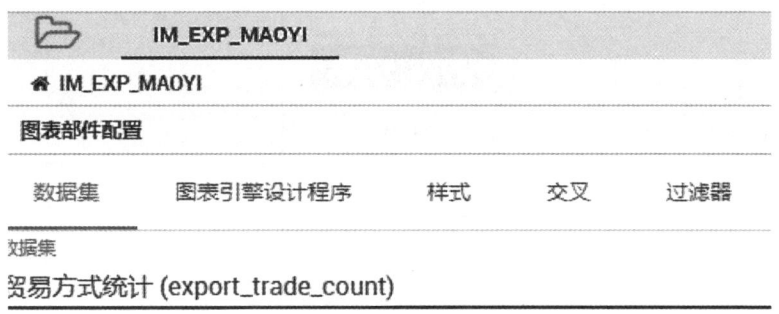

图 5-4-26　选择数据集

2. 选择具体图表类型

选择具体图表类型，我们选择柱状图，如图 5-4-27 所示。

图 5-4-27　选择具体图表类型

3. 选择维度与指标

选择维度与指标，如图 5-4-28 所示。

分别选择维度与度量栏中的 modeoftrade（贸易方式）和 deals（交易笔数），如图 5-4-29 所示。

图 5-4-28 选择维度与指标

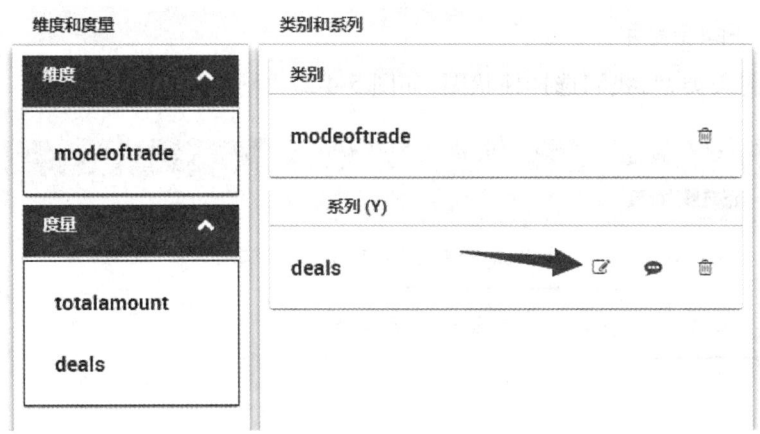

图 5-4-29 选择贸易方式和交易笔数

4. 配置维度与指标属性

如前所述,进入配置页面,分别对名称进行重命名与排序选择,结果如图 5-4-30 所示。

5. 过滤与显示记录

仅显示总金额排名为前 10 的数据,如图 5-4-31 所示,然后点击保存。

6. 横轴配置

横轴配置,如图 5-4-32 所示。

选择配置为贸易方式,如图 5-4-33 所示。

7. 可视化展示

可视化展示,如图 5-4-34 所示。

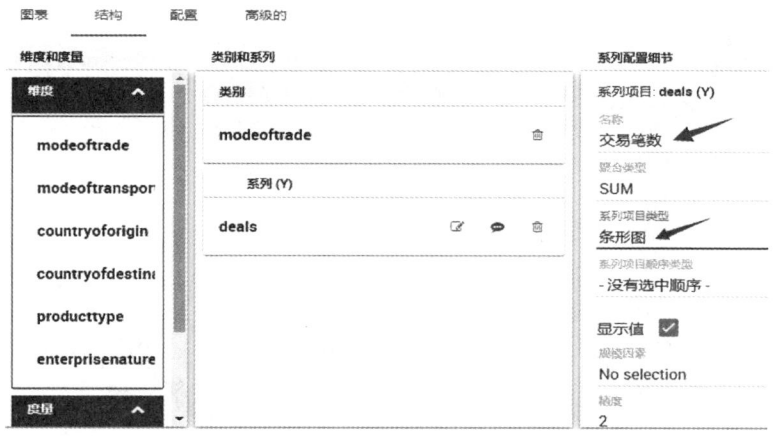

图 5-4-30　配置维度与指标属性

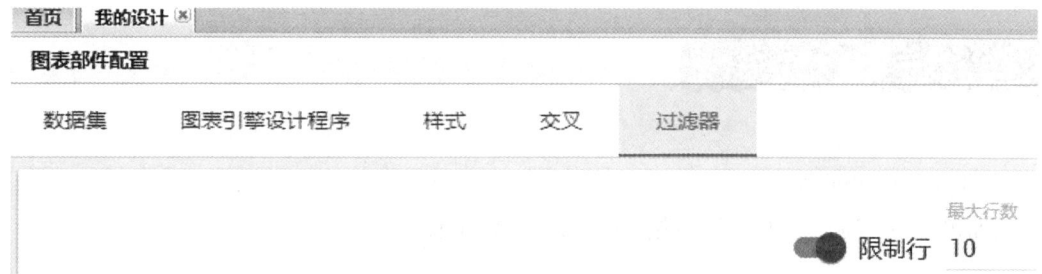

图 5-4-31　过滤与显示记录

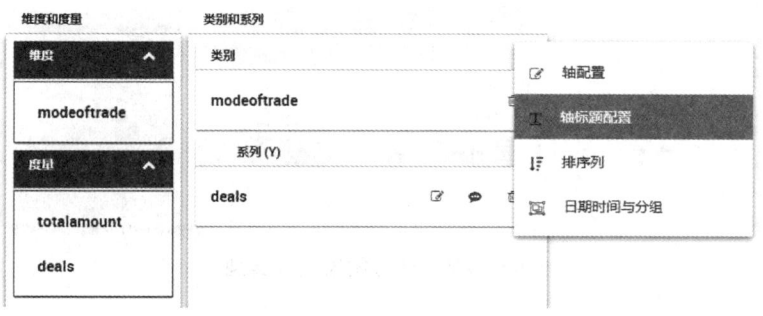

图 5-4-32　横轴配置

图 5-4-33　配置为贸易方式

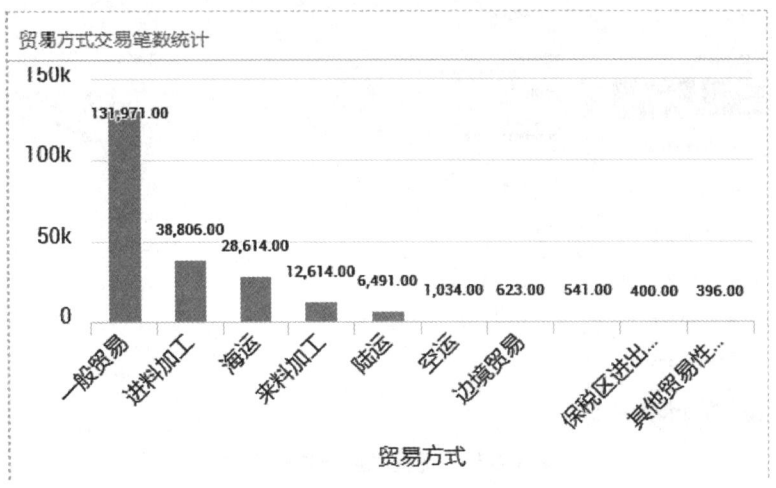

图 5-4-34　可视化展示

5.4.6　基于物流方式统计

1. 选择图表资源类型

添加可视化资源，这里选择表格，如图 5-4-35 所示。

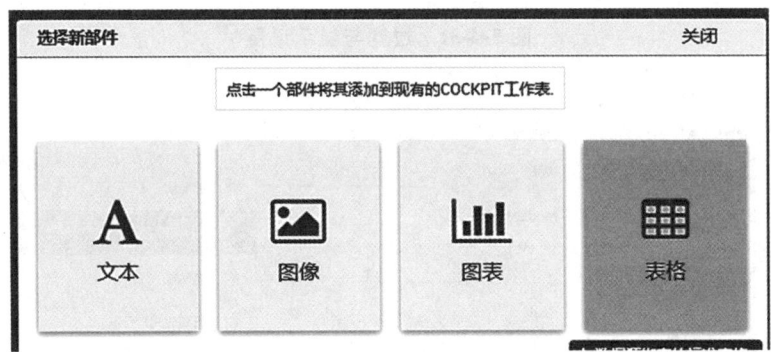

图 5-4-35　选择图表资源类型

2. 选择数据集与列

选择数据集，如图 5-4-36 所示。

选择列并重命名，删除无关的列，如图 5-4-37 所示。

3. 排序与显示条数

排序与显示条数，如图 5-4-38 所示。

4. 表格样式

设置表格样式，如图 5-4-39 所示，然后点击"保存"。

图 5-4-36 选择数据集

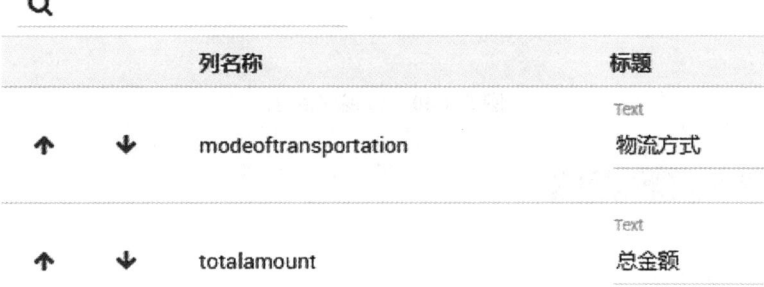

图 5-4-37 删除无关的列

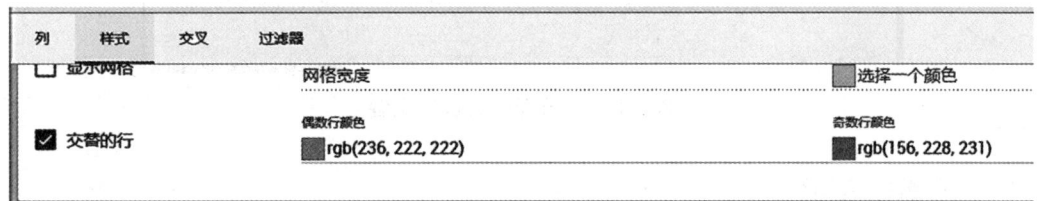

图 5-4-38 排序与显示条数

图 5-4-39 表格样式

5. 可视化展示

可视化展示,如图 5-4-40 所示。

物流方式金额统计	
物流方式	总金额 ↓
海运	852809.75
陆运	62166.7
	19681.05
其他	12151.84
空运	4923.48
空运集装箱	76.34
一般贸易	0.0

图 5-4-40　可视化展示

5.4.7　基于企业类型统计

1. 选择图表资源类型

添加可视化资源，这里选择表格，如图 5-4-41 所示。

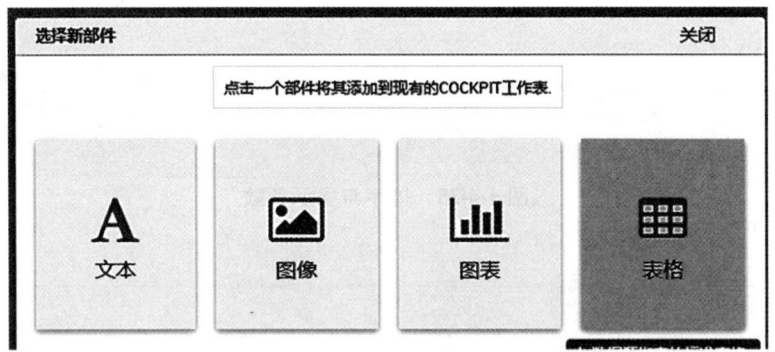

图 5-4-41　选择图表资源类型

2. 选择数据集与列

选择数据集，如图 5-4-42 所示。

选择列并重命名，删除无关的列，如图 5-4-43 所示。

3. 排序与显示条数

排序与显示条数，如图 5-4-44 所示。

4. 表格样式

设置表格样式，如图 5-4-45 所示，然后点击"保存"。

图 5-4-42　选择数据集

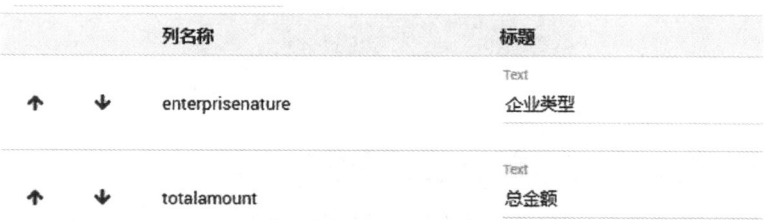

图 5-4-43　删除无关的列

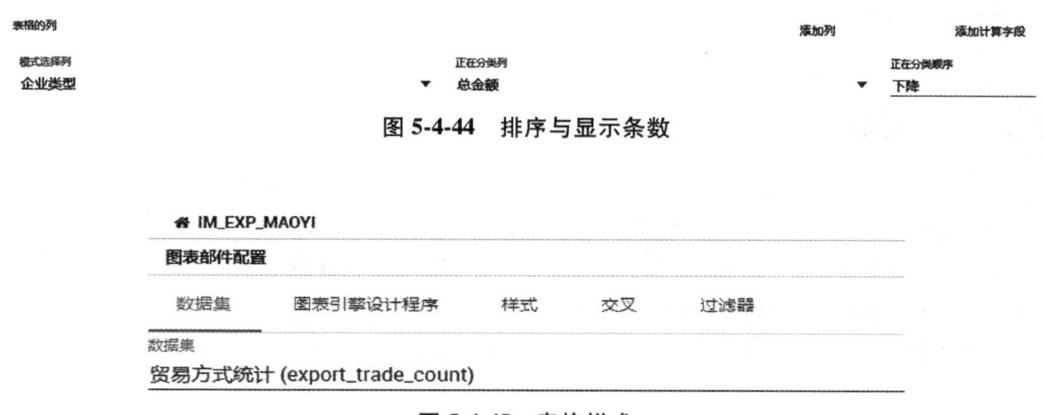

图 5-4-44　排序与显示条数

图 5-4-45　表格样式

5. 可视化展示

可视化展示，如图 5-4-46 所示。

5.5　模块小结

本案例基于商业大数据 BI 工具 KNOWBI，对已清洗过的、价值密度较高的数据，在不同的业务场景下，对数据进行多维度分析。如按国家分类的出口金额排名、按国家分类的交易

企业类型金额统计	
企业类型	总金额 ↓
中外合资企业	367189.16
	265520.27
国有企业	98615.36
其他（外商独资企业）	78644.28
外商独资企业	77982.89
私营企业	53681.43
集体企业	5355.19
中外合作企业	4820.59

图 5-4-46　可视化展示

笔数排名、按物流方式分类的出口金额排名等。并通过可视化方式展示最终的分析结果，完成数据赋能和价值变现。

5.6　课后习题

1. 填空题

（1）数据分析是有组织、有目的地_____、_____，使之成为信息的过程。

（2）大数据有四个特点，可以概括为四个"V"，分别是_____、_____、_____、_____。

（3）根据数据分析工作的具体目标和结果，数据分析通常分为四种类型，分别是_____、_____、_____、_____。

（4）数据分析方法有三种：_____、_____、_____。

（5）任何一张数据表格都是由两个部分组成，分别是_____、_____。

2. 简答题

（1）简述常用的数据分析方法。

（2）何谓"钻取分析"？

（3）简述案例中对贸易数据进行多维分析的思路。

模块 6 数据挖掘

6.1 引言

近年来,数据挖掘引起了信息产业界的极大关注,其主要原因是存在大量数据可以广泛使用,并且业界迫切需要将这些数据转换成有用的信息和知识。获取的信息和知识可以广泛用于各种应用领域,包括商务管理、生产控制、市场分析、工程设计和科学探索等。本模块将对数据挖掘的概念、分类、预测、聚类分析、挖掘的工具分析进行介绍和对外贸出口数据挖掘实例进行分析。

6.2 数据挖掘概述

6.2.1 数据挖掘的定义

数据挖掘(Data Mining)是从大量的、不完全的、有噪声的、模糊的、随机的数据中提取隐含在其中人们事先不知道的,但又是潜在有用的信息和知识的过程。随着信息技术的高速发展,人们积累的数据量急剧增长,动辄以太字节为单位,如何从海量的数据中提取有用的知识成为当务之急。数据挖掘就是为顺应这种需要应运而生发展起来的数据处理技术,是知识发现(Knowledge Discovery in Database)的关键步骤。

数据挖掘是目前人工智能和数据库领域研究的热点问题,主要基于人工智能、机器学习、模式识别、统计学、数据库、可视化技术等,高度自动化地分析企业的数据,做出归纳性的整理,从中挖掘出潜在的模式,从而帮助决策者调整市场策略,减少风险,应用领域为情报检索、情报分析、模式识别等。

数据挖掘是通过分析每个数据,从大量数据中寻找其规律的技术,主要有数据准备、规律寻找和规律表示三个步骤。数据准备是从相关的数据源中选取所需的数据并整合成用于数据挖掘的数据集;规律寻找是用某种方法将数据集所含的规律找出来;规律表示是尽可能以用户可理解的方式(如可视化)将找出的规律表示出来。数据挖掘的任务有关联分析、聚类分析、分类分析、异常分析、特异群组分析和演变分析等。

6.2.2 数据挖掘的对象

数据挖掘的对象可以是任何类型的数据源。数据源可以是关系数据库,此类包含结构化数据的数据源;也可以是数据仓库、文本、多媒体数据、空间数据、时序数据、Web 数据,此类包含半结构化数据甚至异构性数据的数据源。

根据信息存储格式,用于挖掘的对象有关系数据库、面向对象数据库、数据仓库、文本数据源、多媒体数据库、空间数据库、时态数据库、异质数据库以及 Internet 等。

6.2.3 数据挖掘的任务

数据挖掘的任务主要是关联分析、聚类分析、分类、预测、时序模式和偏差分析等。

1. 关联分析

两个或两个以上变量的取值之间存在某种规律性,就称为关联。数据关联是数据库中存在的一类重要的、可被发现的知识。关联分为简单关联、时序关联和因果关联。关联分析的目的是找出数据库中隐藏的关联网。一般用支持度和可信度两个阈值来度量关联规则的相关性,还不断引入兴趣度、相关性等参数,使得所挖掘的规则更符合需求。

2. 聚类分析

聚类分析是把数据按照相似性归纳成若干类别,同一类中的数据彼此相似,不同类中的数据相异。聚类分析可以建立宏观的概念,发现数据的分布模式,以及可能的数据属性之间的相互关系。

3. 分类

分类就是找出一个类别的概念描述,它代表了这类数据的整体信息,即该类的内涵描述,并用这种描述来构造模型,一般用规则或决策树模式表示。分类是利用训练数据集通过一定的算法而求得分类规则。分类可被用于规则描述和预测。

4. 预测

预测是利用历史数据找出变化规律,建立模型,并由此模型对未来数据的种类及特征进行预测。预测关心的是精度和不确定性,通常用预测方差来度量。

5. 时序模式

时序模式是指通过时间序列搜索出的重复发生概率较高的模式。与回归一样,它也是用已知的数据预测未来的值,但这些数据的区别是变量所处时间的不同。

6. 偏差分析

在偏差中包括很多有用的知识,数据库中的数据存在很多异常情况,发现数据库中数据存在的异常情况是非常重要的。偏差检验的基本方法就是寻找观察结果与参照物之间的差别。

6.2.4 数据挖掘的流程

在实施数据挖掘之前,先确定采取什么样的步骤,每一步都做什么,达到什么样的目标是必要的,有了好的计划才能保证数据挖掘有条不紊地实施并取得成功。很多软件供应商和数据挖掘顾问公司提供了一些数据挖掘过程模型,来指导他们的用户进行数据挖掘工作。比如,SPSS 公司的 5A 和 SAS 公司的 SEMMA。

建立数据挖掘过程模型的步骤主要包括定义问题、建立数据挖掘库、分析数据、准备数据、建立模型、评价模型和实施。以下介绍每个步骤的具体内容。

1. 定义问题

在开始知识发现之前最先的也是最重要的要求就是了解数据和业务问题。必须要对目标有一个清晰明确的定义,即决定到底想干什么。即便使用相同的数据,针对不同的问题而建立的模型几乎是完全不同的,所必须定义好问题。

2. 建立数据挖掘库

建立数据挖掘库包含的步骤有:数据收集,数据描述、选择,数据质量评估和数据清理,合并与整合,构建元数据,加载数据挖掘库,维护数据挖掘库。

3. 分析数据

分析的目的是找到对预测输出影响最大的数据字段,和决定是否需要定义导出字段。如果数据集包含成百上千的字段,那么浏览分析这些数据将是非常耗时的,这时需要选择一个具有好的界面和功能强大的工具软件来协助用户完成这些事情。

4. 准备数据

这是建立模型之前的最后一步数据准备工作。可以把此步骤分为四个部分:选择变量,选择记录,创建新变量和转换变量。

5. 建立模型

建立模型是一个反复的过程。需要仔细考察不同的模型以判断哪个模型对需要解决的问题最有用。先用一部分数据建立模型,然后再用剩下的数据来测试和验证已经得到的模型。训练和测试数据挖掘模型需要把数据至少分成两个部分,一个用于模型训练,另一个用于模型测试。

6. 评价模型

模型建立好之后,必须评价得到的结果、解释模型的价值。从测试集中得到的准确率只对用于建立模型的数据有意义。由于模型建立中隐含的各种假定,因此,直接在现实世界中测试模型也很重要。

7. 实施

模型建立并经验证之后,有两种常用的使用方法,一种是提供给分析人员做参考,另一种是把此模型应用到不同的数据集上。

6.2.5 数据挖掘的主要算法

目前,数据挖掘的算法主要包括神经网络法、决策树法、遗传算法、粗糙集法、模糊集法、关联规则法等。

1. 神经网络法

神经网络法是模拟生物神经系统的结构和功能,是一种通过训练来学习的非线性预测模型,它将每一个连接看作一个处理单元,试图模拟人脑神经元的功能,可完成分类、聚类、特征挖掘等多种任务。神经网络的学习方法主要表现在权值的修改上。神经网络法主要应用于数据挖掘的聚类技术中。其优点是具有抗干扰、非线性学习、联想记忆功能,对复杂情况能得到精确的预测结果;缺点是不适合处理高维变量,不能观察中间的学习过程,具有"黑箱"性,输出结果也难以解释,学习时间较长。

2. 决策树法

决策树是根据对目标变量产生效用的不同而建构分类的规则,通过一系列的规则对数据进行分类的过程,其表现形式是类似于树形结构的流程图。最典型的算法是于1986年被提出的ID3算法,之后在ID3算法的基础上又有了C4.5算法。采用决策树法的优点是决策制定的过程是可见的,不需要长时间构造过程、描述简单、易于理解、分类速度快;缺点是很难基于多个变量组合发现规则。决策树法擅长处理非数值型数据,而且特别适合大规模的数据处理。决策树提供了一种展示类似在什么条件下会得到什么值这类规则的方法。比如,在贷款申请中,要对申请的风险大小做出判断。

3. 遗传算法

遗传算法模拟了自然选择和遗传中发生的繁殖、交配和基因突变现象,是一种采用遗传结合、遗传交叉变异及自然选择等操作来生成实现规则的,基于进化理论的机器学习方法。它的基本观点是"适者生存"原理,具有隐含并行性、易于和其他模型结合等性质。主要的优点是可以处理许多数据类型,同时可以并行处理各种数据;缺点是需要的参数太多,编码困难,一般计算量比较大。遗传算法常用于优化神经元网络,能够解决其他技术难以解决的问题。

4. 粗糙集法

粗糙集法也称粗糙集理论,是一种新的处理含糊、不精确、不完备问题的数学工具,可以处理数据约简、数据相关性发现、数据意义的评估等问题。其优点是算法简单,在其处理过程中可以不需要关于数据的先验知识,可以自动找出问题的内在规律;缺点是难以直接处理连续的属性,须先进行属性的离散化。因此,连续属性的离散化问题是制约粗糙集理论实用化的难点。粗糙集理论主要应用于近似推理、数字逻辑分析和化简、建立预测模型等问题。

5. 模糊集法

模糊集法是利用模糊集合理论对问题进行模糊评判、模糊决策、模糊模式识别和模糊聚类分析。模糊集合理论是用隶属度来描述模糊事物的属性。系统的复杂性越高,模糊性就越强。

6. 关联规则法

关联规则反映了事物之间的相互依赖性或关联性。其最著名的算法是 Apriori 算法。其算法的思想是：首先找出频繁性至少和预定意义的最小支持度一样的所有频集，然后由频繁项集产生强关联规则。最小支持度和最小可信度是为了发现有意义的关联规则给定的两个阈值。在这个意义上，数据挖掘的目的就是从源数据库中挖掘出满足最小支持度和最小可信度的关联规则。

6.3 分类与预测

数据挖掘的任务分为描述性任务（关联分析、聚类、序列分析、离群点等）和预测任务（回归和分类）两种。本节对分类和预测的概念，决策树、贝叶斯、回归分析等常用的分类与预测方法进行介绍。

6.3.1 分类的概念

分类算法反映的是如何找出同类事物的共同性质的特征型知识和不同事物之间的差异性特征知识。分类是通过有指导的学习训练建立分类模型，并使用模型对未知分类的实例进行分类。分类输出属性是离散的、无序的。

分类就是通过对已有数据集（或称为训练集）的学习，得到一个目标函数 f（或称为模型），来把每个属性集 X 映射到目标属性 y（类）上（y 必须是离散的）。

分类过程是一般包含两步：第一步是训练阶段，或者称为模型建立阶段，第二步是评估阶段。

1. 训练阶段

训练阶段的目的是描述预先定义的数据类或概念集的分类模型。该阶段需要从已知的数据集中选取一部分数据作为建立模型的训练集，而把剩余的部分作为检验集。通常会从已知数据集中选取 2/3 的数据项作为训练集，1/3 的数据项作为检验集。

训练数据集由一组数据元组构成，假定每个数据元组都已经属于一个事先指定的类别。训练阶段可以看成为学习一个映射函数的过程，对于一个给定元组 x，可以通过该映射函数预测其类别标记。该映射函数就是通过训练数据集，所得到的模型（或者称为分类器），如图 6-3-1 所示。该模型可以表示为分类规则、决策树或数学公式等形式。

2. 评估阶段

在评估阶段，需要使用第一阶段建立的模型对检验集数据元组进行分类，从而评估分类模型的预测准确率，如图 6-3-2 所示。

分类器的准确率是分类器在给定测试数据集上正确分类的检验元组所占的百分比。如果认为分类器的准确率是可以接受的，则使用该分类器对类别标记未知的数据元组进行分类。

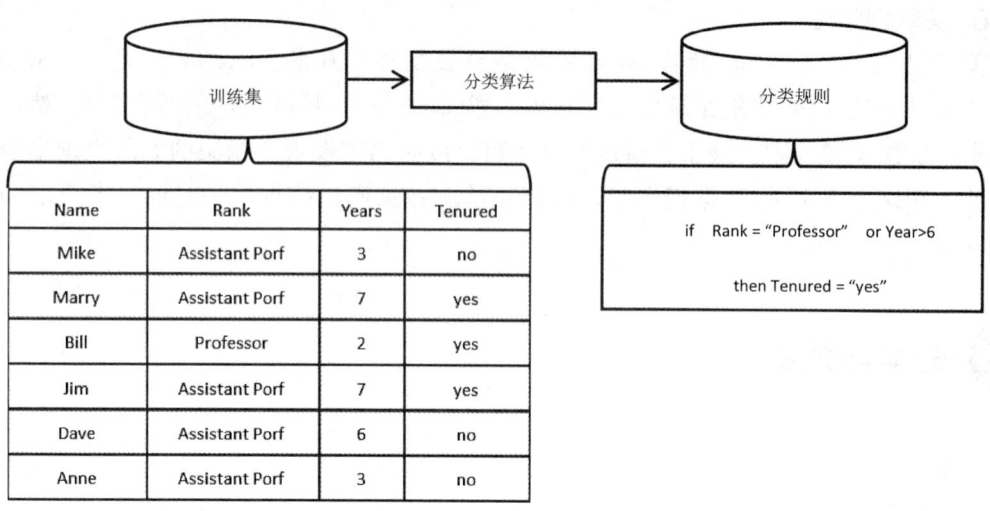

图 6-3-1 训练阶段

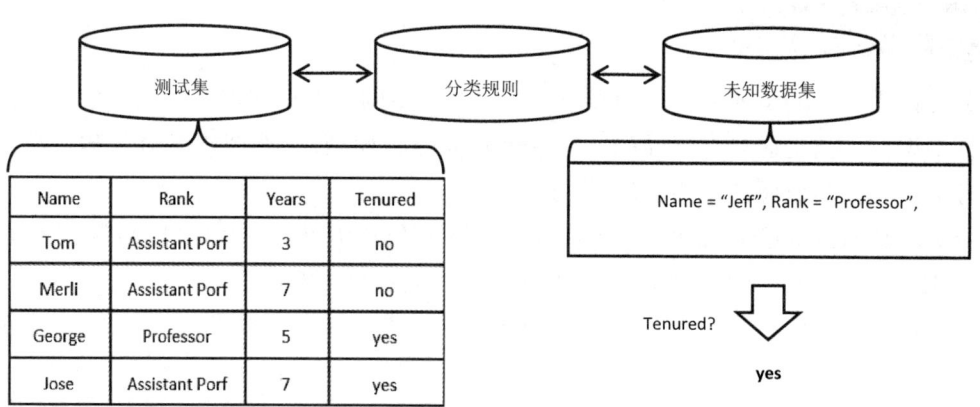

图 6-3-2 评估阶段

6.3.2 预测的概念

预测模型与分类模型类似,可以看作一个映射或者函数 $y=f(x)$,其中,x 是输入元组,输出 y 是连续的或有序的值。与分类算法不同的是,预测算法所需要预测的属性值是连续的、有序的,分类所需要预测的属性值是离散的、无序的。

数据挖掘的预测算法与分类算法一样,也是一个两步的过程。测试数据集与训练数据集在预测任务中也应该是独立的。预测的准确率是通过 y 的预测值与实际已知值的差来评估的。

预测与分类的区别是,分类是用来预测数据对象的类标记,而预测则是估计某些空缺或未知值。例如,预测第二天上证指数的收盘价格是上涨还是下跌是分类,但是,如果要预测第二天上证指数的收盘价格是多少就是预测。

大数据预测是大数据最核心的应用,它将传统意义的预测拓展到"现测"。大数据预测的优势体现在,它把一个非常困难的预测问题,转化为一个相对简单的描述问题,而这是传统小数据集根本无法企及的。从预测的角度看,大数据预测所得出的结果不仅仅是用于处理现实业务的简单、客观的结论,更是能用于帮助企业经营的决策。

1. 大数据预测的核心价值

大数据预测的逻辑基础是,每一种非常规的变化事前一定有征兆,每一件事情都有迹可循,如果找到了征兆与变化之间的规律,就可以进行预测。大数据预测无法确定某件事情必然会发生,它更多是给出一个事件会发生的概率。

大数据的本质是解决问题,大数据的核心价值就在于预测。大数据预测是基于大数据和预测模型去预测未来某件事情的概率。实验的不断反复、大数据的日渐积累让人类不断发现各种规律,从而能够预测未来。利用大数据预测可能的灾难,利用大数据分析癌症可能的引发原因并找出治疗方法,都是未来能够惠及人类的事业。

2. 大数据预测的思维改变

在过去,人们的决策主要是依赖20%的结构化数据,而大数据预测则可以利用另外80%的非结构化数据来做决策。大数据预测具有更多的数据维度,更快的数据频度和更广的数据宽度。与小数据时代相比,大数据预测的思维具有三大改变:实样而非抽样;预测效率而非精确;相关关系而非因果关系。

第一个思维是实样而非抽样。在"小数据"时代,由于缺乏获取全体样本的手段,人们发明了"随机调研数据"的方法。理论上,抽取样本越随机,就越能代表整体样本。但问题是获取一个随机样本的代价极高,而且很费时。人口调查就是一个典型例子,一个国家很难做到每年都完成一次人口调查,因为随机调研实在是太耗时耗力,然而云计算和大数据技术的出现,使得获取足够大的样本数据乃至全体数据成为可能。

第二个思维是效率而非精确。"小数据"时代由于使用抽样的方法,所以需要在数据样本的具体运算上非常精确,否则就会"差之毫厘,失之千里"。例如,在一个总样本为1亿的人口中随机抽取1 000人进行人口调查,如果在1 000人上的运算出现错误,那么放大到1亿人时,偏差将会放大十万倍。但在全样本的情况下,有多少偏差就是多少偏差,而不会被放大。

在大数据时代,快速获得一个大概的轮廓和发展脉络,比严格的精确性要重要得多。有时候,当人们掌握了大量新型数据时,精确性不再影响对事物发展趋势的判断。大数据基础上的简单算法比小数据基础上的复杂算法更加有效。数据分析的目的并非就是数据分析,而是用于决策,故时效性也非常重要。

第三个思维是相关性而非因果关系。大数据研究不同于传统的逻辑推理研究,它需要对数量巨大的数据做统计性的搜索、比较、聚类、分类等分析归纳,并关注数据的相关性或称关联性。相关性是指两个或两个以上变量的取值之间存在某种规律性。相关性没有绝对,只有可能性。但是,如果相关性强,则一个相关性成功的概率是很高的。

相关性可以帮助人们捕捉现在和预测未来。如果事件A和事件B经常一起发生,则人们只需要注意到事件B发生了,就可以预测事件A也发生了。

根据相关性，人们理解世界不再需要建立在假设的基础上，这个假设是指针对现象建立的有关其产生机制和内在机理的假设。因此，人们也不需要建立这样的假设，即哪些检索词条可以表示流感在何时何地传播；航空公司怎样给机票定价；沃尔玛的顾客的烹饪喜好是什么。取而代之的是，我们可以对大数据进行相关性分析，从而知道哪些检索词条是最能显示流感的传播的，飞机票的价格是否会飞涨，哪些食物是飓风期间待在家里的人最想吃的。

数据驱动的关于大数据的相关性分析法，取代了基于假想的易出错的方法。大数据的相关性分析法更准确、更快，而且不易受偏见的影响。建立在相关性分析法基础上的预测是大数据的核心。

相关性分析本身的意义重大，同时它也为研究因果关系奠定了基础。通过找出可能相关的事物，人们可以在此基础上进行进一步的因果关系分析。如果存在因果关系，则再进一步找出原因。这种便捷的机制通过严格的实验降低了因果分析的成本。人们也可以从相互联系中找到一些重要的变量，这些变量可以用到验证因果关系的实验中去。

3. 大数据预测的典型应用领域

互联网给大数据预测应用的普及带来了便利条件，结合国内外案例来看，大数据预测的典型应用领域包括天气预报、体育赛事预测、股票市场预测、市场物价预测、用户行为预测、人体健康预测、疾病疫情预测、灾害灾难预测、环境变迁预测、交通行为预测、能源消耗预测等。

大数据预测还可被应用在房地产预测、就业情况预测、高考分数线预测、选举结果预测、奥斯卡大奖预测、保险投保者风险评估、金融借贷者还款能力评估等领域，让人类具备可量化、有说服力、可验证的洞察未来的能力，大数据预测的魅力正在释放出来。

6.3.3 决策树

1. 什么是决策树

决策树（Decision Tree）是在已知各种情况发生概率的基础上，通过构成决策树来求取净现值的期望值大于等于零的概率，评价项目风险，判断其可行性的决策分析方法，是直观运用概率分析的一种图解法。由于这种决策分支画成图形很像一棵树的枝干，故称决策树。在机器学习中，决策树是一个预测模型，它代表的是对象属性与对象值之间的一种映射关系。

决策树是一个树状结构，它的每一个叶节点对应着一个分类，非叶节点对应在某个属性上的划分，根据样本在该属性上的不同取值将其划分为若干个子集。

构造决策树的核心问题是在每一步如何选择适当的属性对样本进行拆分。对一个分类问题，从已知类标记的训练样本中学习并构造出决策树是一个自上而下、分而治之的过程。

决策树算法的典型代表是 ID3 算法、C4.5 算法和 CART 算法。如表 6-3-1 所示是对这三个算法的简要描述。

表 6-3-1　　　　　　　　　　　　决策树算法的简要描述

决策树算法	算法描述
ID3 算法	核心是在决策树的各级结点上,使用信息增益方法作为属性的选择标准
C4.5 算法	相对于 ID3 算法,采用信息增益率来选择结点属性。ID3 算法只适用于离散的描述属性;C4.5 算法既能够处理离散的描述属性,也可以处理连续的描述属性
CART 算法	一种十分有效的非参数分类和回归方法,通过构建树、修剪树、评估树来构建一棵二叉树。当终结点是连续变量时,该树为回归树,当终结点是分类变量时,该树为分类树

2. 决策树案例

使用决策树进行决策的过程就是,从根结点开始,测试待分类项中相应的特征属性,并按照其值选择输出分支,直到到达叶子结点,将叶子结点存放的类别作为决策结果。

如图 6-3-3 所示,是一个预测一个人是否会购买电脑的决策树。利用这棵树,可以对新记录进行分类。从根结点(年龄)开始,如果某个人的年龄为中年,就直接判断这个人会买电脑,如果是青少年,则需要进一步判断是否是学生,如果是老年,则需要进一步判断其信用等级。

假设客户甲的属性是:年龄 20 岁、低收入、学生、信用一般。通过决策树的根结点判断年龄,判断结果为客户甲是青少年,符合左边分支,再判断客户甲是否是学生,判断结果为用户甲是学生,符合右边分支,最终用户甲落在"yes"的叶子结点上。所以预测客户甲会购买电脑。

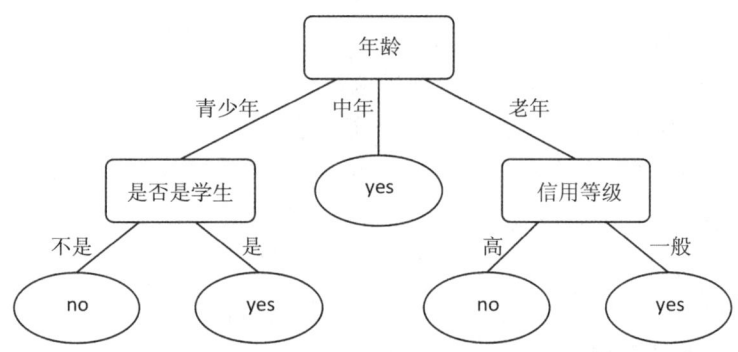

图 6-3-3　购买电脑的决策树

3. 决策树的建立

决策树算法有很多,如 ID3、C4.5、CART 等。这些算法均采用自上而下的贪婪算法建立决策树,每个内部结点都选择分类效果最好的属性来分裂结点,可以分成两个或者更多的子结点,继续此过程直到这棵决策树能够将全部的训练数据准确地进行分类,或所有属性都被用到为止。

① 特征选择

按照贪婪算法建立决策树时,首先需要进行特征选择,也就是使用哪个属性作为判断结点。选择一个合适的特征作为判断结点,可以加快分类的速度,减少决策树的深度。

特征选择的目标就是使得分类后的数据集比较纯。如何衡量一个数据集的纯度?这里就需要引入数据纯度概念——信息增益。

信息是个很抽象的概念。人们常常说信息很多,或者信息较少,但却很难说清楚信息到底有多少。1948年,信息论之父香农(Shannon)提出了"信息熵"的概念,才解决了对信息的量化度量问题。通俗来讲,可以把信息熵理解成某种特定信息的出现概率。信息熵表示的是信息的不确定度,当各种特定信息出现的概率均匀分布时,不确定度最大,此时熵就最大。反之,当其中的某个特定信息出现的概率远远大于其他特定信息的时候,不确定度最小,此时熵就很小。所以,在建立决策树的时候,希望选择的特征能够使分类后的数据集的信息熵尽可能变小,也就是不确定性尽量变小。当选择某个特征对数据集进行分类时,分类后的数据集的信息熵会比分类前的小,其差值表示为信息增益。信息增益可以衡量某个特征对分类结果的影响大小。

ID3 算法使用信息增益作为属性选择度量方法,也就是说,针对每个可以用来作为树结点的特征,计算如果采用该特征作为树结点的信息增益。然后选择信息增益最大的那个特征作为下一个树结点。

② 剪枝

在分类模型建立的过程中,很容易出现过拟合的现象。过拟合是指在模型学习训练中,训练样本达到非常高的逼近精度,但对检验样本的逼近误差随着训练次数呈现出先下降后上升的现象。过拟合时训练误差很小,但是检验误差很大,不利于实际应用。

决策树的过拟合现象可以通过剪枝进行一定的修复。剪枝分为预先剪枝和后剪枝两种。

预先剪枝是指,在决策树生长过程中,使用一定条件加以限制,使得在产生完全拟合的决策树之前就停止生长。预先剪枝的判断方法也有很多,例如,信息增益小于一定阈值的时候通过剪枝使决策树停止生长。但如何确定一个合适的阈值也需要一定的依据,阈值太高会导致模型拟合不足,阈值太低又导致模型过拟合。

后剪枝是指,在决策树生长完成之后,按照自底向上的方式修剪决策树。后剪枝有两种方式,一种是用新的叶子结点替换子树,该结点的预测类由子树数据集中的多数类决定,另一种是用子树中最常使用的分支代替子树。

预先剪枝可能会过早地终止决策树的生长,而后剪枝一般能够产生更好的效果。但后剪枝在子树被剪掉后,决策树生长过程中的一部分计算就被浪费了。

4. Spark MLlib 决策树算法

Spark MLlib 支持连续型和离散型的特征变量,也就是既支持预测也支持分类。

在 Spark MLlib 中,建立决策树时是按照信息增益选择划分特征的,它采用前向剪枝的方法来防止过拟合。

Spark MLlib 的决策树算法是由 DecisionTree 类实现的,该类支持二元或多标签分类,并且还支持预测。用户通过配置参数 Strategy 来说明是进行分类,还是进行预测,以及使用什么方法进行分类。

6.3.4 朴素贝叶斯

1. 概念

贝叶斯算法是分类算法中的经典算法,贝叶斯算法是以概率统计为基础的可能性推理方法,通过先验概率来计算后验概率。由于其较小的误差率,一直被广泛运用于各个领域。

贝叶斯方法主要分为朴素贝叶斯方法和贝叶斯网络。朴素贝叶斯方法是贝叶斯方法的一种简化。

朴素贝叶斯算法假设数据集属性之间是相互独立的,因此算法的逻辑性十分简单,并且算法较为稳定,当数据呈现不同的特点时,朴素贝叶斯的分类性能不会有太大的差异。也就是说,朴素贝叶斯算法的健壮性比较好,对于不同类型的数据集不会呈现出太大的差异性。当数据集属性之间的关系相对比较独立时,朴素贝叶斯算法会有较好的效果。

朴素贝叶斯法是基于贝叶斯定理与特征条件独立假设的分类方法。接下来,介绍贝叶斯定理。

2. 贝叶斯定理

贝叶斯定理也称贝叶斯推理,早在18世纪,英国学者贝叶斯(1702—1763)曾提出计算条件概率的公式用来解决如下一类问题:假设 $B[1]$,$B[2]$,$\cdots$,$B[n]$ 互斥且构成一个完全事件,已知它们的概率 $P(B[i])$,$i=1,2,\cdots,n$,观察到某事件 A 与 $B[1]$,$B[2]$,$\cdots$,$B[n]$ 相伴随机出现,且已知条件概率 $P(A|B[i])$,求 $P(B[i]|A)$。

贝叶斯公式(发表于1763年)为:

$$P(B[i]|A) = \frac{P(B[i])\,P(A|B[i])}{\sum_{j=1}^{n} P(B[j])\,P(A|B[j])}$$

这就是著名的"贝叶斯定理",也有些文献中把 $P(B[i])$ 称为基础概率,$P(A|B[1])$ 为击中率,$P(A|B[2])$ 为误报率。

3. 贝叶斯分类的案例

案例描述:某个医院早上收了6个门诊病人,如表6-3-2所示。

表6-3-2   门诊病人情况

症状	职业	疾病
打喷嚏	农夫	过敏
打喷嚏	护士	感冒
头痛	建筑工人	感冒
头痛	建筑工人	脑震荡
打喷嚏	教师	感冒
头痛	教师	脑震荡

问题:现在又来了第7个病人,是一个打喷嚏的建筑工人。请用贝叶斯定理分析他患上感冒的概率有多大?

分析:由表6-2可得出:

① 前6个门诊病人中感冒的概率记为 $P(感冒) = \dfrac{1}{2}$;

② 前6个门诊病人中打喷嚏的概率记为 $P(打喷嚏) = \dfrac{1}{2}$;

③ 前 6 个门诊病人中是建筑工人的概率记为 $P(建筑工人) = \dfrac{1}{3}$;

④ 症状为打喷嚏患上感冒的概率记为 $P(感冒 | 打喷嚏) = \dfrac{2}{3}$;

⑤ 患上感冒的人中症状为打喷嚏的概率记为 $P(打喷嚏 | 感冒) = \dfrac{2}{3}$;

⑥ 职业为建筑工人患上感冒的概率记为 $P(感冒 | 建筑工人) = \dfrac{1}{2}$;

⑦ 患上感冒的人中职业为建筑工人的概率记为 $P(建筑工人 | 感冒) = \dfrac{1}{3}$。

根据贝叶斯定理,可得:

$$P(感冒 | 打喷嚏 \times 建筑工人) = \dfrac{P(打喷嚏 \times 建筑工人 | 感冒) \times P(感冒)}{P(打喷嚏 \times 建筑工人)}$$

假定"打喷嚏"和"建筑工人"这两个特征是独立的,因此,上式可写成:

$$P(感冒 | 打喷嚏 \times 建筑工人) = \dfrac{P(打喷嚏 | 感冒) \times P(建筑工人 | 感冒) \times P(感冒)}{P(打喷嚏) \times P(建筑工人)}$$

于是可以计算:

$$P(感冒 | 打喷嚏 \times 建筑工人) = \dfrac{\dfrac{2}{3} \times \dfrac{1}{3} \times \dfrac{1}{2}}{\dfrac{1}{2} \times \dfrac{1}{3}} = \dfrac{2}{3}$$

因此,这个打喷嚏的建筑工人,有 66.7% 的概率是得了感冒。同理,可以计算这个病人患上过敏或脑震荡的概率。比较这几个概率,就可以知道他最可能得什么病。

这就是贝叶斯分类器的基本方法:在统计资料的基础上,依据某些特征,计算各个类别的概率,从而实现分类。

4. 朴素贝叶斯算法(Naive Bayesian Algorithm)

朴素贝叶斯算法是应用最为广泛的分类算法之一。朴素贝叶斯算法是在贝叶斯算法的基础上进行了相应的简化,即假定属性之间相互条件独立。也就是说没有哪个属性变量对于决策结果来说占有着较大的比重,也没有哪个属性变量对于决策结果占有着较小的比重。虽然这个简化方式在一定程度上降低了贝叶斯分类算法的分类效果,但是在实际的应用场景中,极大地简化了贝叶斯方法的复杂性。

朴素贝叶斯分类(NBC)是以贝叶斯定理为基础并且假设特征条件之间相互独立的方法,先通过已给定的训练集,以特征词之间独立作为前提假设,学习从输入到输出的联合概率分布,再基于学习到的模型,输入 X 求出使得后验概率最大的输出 Y。这是朴素贝叶斯算法的基本原理。

设有样本数据 $D = \{d_1, d_2, \cdots, d_n\}$,对应样本数据的特征属性集 $X = \{x_1, x_2, \cdots, x_d\}$,类变量 $Y = \{y_1, y_2, \cdots, y_m\}$,即 D 可以分为 y_m 类别。其中 $x_1, x_2, \cdots, x_d$ 相互独立且随机,则 Y 是

先验概率 $P_{\text{prior}} = P(Y)$，Y 的后验概率 $P_{\text{post}} = P(Y|X)$，由朴素贝叶斯算法可得，后验概率可以由先验概率 $P_{\text{prior}} = P(Y)$、证据 $P(X)$、类条件概率 $P(X|Y)$ 计算出：

$$P(Y|X) = \frac{P(Y)P(X|Y)}{P(X)}$$

朴素贝叶斯基于各特征之间相互独立，在给定类别为 y 的情况下，上式可以进一步表示为下式：

$$P(X|Y=y) = \prod_{i=1}^{d} P(x_i|Y=y)$$

由以上两式可以计算出后验概率为：

$$P_{\text{post}} = P(Y|X) = \frac{P(Y)\prod_{i=1}^{d}P(x_i|Y)}{P(X)}$$

由于 $P(X)$ 的大小是固定不变的，因此在比较后验概率时，只比较上式的分子部分即可。因此可以得到一个样本数据属于类别 y_i 的朴素贝叶斯计算为：

$$P(y_i|x_1,x_2,\cdots,x_d) = \frac{P(y_i)\prod_{j=1}^{d}P(x_j|y_i)}{\prod_{j=1}^{d}P(x_j|Y)}$$

朴素贝叶斯算法假设了数据集属性之间是相互独立的，属性独立性的条件同时也是朴素贝叶斯分类器的不足之处。数据集属性的独立性在很多情况下是很难满足的，因为数据集的属性之间往往都存在着相互关联，如果在分类过程中出现这种问题，会导致分类的效果大大降低。

6.3.5 回归分析

1. 定义

回归分析（Regression Analysis）指的是利用数据统计原理，对大量统计数据进行数学处理，并确定因变量与某些自变量的相关关系，建立一个相关性较好的回归方程（函数表达式），并加以外推，用于预测今后的因变量的变化的分析方法。

回归分析按照涉及的变量的多少，分为一元回归分析和多元回归分析；按照因变量的多少，可分为简单回归分析和多重回归分析；按照自变量和因变量之间的关系类型，可分为线性回归分析和非线性回归分析。

2. 回归分析主要解决的问题

（1）确定变量之间是否存在相关关系，若存在，则找出数学表达式；

（2）根据一个或几个变量的值，预测或控制另一个或几个变量的值，且估计这种控制或预测可以达到何种精确度。

3. 回归分析的步骤

（1）确定变量

明确定义了预测的具体目标，并确定了因变量。例如，要预测目标是下一年的销售量，则销售量 Y 是因变量。通过市场调查和数据访问,找出与预测目标相关的影响因素,即自变量,并选择主要影响因素。

(2)建立预测模型

根据自变量与因变量的现有数据以及关系,在此基础上建立回归分析方程,即回归分析预测模型。

(3)进行相关分析,求出合理的回归系数

回归分析是因果关系的影响因子(自变量)和预测因子(因变量)的数学统计分析。只有当自变量和因变量之间存在某种关系时,建立的回归方程才有意义。因此,作为自变量的因子是否与作为因变量的预测对象相关,相关程度如何和判断这种相关程度的把握性多大,是在回归分析中必须解决的问题。相关分析通常需要求出相关系数,以相关系数的大小判断自变量和因变量之间的相关程度。

(4)预测值的置信区间

回归预测模型是否可用于实际预测,取决于回归预测模型的测试和预测误差的计算。在符合相关性要求后,即可根据已得的回归方程与具体条件相结合,来确定事物的未来状况,并计算预测值的置信区间。

(5)确定预测值

利用回归预测模型计算预测值,并对预测值进行综合分析,确定最后的预测值。

4. 一元线性回归

一元线性回归,就是只涉及一个自变量的回归,自变量和因变量之间的关系是线性关系,因变量与自变量之间的关系用一条线性方程来表示的方法。

例如有一个公司,每月的广告费用和销售额,如表 6-3-3 所示:

表 6-3-3　　　　　　　　　　　广告费用和销售额/万元

广告费	4	8	9	8	7	12	6	10	6	9
销售额	9	20	22	15	17	23	18	25	10	20

如果把广告费和销售额画在二维坐标内,就能够得到一个散点图,如果想探索广告费和销售额之间的关系,就可以利用一元线性回归做出一条拟合直线 $Y = aX + b$,如图 6-3-4 所示。

这条拟合直线是怎么得到的呢?

对于一元线性回归来说,可以看成 Y 值是随着 X 值变化,每一个实际的 X 都会有一个实际的 Y 值,叫 Y 实际,那么就要求作一条直线,每一个实际的 X 都会有一个直线预测的 Y 值,叫做 Y 预测,回归线使得每个 Y 的实际值 (Y_i) 与预测值 ($aX_i + b$) 之差的平方和最小,即 $\sum_{i=1}^{n}[Y_i - (aX_i + b)]^2$ 最小。

先把所有实际值与预测值之差的平方和记为 $Q(a,b)$,即有:

$$Q(a,b) = \sum_{i=1}^{n}[Y_i - (aX_i + b)]^2 \tag{Ⅰ}$$

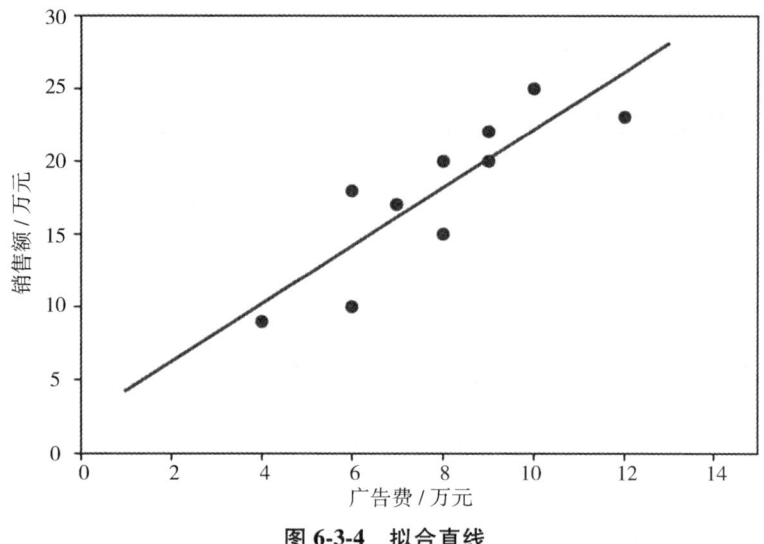

图 6-3-4 拟合直线

在直角坐标系中,一条直线可以表示为 $Y = aX + b$,所以(Y 实际 $-Y$ 预测)就可以写成 $[Y - (aX + b)]$,于是平方和可以写成 a 和 b 的函数。只需要求出让 Q 最小的 a 和 b 的值,那么回归线也就求出来了。

那么实质上二元函数也是一样可以类推。不妨把二元函数图像设想成一个曲面,最小值想象成一个凹陷,那么在这个凹陷底部,从任意方向上看,偏导数都是 0。

因此,对于函数 $Q(a,b)$,分别对 a 和 b 求偏导数,然后令偏导数等于 0,就可以得到一个关于 a 和 b 的二元方程组,就可以求出直线的斜率 a 和截距 b。这个方法被称为最小二乘法。下面是具体的数学演算过程。

① 把式(Ⅰ)展开

$$\begin{aligned} Q(a,b) &= \sum_{i=1}^{n} [Y_i - (aX_i + b)]^2 \\ &= [Y_1 - (aX_1 + b)]^2 + [Y_2 - (aX_2 + b)]^2 + \cdots + [Y_n - (aX_n + b)]^2 \\ &= [Y_1^2 - 2Y_1(aX_1 + b) + (aX_1 + b)^2] + [Y_2^2 - 2Y_2(aX_2 + b) + (aX_2 + b)^2] + \cdots + \\ &\quad [Y_n^2 - 2Y_n(aX_n + b) + (aX_n + b)^2] \\ &= (Y_n^2 + Y_n^2 + \cdots + Y_n^2) + 2a(X_1Y_1 + X_2Y_2 + \cdots + X_nY_n) - 2b(Y_1 + Y_2 + \cdots + Y_n) + \\ &\quad a^2(X_1^2 + X_2^2 + \cdots + X_n^2) + 2ab(X_1 + X_2 + \cdots + X_n) + nb^2 \end{aligned} \qquad (Ⅱ)$$

② 利用平均数,把式(Ⅱ)中每个括号里的内容进一步化简。如设:

$$\overline{Y^2} = \frac{Y_n^2 + Y_n^2 + \cdots + Y_n^2}{n}$$

则有:

$$n\overline{Y^2} = Y_n^2 + Y_n^2 + \cdots + Y_n^2$$

其他也类似,于是:

$$Q(a,b) = n\overline{Y^2} - 2an\overline{XY} - 2bn\overline{Y} + a^2n\overline{X^2} + 2abn\overline{X} + nb^2 \quad (\text{Ⅲ})$$

③ 式(Ⅲ)中分别对 Q 求 a 的偏导数和 b 的偏导数,并令偏导数等于 0,得到方程组:

$$\begin{cases} \dfrac{\partial Q}{\partial a} = -2n\overline{XY} + 2an\overline{X^2} + 2bn\overline{X} = 0 \\ \dfrac{\partial Q}{\partial b} = -2n\overline{Y} + 2an\overline{X} + 2nb = 0 \end{cases} \quad (\text{Ⅳ})$$

方程组(Ⅳ)进一步化简,可以消掉 $2n$,最后得到关于 a 和 b 的二元方程组为:

$$\begin{cases} -\overline{XY} + a\overline{X^2} + b\overline{X} = 0 \\ \overline{Y} + a\overline{X} + b = 0 \end{cases} \quad (\text{Ⅴ})$$

④ 通过方程组(Ⅴ)得出 a 和 b 的求解公式(Ⅵ):

$$\begin{cases} a = \dfrac{\overline{XY} - \overline{X}\,\overline{Y}}{(\overline{X})^2 - \overline{X^2}} \\ b = \overline{Y} - a\overline{X} \end{cases} \quad (\text{Ⅵ})$$

即使用最小二乘法求出直线的斜率 a 和截距 b。

有了公式(Ⅵ),对于广告费和销售额的那个例子,就可以算出拟合直线具体是什么,分别求出公式中的各种平均数,然后代入即可,最后算出 $a = 1.98, b = 2.25$。最终的回归拟合直线为 $Y = 1.98X + 2.25$。

利用回归直线可以做一些预测,例如,如果投入广告费 2 万元,那么预计销售额为 6.2 万元。

6.4 聚类分析

6.4.1 聚类分析的概念

聚类分析是根据在数据中发现的描述对象及其关系的信息,将数据对象分类到不同的组或者簇的过程,同一个簇中的对象有很大的相似性,不同簇间的对象有很大的相异性。

组内相似性越大,组间差距越大,说明聚类效果越好。聚类是一个将数据集中在某些方面相似的数据成员进行分类组织的过程,聚类分析就是一种发现这种内在结构的技术,聚类分析经常被称为无监督学习。

聚类分析的目标就是在相似的基础上对收集的数据进行分类。聚类源于很多领域,包括数学、计算机科学、统计学、生物学和经济学。在不同的应用领域,很多聚类技术都得到了发展,这些技术方法被用作描述数据,衡量不同数据源间的相似性,以及把数据源分类到不同的簇中。

从统计学的观点看,聚类分析是通过数据建模简化数据的一种方法。传统的统计聚类分析方法包括系统聚类法、分解法、加入法、动态聚类法、有序样品聚类、有重叠聚类和模糊聚类等。采用 k-均值、k-中心点等算法的聚类分析工具已被加入许多著名的统计分析软件包中,如 SPSS、SAS 等。

从机器学习的角度讲,簇相当于隐藏模式。聚类是搜索簇的无监督学习过程。与分类不同,无监督学习不依赖预先定义的类或带类标记的训练实例,需要由聚类学习算法自动确定标记,而分类学习的实例或数据对象有类别标记。聚类是观察式学习,而不是示例式的学习。

聚类分析是一种探索性的分析,在分类的过程中,人们不必事先给出一个分类的标准,聚类分析能够从样本数据出发,自动进行分类。聚类分析所使用方法的不同,常常会得到不同的结论。不同方法对于同一组数据进行聚类分析,所得到的聚类数未必一致。

从实际应用的角度看,聚类分析是数据挖掘的主要任务之一。而且聚类能够作为一个独立的工具获得数据的分布状况,观察每一簇数据的特征,集中对特定的聚簇集合做进一步的分析。聚类分析还可以作为其他算法(如分类和定性归纳算法)的预处理步骤。

聚类效果的好坏依赖于两个因素:衡量距离的方法(distance measurement)和聚类算法(algorithm)。

6.4.2 距离的定义

不同领域有不同的距离,因聚类分析的目的不同,也会采用不同的距离。以下是几种常见的距离定义方法。

(1) 明氏距离(Minkowski Distance):明氏距离不是一种距离,而是一组距离的定义。

明氏距离的定义:X 和 Y 是两个向量,$X = (x_1, x_2, \cdots, x_p)$,$Y = (y_1, y_2, \cdots, y_p)$。那么 $d(X, Y) = \sqrt[q]{|x_1 - y_1|^q + |x_2 - y_2|^q + \cdots + |x_p - y_p|^q}$,其中 q 为正整数。

(2) 欧氏距离(Euclidean):可以简单地描述为多维空间的点与点之间的几何距离,它是明氏距离 $q = 2$ 的特例。

$$d(X, Y) = \sqrt[2]{|x_1 - y_1|^2 + |x_2 - y_2|^2 + \cdots + |x_p - y_p|^2}$$

(3) 曼哈顿距离(Manhattan):是明氏距离 $q = 1$ 的特例。

$$d(X, Y) = |x_1 - y_1| + |x_2 - y_2| + \cdots + |x_p - y_p|$$

该距离有个缺点就是每个变量 $x_1, x_2, \cdots$ 的重要性都是相同的,但是实际上有的变量更重要,有的没那么重要,这时候在计算距离就引进了权重,由此有了马氏距离。

(4) 马氏距离(Mahalanobis):权重向量 $W = (w_1, w_2, \cdots, w_p)$,那么

$$d(X, Y) = \sqrt[q]{w_1 \cdot |x_1 - y_1|^q + w_2 \cdot |x_2 - y_2|^q + \cdots + w_p \cdot |x_p - y_p|^q}$$

以上就是针对数值型数据计算距离的几种常见方法,但是我们知道,数据的不同变量很多时候标度是不一样的,比如 x_1 是(1000,2000)之间的变量,x_2 是(1,2)之间的变量,所以要对数据进行标准化。Z-score 标准化是一种常见的方法。

6.4.3 聚类分析的类型

目前存在大量的聚类算法,算法的选择取决于数据的类型、聚类的目的和具体应用。聚类算法主要分为五大类:基于划分的聚类方法、基于层次的聚类方法、基于密度的聚类方法、基于网格的聚类方法和基于模型的聚类方法。

1. 基于划分的聚类方法

基于划分的聚类方法是一种自顶向下的方法,对于给定的 n 个数据对象的数据集 D,将数据对象组织成 $k(k\leqslant n)$ 个分区,其中,每个分区代表一个簇。

基于划分的聚类方法中,最经典的就是 K 平均(K-means)算法和 K 中心(K-medoids)算法,许多算法都是由这两个算法改进而来的。

基于划分的聚类方法的优点是收敛速度快,缺点是它要求类别数目 K 可以合理地估计,并且初始中心的选择和噪声会对聚类结果产生很大影响。

2. 基于层次的聚类方法

层次聚类(Hierarchical Clustering)是聚类算法的一种,通过计算不同类别数据点间的相似度来创建一棵有层次的嵌套聚类树。在聚类树中,不同类别的原始数据点是树的最底层,树的顶层是一个聚类的根节点。创建聚类树有自底向上法和自顶向下法,即凝聚式层次聚类算法和分裂式层次聚类算法。如图 6-4-1 所示,展示了自底向上的层次聚类过程。

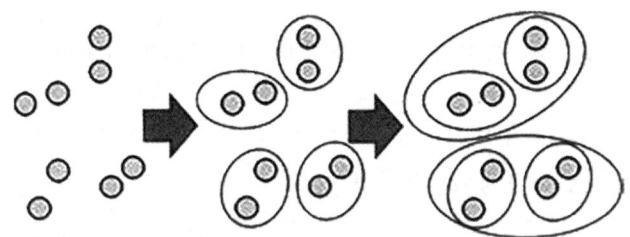

图 6-4-1 自底向上的层次聚类过程

将每一步的计算结果以树状图的形式展现出来就是层次聚类树。如图 6-4-2 所示,为层次聚类树简单的示意图。最底层是原始 1 到 6 的六个样本点,第一次把将距离最近的两个样本点 1 和 3 聚为一类,第二次距离最近的两个样本点 2 和 5 聚为一类,第三次把距离最近的簇(2,5)和样本点 4 聚为一类,第四次把距离最近的两个簇(1,3)和(2,4,5)聚为一类,最后把样本点 6 和簇(1,2,3,4,5)聚为一类,从而生成完整的层次聚类树状图。

基于层次的聚类算法的主要优点包括:距离和规则的相似度容易定义,限制少,不需要预先制定簇的个数,可以发现簇的层次关系。某些应用领域需要层次结构,如:系统发生树,基因芯片。有些研究表明,这种算法能够产生较高质量的聚类。基于层次的聚类算法的主要缺点包括,计算复杂度太高,对噪声、高维数据敏感,算法很可能聚类成链状。

3. 基于密度的聚类方法

基于密度的聚类方法是从数据对象分布区域的密度着手的。如果给定类中的数据对象在给定的范围区域中,则数据对象的密度超过某一阈值就继续聚类。

基于密度的聚类方法的主要目标是寻找被低密度区域分离的高密度区域,这些区域可以发现任意形状的簇。这种方法通过连接密度较大的区域,能够形成不同形状的簇,而且可以消除孤立点和噪声对聚类质量的影响,以及发现任意形状的簇。如图 6-4-3 所示,它可以发现"S""O"两个形状的簇。基于密度的聚类方法中最具代表性的是 DBSAN 算法、OPTICS 算法和 DENCLUE 算法。

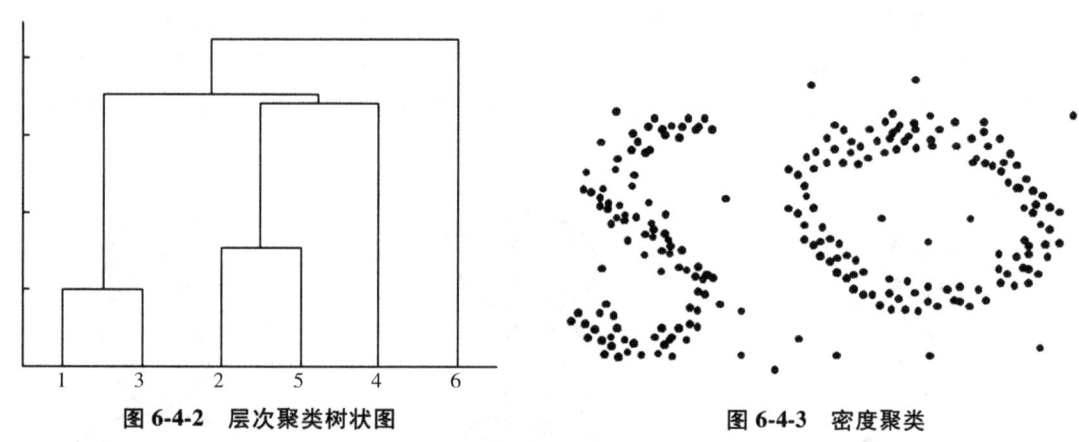

图 6-4-2 层次聚类树状图　　　　图 6-4-3 密度聚类

4. 基于网格的聚类方法

基于网格的聚类方法将空间量化为有限数目的单元,可以形成一个网格结构,所有聚类都在网格上进行。基本思想就是将每个属性的可能值分割成许多相邻的区间,并创建网格单元的集合。每个对象落入一个网格单元,网格单元对应的属性空间包含该对象的值,如图 6-4-4 所示。

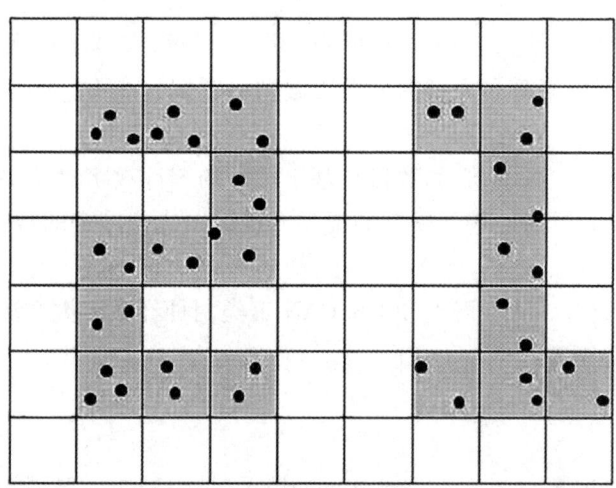

图 6-4-4 网格聚类

基于网格的聚类方法的主要优点是处理速度快,其处理时间独立于数据对象数,而仅依赖于量化空间中的每一维的单元数。这类算法的缺点是只能发现边界是水平或垂直的簇,而不能检测到斜边界。另外,在处理高维数据时,网格单元的数目会随着属性维数的增长而成指数级增长。

5. 基于模型的聚类方法

基于模型的聚类方法是试图优化给定的数据和某些数学模型之间的适应性的。该方法给每一个簇假定了一个模型,然后寻找数据对给定模型的最佳拟合。假定的模型可能是代表数据对象在空间分布情况的密度函数或者其他函数。这种方法的基本原理就是假定目标数据集是由一系列潜在的概率分布所决定的。

如图 6-4-5 所示,对基于划分的聚类方法和基于模型的聚类方法进行了对比。图(a)表示的是待聚类的数据集,图(b)给出的结果是基于距离的聚类方法,核心原则就是将距离近的点聚在一起。图(c)给出的基于概率分布模型的聚类方法,这里采用的概率分布模型是有一定弧度的椭圆。

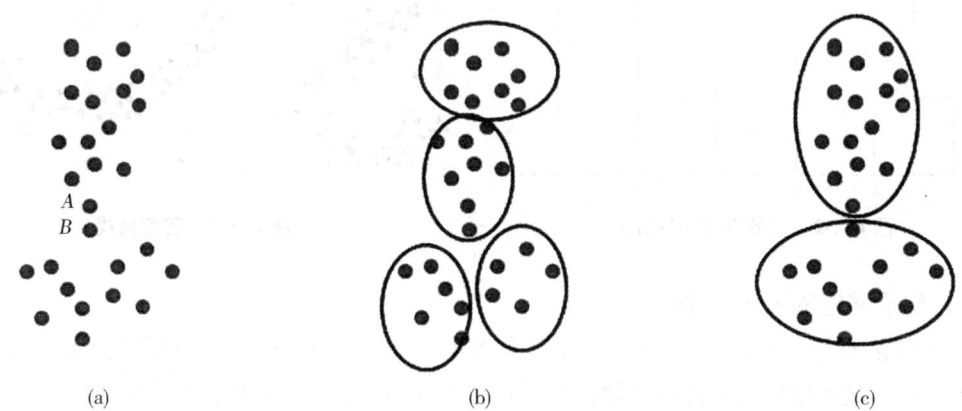

图 6-4-5 基于划分的聚类与基于模型的聚类的比较

图中标出了两个实心的点 A 和 B,这两点的距离很近,在基于层次的聚类方法中,它们聚在一个簇中,但基于概率分布模型的聚类方法则将它们分在不同的簇中,这是为了满足特定的概率分布模型。

在基于模型的聚类方法中,簇的数目是基于标准的统计数字自动决定的,噪声或孤立点也是通过统计数字来分析的。基于模型的聚类方法试图优化给定的数据和某些数据模型之间的适应性。

接下来,重点介绍 K-means 聚类和 DBSCAN 聚类两种经典聚类方法。

6.4.4 K-means 算法

1. 定义

K-means 聚类算法(K-means clustering algorithm)是一种迭代求解的聚类分析算法,其步骤是,将数据分为 K 组,并随机选取 K 个对象作为初始的聚类中心,然后计算每个对象与各个聚类中心之间的距离,把每个对象分配给距离它最近的聚类中心。聚类中心以及分配给它们的对象就代表一个簇。每次分配得到新的簇,簇的聚类中心会根据聚类中现有的对象被重新计算。这个过程将不断重复直到满足某个终止条件。

K-means 均值聚类是最著名的划分聚类算法,由于简洁和效率使得它成为所有聚类算法中被使用最广泛的。给定一个数据点集合和需要的聚类数目 K, K 由用户指定,K-means 算法根据某个距离函数反复把数据分入 K 个聚类中。

2. 算法描述

先随机选取 K 个对象作为初始的聚类中心。然后计算每个对象与各个种子聚类中心之间的距离,把每个对象分配给距离它最近的聚类中心。聚类中心以及分配给它们的对象就代表一个聚类。一旦全部对象都被分配了,每个聚类的聚类中心会根据聚类中现有的对象被重新计算。这个过程将不断重复直到满足某个终止条件。终止条件可以是以下任何一个:

① 没有(或最小数目)对象被重新分配给不同的聚类;

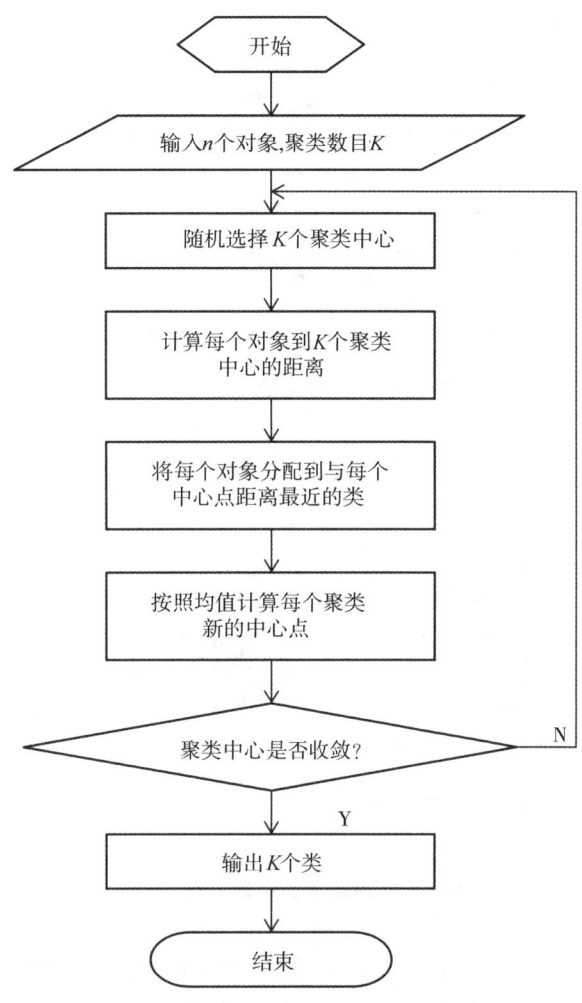

图 6-4-6 K-means 聚类的流程图

② 没有(或最小数目)聚类中心再发生变化;

③ 误差平方和局部最小。图 6-4-6 为 K-means 聚类算法的流程图。

3. 用图形表达聚类过程

有一个二维空间的一些点,我们要将它们分成三个类,即 $K=3$。图 6-4-7 至图 6-4-12 表达了 K-means 聚类的过程。

(1) 随机选择三个样本点为初始中心,作为三个类的中心点,如图 6-4-7 所示;

(2) 计算每一个不是中心点的点到这三个中心点的距离,如图 6-4-8 所示;

(3) 将所有点归类于距离最近的那个中心点的一类,如图 6-4-9 所示,形成三个类 C_1, C_2, C_3;

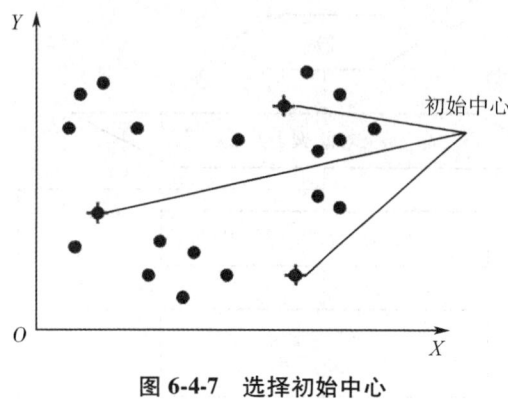

图 6-4-7　选择初始中心

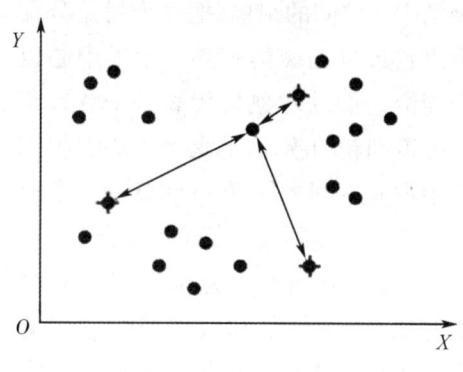

图 6-4-8　计算每个点到各中心的距离

（4）把 C_1, C_2, C_3 重新计算这三个聚类的中心，如图 6-4-10 所示；

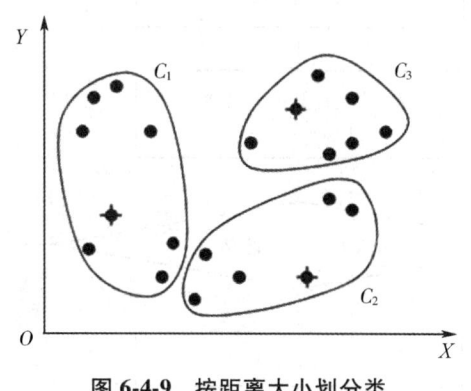

图 6-4-9　按距离大小划分类

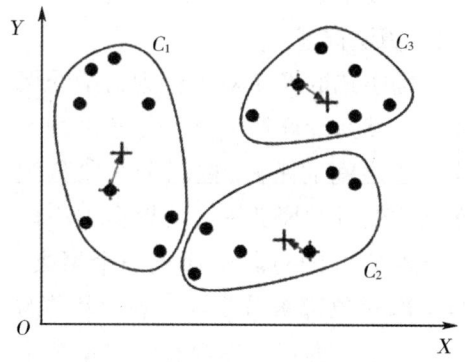

图 6-4-10　重新计算三个类的中心

（5）不断重复上述(3)(4)两步，更新三个类，如图 6-4-11 所示；

（6）当中心点的位置不再发生改变，即稳定以后，迭代停止，这时候的三个类就是最后的聚类结果，如图 6-4-12 所示。

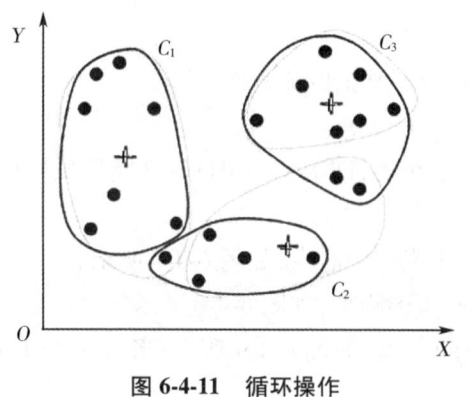

图 6-4-11　循环操作

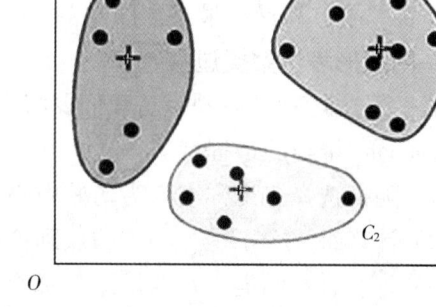

图 6-4-12　稳定后得到的结果

4. K-means 算法的特点

（1）K-means 算法的优点

① K-means 算法能根据较少的已知聚类样本的类别，对树进行剪枝，确定部分样本的分类；

② 为克服少量样本聚类的不准确性，该算法本身具有优化迭代功能，在已经求得的聚类上，再次进行迭代修正剪枝，确定部分样本的聚类，优化了初始监督学习样本分类不合理的地方。

③ 只是针对部分小样本，因此聚类具有较低的时间复杂度。

（2）K-means 算法的缺点

① K 值需要预先给定，属于预先知识，很多情况下 K 值的估计是非常困难的，对于像计算全部微信用户的社交圈的场景，就完全没办法用 K-means 进行；

② K-means 算法对初始选取的聚类中心点是敏感的，不同的随机初始中心点得到的聚类结果有可能完全不同。

6.4.5 DBSCAN 算法

1. DBSCAN 定义

DBSCAN（Density-Based Spatial Clustering of Applications with Noise）是一个比较有代表性的基于密度的聚类算法。DBSCAN 将簇定义为：由密度可达关系导出的最大的密度相连样本集合。与基于划分和层次聚类的方法不同，它将簇定义为密度相连的点的最大集合，能够把具有足够高密度的区域划分为簇，并可在噪声的空间数据库中发现任意形状的聚类。它可以处理二维点、三维点、多维点和二维多边形等很多现实世界的问题。

2. DBSCAN 相关概念

DBSCAN 算法使用一组关于"邻域"的参数来描述样本分布的紧密程度。在描述具体的算法之前，我们首先介绍相关的概念：一个核心思想、两个重要参数、三种点的类别、四种点的关系。

（1）一个核心思想：基于密度。

如图 6-4-13 所示，把每个密集区域的对象作为一个聚类的簇，而非密集区域则不能成为簇，图中有两个簇。

（2）两个重要参数：邻域半径 R 和最少点数目 MinPts。

在一个样本点的邻域半径 R 内的样本点的个数大于等于指定最少点数目 MinPts 时，就是密集的。如图 6-4-14 所示，图中的样本点 A、B 和 C 在半径 R 的邻域内的样本数都超过 MinPts＝4，所以三个都是密集点。

（3）三种点的类别：核心点、边界点和噪声点。

邻域半径 R 内样本点的数量大于等于 MinPts 的点叫做核心点。不属于核心点但在某个核心点邻域内的点叫做边界点。既不是核心点也不是边界点的是噪声点，即噪声点的 R

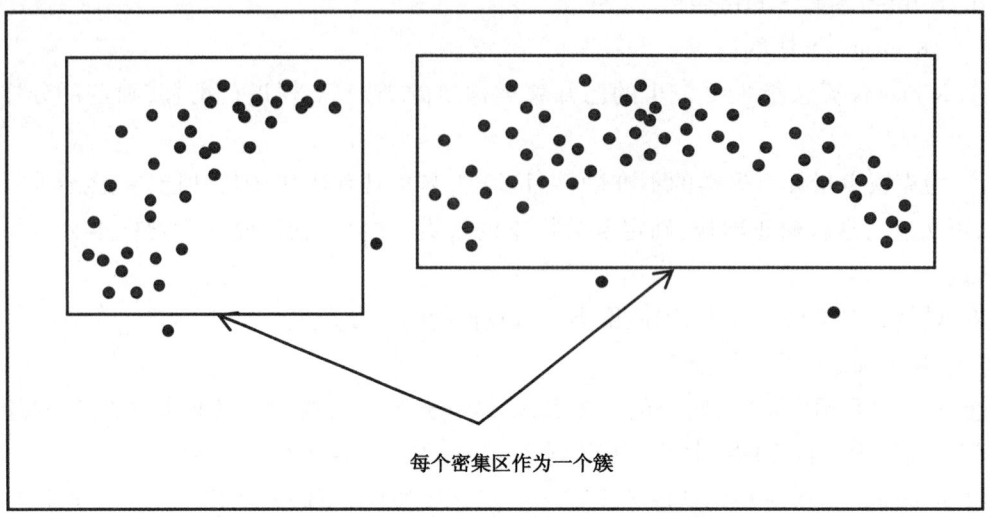

图 6-4-13　DBSCAN 的核心思想

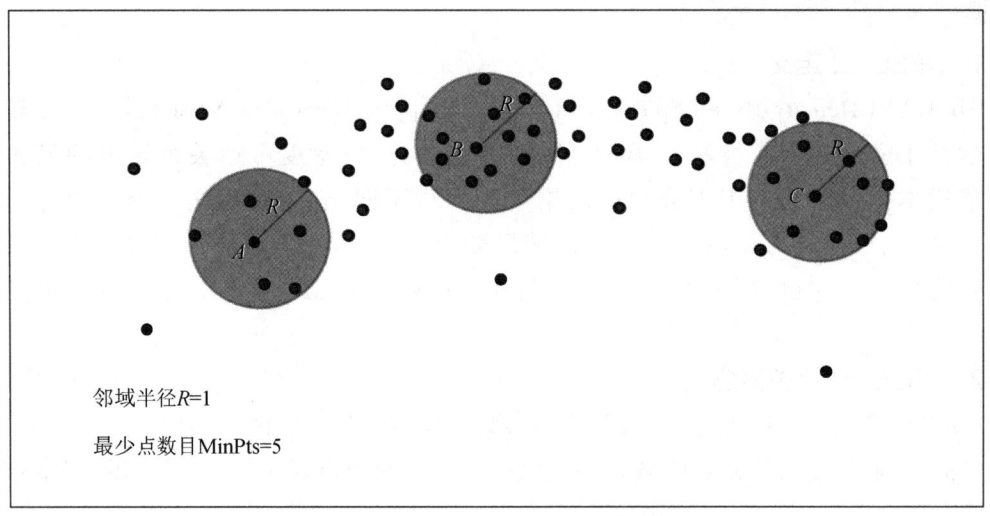

图 6-4-14　DBSCAN 中两个重要参数

邻域内的样本点数少于 MinPts,也不处于某个核心点的 R 邻域内。如图 6-4-15 所示。

(4) 四种点的关系:密度直达,密度可达,密度相连,非密度相连。

如图 6-4-16 所示。P 到 Q 密度直达指的是 Q 点在核心点 P 的 R 邻域内。P_1 到 Q_1 密度可达指的是 P_1 密度可达 M_1,M_1 密度可达 M_2,……,M_k 密度可能达 Q_1。非密度可达,指的是无法找到一条路径在两个对象间密度可达。P_2 到 Q_2 密度相连指的是存在某对象 M 即密度可达 P_2,也密度可达 Q_2。

3. DBSCAN 算法

算法描述:

输入:包含 n 个对象的数据库,半径 e,最少数目 MinPts;

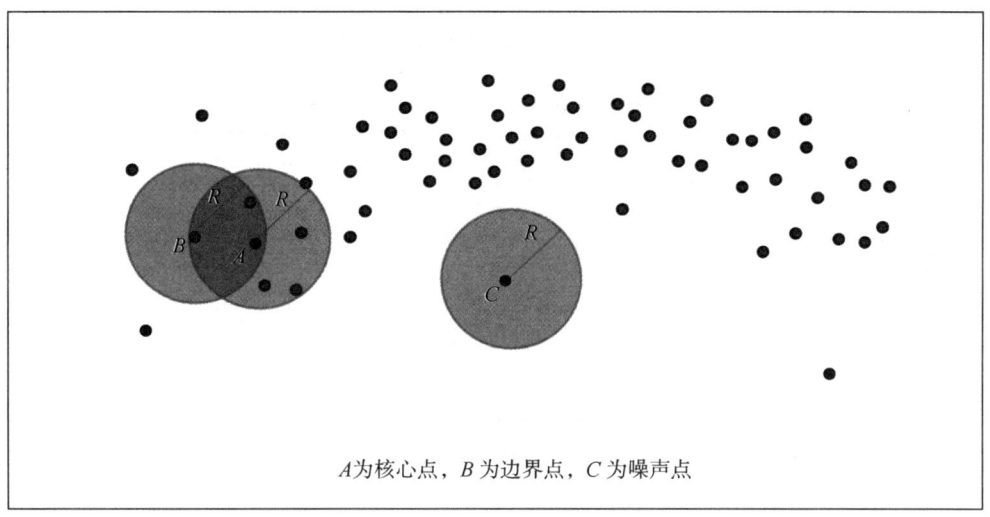

图 6-4-15　DBSCAN 中三种点的类别

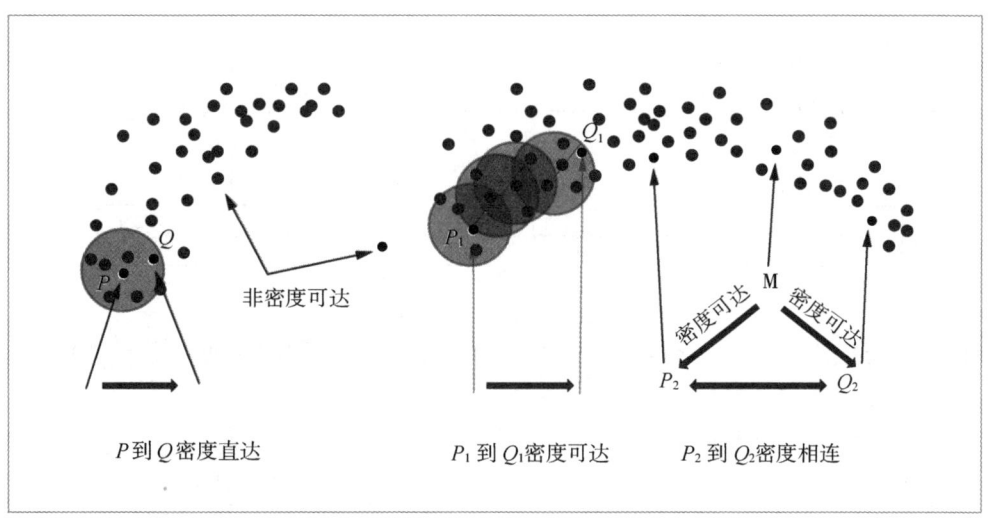

图 6-4-16　DBSCAN 中四种点的关系

输出:所有生成的簇,达到密度要求。

(1) REPEAT;
(2) 从数据库中抽出一个未处理的点;
(3) IF 抽出的点是核心点,THEN 找出所有从该点密度可达的对象,形成一个簇;
(4) ELSE 抽出的点是边缘点(非核心对象),跳出本次循环,寻找下一个点;
(5) UNTIL 所有的点都被处理。

DBSCAN 对用户定义的参数很敏感,细微的不同都可能导致差别很大的结果,而参数的选择无规律可循,只能靠经验确定。

如图 6-4-17 所示,为 DBSCAN 算法的流程图。

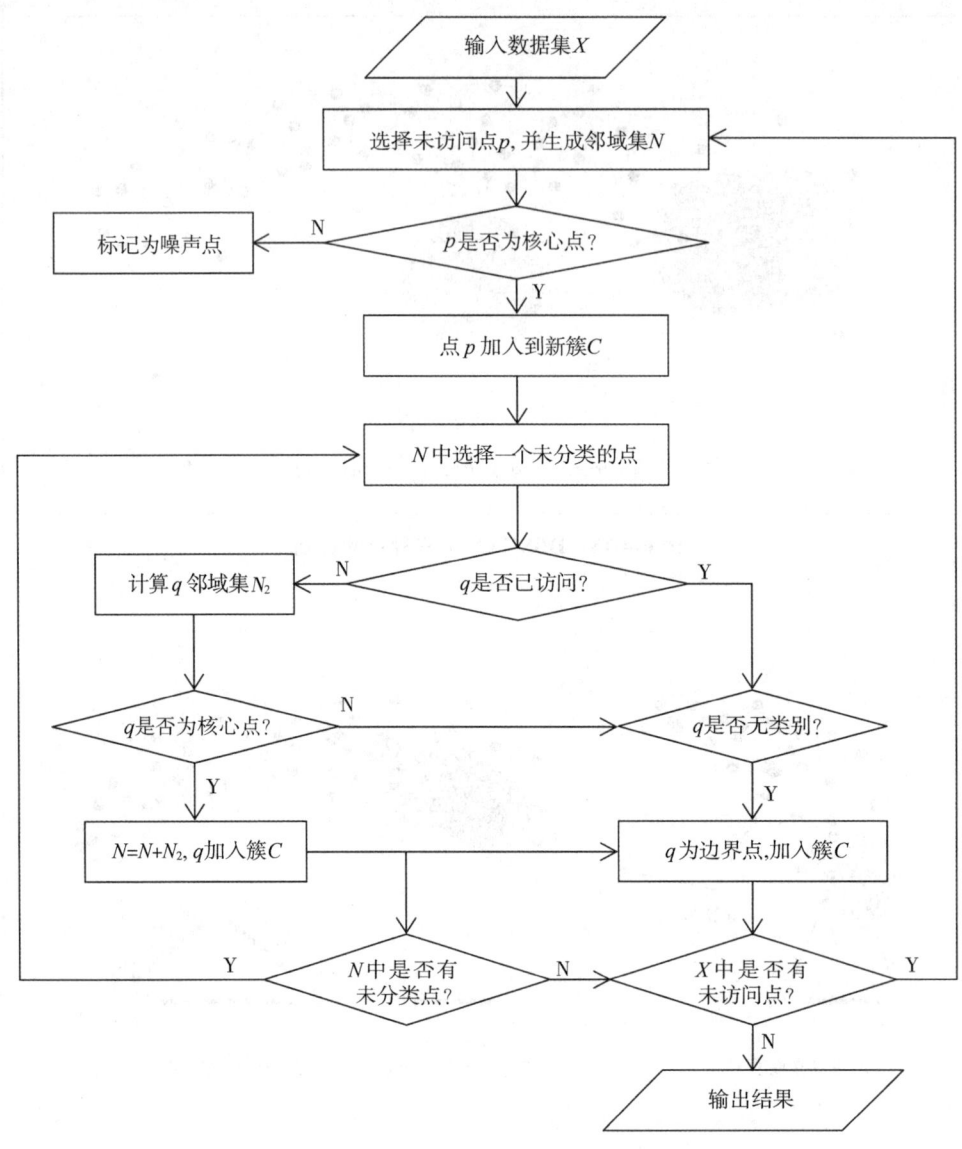

图 6-4-17 DBSCAN 的流程图

4. DBSCAN 的优缺点

（1）DBSCAN 的优点

① 与 K-means 算法相比，DBSCAN 不需要事先知道要形成的簇类的数量；

② 与 K-means 算法相比，DBSCAN 可以发现任意形状的簇类；

③ DBSCAN 能够识别出噪声点；

④ DBSCAN 对于数据库中样本的顺序不敏感，即 Pattern 的输入顺序对结果的影响不大。但是，对于处于各簇之间的边界样本，可能会根据哪个簇优先被探测到而使其归属有所摆动。

（2）DBSCAN 的缺点

① DBSCAN 不能很好反映高维数据；
② DBSCAN 不能很好反映数据集已变化的密度；
③ 如果样本集的密度不均匀、聚类间距差相差很大时，聚类质量较差；

6.5 数据挖掘的工具分析

数据挖掘工具是使用数据挖掘技术从大型数据集中发现并识别模式的计算机软件。在当今世界中数据就意味着价值，但是因为大多数数据都是非结构化的，因此，拥有数据挖掘工具将成为帮助您获得正确数据的一种方法。下面介绍几个常用的数据挖掘工具。

6.5.1 R

R 是一种用于统计计算的编程语言，如今被广泛地使用于统计分析、数据挖掘等方向。

R 是一套完整的数据处理、计算和制图软件系统。其功能包括：数据存储和处理系统；数组运算工具（其向量、矩阵运算方面功能尤其强大）；完整连贯的统计分析工具；优秀的统计制图功能；简便而强大的编程语言：可操纵数据的输入和输出，可实现分支、循环，用户可自定义功能。

6.5.2 Oracle 数据挖掘

Oracle 数据挖掘（Oracle Data Mining，ODM）是 Oracle Advanced Analytics 数据库选件的一个组件，它提供了强大的数据库挖掘算法，可以让数据分析师发现洞察、做出预测。通过 ODM，可以在 Oracle 数据库中构建和应用预测性模型，从而帮助用户预测客户行为、确定理想客户、制定客户档案、发现交叉销售机会、发现异常情况并识别潜在欺诈行为。

算法以 SQL 函数形式实现，充分利用了 Oracle 数据库的优势。SQL 数据挖掘函数可以挖掘数据表和视图、星型模式数据，包括事务性数据、聚合、非结构化数据，即 CLOB 数据类型（使用 Oracle Text 提取令牌），以及空间数据。Oracle Advanced Analytics SQL 数据挖掘函数充分利用数据库的并行能力进行模型构建和模型应用，并沿用所有数据、用户权限和安全方案。可以在 SQL 查询、BI 仪表盘和嵌入式实时应用中包含预测模型。

6.5.3 Scrapy

Scrapy 是 Python 开发的一个快速、高层次的屏幕抓取和 Web 抓取框架，用于抓取 Web 站点并从页面中提取结构化的数据。Scrapy 用途广泛，可以用于数据挖掘、监测和自动化测试。Scrapy 吸引人的地方在于它是一个框架，任何人都可以根据需求方便地修改。它也提供了多种类型爬虫的基类，如 BaseSpider、SiteMap 爬虫等，最新版本又提供了 Web2.0 爬虫的支持。

6.5.4 Weka

Weka作为一个公开的数据挖掘工作平台,集合了大量能承担数据挖掘任务的机器学习算法,包括对数据进行预处理、分类、回归、聚类、关联规则,以及在新的交互式界面上的可视化。

Weka高级用户可以通过Java编程和命令行来调用其分析组件。同时,Weka也为普通用户提供了图形化界面,称为Weka Knowledge Flow Environment和Weka Explorer。和R相比,Weka在统计分析方面较弱,但在机器学习方面要强得多。

6.5.5 KNIME

KNIME是一个基于Eclipse平台开发、模块化的数据挖掘系统。它能够让用户可视化创建数据流(也就常说的pipeline),选择性地执行部分或所有分解步骤,然后通过数据和模型上的交互式视图研究执行后的结果。

KNIME中每个节点都带有交通信号灯,用于指示该节点的状态(未连接、未配置、缺乏输入数据时为红灯;准备执行为黄灯;执行完毕后为绿灯)。在KNIME中有个特色功能——HiLite,允许用户在节点结果中标记感兴趣的记录,并进一步展开后续探索。

6.5.6 Orange

Orange是一个基于组件的数据挖掘和机器学习软件套装,它的功能既友好,又很强大,快速而又多功能的可视化编程前端,以便浏览数据分析和可视化,绑定了Python以进行脚本开发。它是一个开放源码的数据可视化和分析的新手和专家。它包含了完整的一系列的组件以进行数据预处理,还包含了数据分析、不同的可视化,从散点图、条形图、树,到树图、网络和热图的特征。基于C++和Python开发,它的图形库是由跨平台的Qt框架开发。

6.6 外贸出口数据挖掘

Mahout是Apache Software Foundation(ASF)旗下的一个开源项目,提供一些可扩展的机器学习领域经典算法的实现,旨在帮助开发人员更加方便快捷地创建智能应用程序。Mahout包含许多实现,包括聚类、分类、推荐过滤、频繁子项挖掘。此外,通过使用Apache Hadoop库,Mahout可以有效地扩展到云中。本节使用Mahout对外贸出口销售类型进行聚类分析和回归分析。

6.6.1 使用 Mahout 完成销售类型的聚类分析

1. 文本聚类

作为聚类算法的主要应用场景——文本分类,对文本信息的建模具有一定的优势。在信息检索研究领域已经有很好的建模方式,就是信息检索领域中最常用的向量空间模型(Vector Space Model,VSM)。文本的向量空间模型就是将文本信息建模为一个向量,其中每一个域是文本中出现的一个词的权重。关于权重的计算则有多种方法。

(1)直接计数是最简单的权重计算,就是词在文本里出现的次数。这种方法简单,但是对文本内容描述的不够精确。

(2)词的频率(Team Frequency,TF):就是将词在文本中出现的频率作为词的权重。这种方法只是对于直接计数进行了归一化处理,目的是让不同长度的文本模型有统一的取值空间,便于文本相似度的比较,但可以看出,直接计数和词频都不能解决"高频无意义词汇权重大的问题",也就是说对于英文文本中,"a""the"这样高频但无实际意义的词汇并没有进行过滤,这样的文本模型在计算文本相似度时会很不准确。

(3)词频-逆向文本频率(Term Frequency-Inverse Document Frequency,TF-IDF):它是对TF方法的一种加强,字词的重要性随着它在文件中出现的次数成正比增加,但同时会随着它在所有文本中出现的频率成反比下降。举个例子,对于"高频无意义词汇",因为它们大部分会出现在所有的文本中,所以它们的权重会大打折扣,这样就使得文本模型在描述文本特征上更加精确。在信息检索领域,TF-IDF 是对文本信息建模的最常用的方法。

对于文本信息的向量化,Mahout 已经提供了工具类,它基于 Lucene 给出了对文本信息进行分析,然后创建文本向量。

2. 文本聚类代码

(1) K 均值聚类算法示例

① 基于内存的 K 均值聚类算法实现

```
public static void kMeansClusterInMemoryKMeans() {
    //指定需要聚类的个数,这里选择 2 类
    int k = 2;
    //指定 K 均值聚类算法的最大迭代次数
    int maxIter = 3;
    //指定 K 均值聚类算法的最大距离阈值
    double distanceThreshold = 0.01;
    //声明一个计算距离的方法,这里选择了欧几里德距离
    DistanceMeasure measure = new EuclideanDistanceMeasure();
    //这里构建向量集,使用的是清单 1 里的二维点集
    List<Vector> pointVectors =
        SimpleDataSet.getPointVectors(SimpleDataSet.points);
```

```java
//从点集向量中随机的选择 k 个作为簇的中心
List<Vector> randomPoints =
    RandomSeedGenerator.chooseRandomPoints(pointVectors, k);
//基于前面选中的中心构建簇
List<Cluster> clusters = new ArrayList<Cluster>();
int clusterId = 0;
for(Vector v : randomPoints){
    clusters.add(new Cluster(v, clusterId ++, measure));
}
//调用 KMeansClusterer.clusterPoints 方法执行 K 均值聚类
List<List<Cluster>> finalClusters = KMeansClusterer.clusterPoints(pointVectors,
clusters, measure, maxIter, distanceThreshold);

//打印最终的聚类结果
for(Cluster cluster : finalClusters.get(finalClusters.size() -1)){
    System.out.println("Cluster id: " + cluster.getId() +
        " center: " + cluster.getCenter().asFormatString());
    System.out.println("        Points: " + cluster.getNumPoints());
}
}
```

② 基于 Hadoop 的 K 均值聚类算法实现

```java
public static void kMeansClusterUsingMapReduce() throws Exception{
    //声明一个计算距离的方法，这里选择了欧几里德距离
    DistanceMeasure measure = new EuclideanDistanceMeasure();
    //指定输入路径，如前面介绍的一样，基于 Hadoop 的实现就是通过指定
    //输入输出的文件路径来指定数据源的。
    Path testpoints = new Path("testpoints");
    Path output = new Path("output");
    //清空输入输出路径下的数据
    HadoopUtil.overwriteOutput(testpoints);
    HadoopUtil.overwriteOutput(output);
    RandomUtils.useTestSeed();
    //在输入路径下生成点集，与内存的方法不同，这里需要把所有的向量
    //写进文件，下面给出具体的例子
    SimpleDataSet.writePointsToFile(testpoints);
    //指定需要聚类的个数，这里选择 2 类
    int k = 2;
    //指定 K 均值聚类算法的最大迭代次数
```

```java
int maxIter = 3;
    //指定 K 均值聚类算法的最大距离阈值
    double distanceThreshold = 0.01;
    //随机的选择 k 个作为簇的中心
    Path clusters = RandomSeedGenerator.buildRandom(testpoints,
    new Path(output, "clusters-0"), k, measure);
    //调用 KMeansDriver.runJob 方法执行 K 均值聚类算法
    KMeansDriver.runJob(testpoints, clusters, output, measure,
    distanceThreshold, maxIter, 1, true, true);
    //调用 ClusterDumper 的 printClusters 方法将聚类结果打印出来。
    ClusterDumper clusterDumper = new ClusterDumper(new Path(output,
        "clusters-" + maxIter -1), new Path(output, "clusteredPoints"));
    clusterDumper.printClusters(null);
}

//SimpleDataSet 的 writePointsToFile 方法,将测试点集写入文件里
//首先我们将测试点集包装成 VectorWritable 形式,从而将它们写入文件
public static List<VectorWritable> getPoints(double[][] raw) {
    List<VectorWritable> points = new ArrayList<VectorWritable>();
    for (int i = 0; i < raw.length; i++) {
        double[] fr = raw[i];
        Vector vec = new RandomAccessSparseVector(fr.length);
        vec.assign(fr);
            //只是在加入点集前,在 RandomAccessSparseVector 外加了一层
            //VectorWritable 的包装
        points.add(new VectorWritable(vec));
    }
        return points;
    }
        //将 VectorWritable 的点集写入文件,这里涉及一些基本的 Hadoop 编程元素
        public static void writePointsToFile(Path output) throws IOException {
            //调用前面的方法生成点集
            List<VectorWritable> pointVectors = getPoints(points);
            //设置 Hadoop 的基本配置
            Configuration conf = new Configuration();
            //生成 Hadoop 文件系统对象 FileSystem
            FileSystem fs = FileSystem.get(output.toUri(), conf);
            //生成一个 SequenceFile.Writer,它负责将 Vector 写入文件中
            SequenceFile.Writer writer = new SequenceFile.Writer(fs, conf, output,
                Text.class, VectorWritable.class);
```

```
    //这里将向量按照文本形式写入文件
try {
    for ( VectorWritable vw : pointVectors ) {
        writer.append( new Text( ) , vw );
    }
} finally {
    writer.close( );
}
}
```

(2) 执行结果

KMeans Clustering In Memory Result

Cluster id: 0

center: {"class":"org.apache.mahout.math.RandomAccessSparseVector",
"vector":"{\"values\":{\"table\":[0,1,0],\"values\":[1.8,1.8,0.0],\"state\":[1,1,0],
\"freeEntries\":1,\"distinct\":2,\"lowWaterMark\":0,\"highWaterMark\":1,
\"minLoadFactor\":0.2,\"maxLoadFactor\":0.5},\"size\":2,\"lengthSquared\":-1.0}"
}

Points: 5

Cluster id: 1

center: {"class":"org.apache.mahout.math.RandomAccessSparseVector",
"vector":"{\"values\":{\"table\":[0,1,0],
\"values\":[7.142857142857143,7.285714285714286,0.0],\"state\":[1,1,0],
\"freeEntries\":1,\"distinct\":2,\"lowWaterMark\":0,\"highWaterMark\":1,
\"minLoadFactor\":0.2,\"maxLoadFactor\":0.5},\"size\":2,\"lengthSquared\":-1.0}"
}

……

Points: 7

KMeans Clustering Using Map/Reduce Result

  Weight: Point:
  1.0: [1.000, 1.000]
  1.0: [2.000, 1.000]
  1.0: [1.000, 2.000]
  1.0: [2.000, 2.000]
  1.0: [3.000, 3.000]
  Weight: Point:
  1.0: [8.000, 8.000]
  1.0: [9.000, 8.000]

```
1.0：[8.000，9.000]
    1.0：[9.000，9.000]
    1.0：[5.000，5.000]
    1.0：[5.000，6.000]
    1.0：[6.000，6.000]
```

通过代码实现对外贸数据进行聚类分析，外贸数据内容都是以中文为主，在序列化文件时，使用了 jcseg 分词，同时过滤掉一些不必要的内容，并以空格分隔来保存分词结果。在聚类之前 K-means 需要确定簇个数，如果簇的个数不准确，会影响聚类结果的准确度，可以使用"canopy+kmeans"的方式来分析外贸数据。

6.6.2 使用 Mahout 完成销售类型的回归分析

1. 梯度和梯度下降法

机器学习中的大部分问题都是优化问题，而绝大部分优化问题都可以使用梯度下降法处理。那么理解什么是梯度、什么是梯度下降法就显得重要了。

（1）梯度的定义

假设位于一座山峰的某个山腰处，山势连绵不绝，不知道怎么下山。于是决定走一步算一步，也就是每次沿着当前位置最陡峭最易下山的方向前进一小步，然后继续沿下一个位置最陡方向前进一小步。这样一步一步走下去，一直走到觉得我们已经到了山脚。这里的下山最陡的方向就是梯度的负方向。

梯度的本意是一个向量（矢量），表示某一函数在该点处的方向导数沿着该方向取得最大值，即函数在该点处沿着该方向（此梯度的方向）变化最快，变化率最大（为该梯度的模）。

梯度用导数表示是：

$$\mathbf{grad}f(x_0,x_1,\cdots,x_n) = \left(\frac{\partial f}{\partial x_0},\cdots,\frac{\partial f}{\partial x_j},\cdots,\frac{\partial f}{\partial x_n}\right)$$

梯度定义：函数在某一点的梯度是这样一个向量，它的方向与取得最大方向导数的方向一致，而它的模为方向导数的最大值。

对于梯度要注意以下三点：

① 梯度是一个向量，既有方向又有大小；

② 梯度的方向是最大方向导数的方向；

③ 梯度的值是最大方向导数的值。

（2）梯度下降法

梯度下降是迭代法的一种，可以用于求解最小二乘问题（线性和非线性都可以）。在求解机器学习算法的模型参数，即无约束优化问题时，梯度下降（Gradient Descent）是最常采用的方法之一，另一种常用的方法是最小二乘法。在求解损失函数的最小值时，可以通过梯度下降法来一步步地迭代求解，得到最小化的损失函数和模型参数值。反过来，如果我们需要求解损失函数的最大值，这时就需要用梯度上升法来迭代了。在机器学习中，基于基本的梯度下降法发展了两种梯度下降方法,分别为随机梯度下降法和批量梯度下降法。

既然在变量空间的某一点处,函数沿梯度方向具有最大的变化率,那么在优化目标函数的时候,自然是沿着负梯度方向去减小函数值,以此达到我们的优化目标。

如何沿着负梯度方向减小函数值呢?既然梯度是偏导数的集合,如下:

$$\mathbf{grad}f(x_0,x_1,\cdots,x_n) = \left(\frac{\partial f}{\partial x_0},\cdots,\frac{\partial f}{\partial x_j},\cdots,\frac{\partial f}{\partial x_n}\right)$$

同时梯度和偏导数都是向量,那么参考向量运算法则,我们在每个变量轴上减小对应变量值即可,梯度下降法可以描述如下:

$$\text{Repeat}\{$$
$$x_0 := x_0 - \alpha\frac{\partial f}{\partial x_0}$$
$$\cdots$$
$$x_j := x_j - \alpha\frac{\partial f}{\partial x_j}$$
$$\cdots$$
$$x_n := x_n - \alpha\frac{\partial f}{\partial x_n}$$
$$\}$$

2. 随机森林算法

(1) 随机森林算法定义

随机森林是一个包含多个决策树的分类器,并且其输出的类别是由个别树输出的类别的众数而定。

(2) 信息熵以及信息增益的概念

熵是用来度量不确定性的,当熵越大,不确定性越大,反之越小。对于机器学习中的分类问题而言,熵越大即这个类别的不确定性越大,反之越小。信息增益在决策树算法中是用来选择特征的指标,信息增益越大,则这个特征的选择性越好。

(3) 决策树

决策树是一种树形结构,其中每个内部结点表示一个属性上的测试,每个分支代表一个测试输出,每个叶结点代表一种类别。常见的决策树算法有 C4.5、ID3 和 CART。

(4) 集成学习

集成学习通过建立几个模型组合来解决单一预测问题。它的工作原理是生成多个分类器/模型,各自独立地学习和作出预测。这些预测最后结合成单预测,因此优于任何一个单分类作出的预测。随机森林是集成学习的一个子类,它依靠于决策树的投票选择来决定最后的分类结果。

3. 回归分析

本实验内容包括导入数据源、数据平滑及合并、数据转换、模型训练和结果可视化。

(1) 导入数据源

首先引用 numpy、pandas 等必要模块,然后通过 pandas 的 read_csv 函数读入训练数据和测试数据。将数据集中的 Id 列作为索引,以方便检索。

```
import numpy as np
import pandas as pd
from pandas import Series, DataFrame
import matplotlib.pyplot as plt
import seaborn as sns
%matplotlib inline
train_df = pd.read_csv('/data/train.csv', index_col=0)
test_df = pd.read_csv('/data/test.csv', index_col=0)
```

(2) 数据平滑及合并

使用%matplotlib 命令可以将 matplotlib 的图表直接嵌入到 Notebook 之中,或者使用指定的界面库显示图表。它有一个参数指定 matplotlib 图表的显示方式。inline 表示将图表嵌入到 Notebook 中。

```
price = pd.DataFrame({"price":train_df["SalePrice"]})
price.hist()
```

通过图片可以发现,外贸数据额集中在 100 000~200 000 附近的区间,这是一个比较偏的分布。为了使最后的结果更加精确,需要对价格进行平滑处理。这里使用 log(price+1) 来进行数据的平滑,可以看出,进行平滑之后的价格比较符合正态分布。

```
prices = DataFrame({"price":train_df.SalePrice,
                    "log(price + 1)":np.log1p(train_df.SalePrice)})
prices.hist()
```

为了方便后面的处理,把训练数据和测试数据合并成一个 DataFrame。在实际的机器学习应用中,测试数据一般是不知道的。需注意的是 SalePrice 作为训练目标,只会出现在训练集中,不会出现在测试集中。所以先取出训练集的标签,然后将训练集与测试集的数据以列对齐的形式合并,统一做变量转化。

```
#将训练目标单独拿出
#y_train 则是 SalePrice 那一列
y_train = np.log1p(train_df.pop('SalePrice'))
#把剩下的部分合并起来
all_df = pd.concat((train_df, test_df), axis=0)
all_df.head()
```

(3) 数据转换

数据集合并之后,就可以对整个数据集进行处理了。首先要注意变量的类型,比如,MSSubClass 是一个类别型的变量而非数值型变量,尽管它是由数字来表示的。pandas 会将这类数字符号当成数字处理。这样会导致模型训练不准确,所以要把它转换成 string 类型。

```
all_df.MSSubClass.dtypes
all_df.MSSubClass = all_df.MSSubClass.astype(str)
#变成 str 以后,做个统计
all_df.MSSubClass.value_counts()
```

机器学习的模型处理类别型数据是比较麻烦的,还要将它变成数值型变量。这里,可以通过 One-Hot(独热码)编码进行数据变换。在 pandas 中,可以使用 get_dummies 实现这一转换。

MSSubClass 被分成了多个 column,每一个代表一个类。MSSubClass 被扩展成多个列,取值都为 1。

```
pd.get_dummies(all_df['MSSubClass'], prefix='MSSubClass').head()
```

上面的结果显示,把 MSSubClass 这一列扩展成了很多列,每一列只有 0 和 1 这两个值,这样实现了类别型数据到数值型数据的转变。根据数据描述,很多列都是类别型数据,所以要对所有类别型数据进行变换。

```
all_dummy_df = pd.get_dummies(all_df)
all_dummy_df.head()
```

全部转换之后,所有类别型的数据都已经转换成数值型,下面进行缺失值的处理。

```
all_dummy_df.isnull().sum().sort_values(ascending=False).head()
```

可以看到,缺失最多的列是 LotFrotage,其次是 GarageYrBlt。这里采用平均值填补缺失值。

```
#计算平均值
mean_cols = all_dummy_df.mean()
mean_cols.head(10)
#用平均值填补缺失值
all_dummy_df = all_dummy_df.fillna(mean_cols)
#查看填补后是否还有缺失值
all_dummy_df.isnull().sum().sum()
```

接着,将数值型数据标准化。在进行回归预测时,应该尽量把数据集放在一个标准分布内,不能让数据之间的差距太大。当然,不需要把进行 One-Hot 编码的那些数据标准化,目标是那些本来就是数值型的数据。下面先查看哪些数据是数值型的。

```
numeric_cols = all_df.columns[all_df.dtypes != 'object']
numeric_cols
```

计算标准分布:$z=\dfrac{x-\bar{x}}{s}$说明数据在整体中的相对位置,更便于计算。

```
numeric_col_means = all_dummy_df.loc[:, numeric_cols].mean()
numeric_col_std = all_dummy_df.loc[:, numeric_cols].std()
all_dummy_df.loc[:, numeric_cols] = (all_dummy_df.loc[:, numeric_cols] - numeric_col_means) / numeric_col_std
```

(4)岭回归(Ridge Regression)模型训练

```
#将数据分回训练集和测试集
#选用 Ridge Regression 模型观察效果
#首先选用 Ridge Regression 模型观察效果
from sklearn.linear_model import Ridge
from sklearn.model_selection import cross_val_score
#把数据框形式转化为 numpy Array 形式,跟 sklearn 更配
X_train = dummy_train_df.values
X_test = dummy_test_df.values
#用 sklearn 自带的 cross validation 进行模型调参
alphas = np.logspace(-3, 2, 50)
test_scores = []
for alpha in alphas:
    clf = Ridge(alpha)
    test_score = np.sqrt(-cross_val_score(clf, X_train, y_train, cv=10, scoring='neg_mean_squared_error'))
    test_scores.append(np.mean(test_score))
```

(5)结果可视化

```
import matplotlib.pyplot as plt
%matplotlib inline
plt.plot(alphas, test_scores)
plt.title("Alpha vs CV Error")
```

如图 6-6-1 所示,当 alpha 在 15 附近时,Ridge Regression 模型的错误率比较低,约为 0.136。

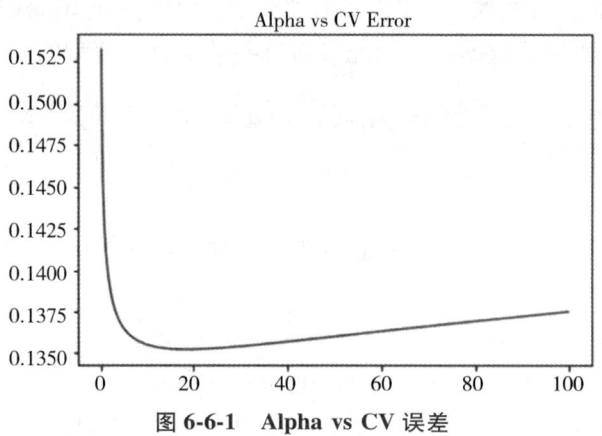

图 6-6-1　Alpha vs CV 误差

使用随机森林模型观察效果,代码如下:

```
from sklearn.ensemble import RandomForestRegressor
max_features = [.1, .3, .5, .7, .9, .99]
test_scores = list()
for max_feat in max_features:
    clf = RandomForestRegressor(n_estimators=200, max_features=max_feat)
    test_score = np.sqrt(-cross_val_score(clf, X_train, y_train,
cv=5, scoring='neg_mean_squared_error'))
    test_scores.append(np.mean(test_score))
plt.plot(max_features, test_scores)
plt.title("Max Features vs CV Error")
```

如图 6-6-2 所示,当 max_feature 为 0.3 时,随机森林的错误最小,约为 0.136。

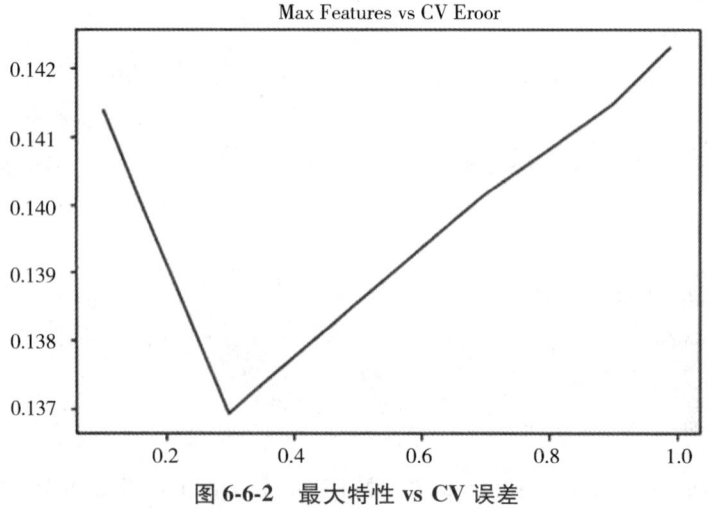

图 6-6-2　最大特性 vs CV 误差

（6）岭回归模型与随机森林模型差异

从岭回归模型可视化结果可以看出当 alpha 在 15 附近时岭回归模型的错误率比较低，约为 0.136；从随机森林模型可视化结果可以看出当 max_feature 为 0.3 时，随机森林的错误最小，约为 0.136。两种模型分析结果中可以看出，误差层面二者错误率都比较低，但特性层面随机森林模型要优于岭回归模型。

通常岭回归方程的 R 平方值会稍低于普通回归分析，但回归系数的显著性往往明显高于普通回归，在存在共线性问题和病态数据偏多的研究中有较大的实用价值，而在病态数据偏少的情况下其价值比较低。而随机森林在解决回归问题时，对于不平衡数据集来说，随机森林可以平衡误差。但随机森林模型也有一定的缺点，因为它并不能给出一个连续的输出。当进行回归时，随机森林不能够做出超越训练集数据范围的预测，这可能导致在某些特定噪声的数据进行建模时出现过度拟合。

6.7 模块小结

本模块介绍了数据挖掘的定义、挖掘的对象、任务、流程和主要算法，介绍了分类和预测的概念、决策树、朴素贝叶斯和回归分析等常用的方法，介绍了聚类分析的相关概念和最常用的两个算法，K-means 算法和 DBSCAN 算法，介绍了数据挖掘的常用工具，最后介绍了以外贸出口数据为例进行聚类分析和回归分析。希望读者能对所学方法针对适当的数据、采用合理的挖掘工具进行实例分析与挖掘，以深入理解数据挖掘方法的过程与内涵。

6.8 课后习题

1. 选择题

（1）某超市研究销售记录数据后发现，买啤酒的人很大概率也会购买尿布，这种属于数据挖掘的哪类问题（　　）。

A. 关联规则发现　　　　　　　　　　B. 聚类

C. 分类　　　　　　　　　　　　　　D. 自然语言处理

（2）建立一个模型，通过这个模型根据已知的变量值来预测其他某个变量值属于数据挖掘的哪一类任务（　　）。

A. 根据内容检索　　　　　　　　　　B. 建模描述

C. 预测建模　　　　　　　　　　　　D. 寻找模式和规则

（3）以下哪些算法是分类算法（　　）。

A. DBSCAN　　　　　　　　　　　　B. C4.5

C. K-Mean　　　　　　　　　　　　D. EM

（4）决策树中不包含以下哪种结点（　　）。

A. 根结点(root node)　　　　　　　B. 内部结点(internal node)

C. 外部结点(external node)　　　　D. 叶结点(leaf node)

(5) 关于 K 均值和 DBSCAN 两种聚类算法的比较,以下说法不正确的是(　　)。

A. K 均值丢弃被它识别为噪声的对象,而 DBSCAN 一般聚类所有对象

B. K 均值使用簇的基于原型的概念,而 DBSCAN 使用基于密度的概念

C. K 均值很难处理非球形的簇和不同大小的簇,DBSCAN 可以处理不同大小和不同形状的簇

D. K 均值可以发现不是明显分离的簇,即便簇有重叠也可以发现,但是 DBSCAN 会合并有重叠的簇

2. 填空题

(1) 数据挖掘的任务主要是关联分析、聚类分析、_____、_____、时序模式和偏差分析等。

(2) 分类过程是一般包含两步:第一步是_____阶段,或者称为模型建立阶段,第二步是_____阶段。

(3) 决策树(Decision Tree)是在已知各种情况发生_____的基础上,通过构成决策树来求取净现值的期望值大于等于零的概率,评价项目风险,判断其可行性的决策分析方法,是直观运用概率分析的一种图解法。

(4) 目前存在大量的聚类算法,算法的选择取决于数据的类型、聚类的目的和具体应用。聚类算法主要分为 5 大类:基于_____的聚类方法、基于_____的聚类方法、基于_____的聚类方法、基于网格的聚类方法和基于模型的聚类方法。

(5) 事件 A 与事件 B 相伴随机出现,且已知事件 B 发生的条件下事件 A 发生的条件概率 $P(A|B)$,根据贝叶斯定理:可求得 $P(B|A)$ = _____。

3. 简答题

(1) 什么是数据挖掘?

(2) 简述监督学习与无监督学习的区别,请举例说明。

模块 7　数据可视化

7.1　引言

数据可视化是关于数据视觉表现形式的科学技术研究。这种数据的视觉表现形式被定义为一种以某种概要形式抽提出来的信息,包括相应信息单位的各种属性和变量。

它是一个处于不断演变之中的概念,其边界在不断地扩大。主要指技术上较为高级的技术方法,而这些技术方法允许利用图形图像处理、计算机视觉及用户界面,通过表达、建模,以及对立体、表面、属性和动画的显示,对数据加以可视化解释。与立体建模之类的特殊技术方法相比,数据可视化所涵盖的技术方法要广泛得多。

7.2　了解数据可视化

数据可视化主要旨在借助于图形化手段,清晰有效地传达与沟通信息。但是,这并不意味着数据可视化就一定因为要实现其功能用途而令人感到枯燥乏味,或者是为了看上去绚丽多彩而显得极端复杂。为了有效地传达并表述数据,美学形式与功能需要齐头并进,通过直观地传达关键的方面及其特征,从而实现对于相当稀疏而又复杂的数据集的深入洞察。然而,设计人员往往并不能很好地把握设计与功能之间的平衡,而创造出华而不实的数据可视化形式,无法达到其主要目的——传达与沟通信息。

7.2.1　数据可视化概述

数据可视化与信息图形、信息可视化、科学可视化及统计图形密切相关。当前,在研究、教学和开发领域,数据可视化是一个极为活跃而又关键的研究领域。"数据可视化"这条术语实现了成熟的科学可视化领域与较年轻的信息可视化领域的统一。

1. 基本概念

数据可视化技术包含以下几个基本概念:

(1) 数据空间:由 n 维属性和 m 个元素组成的数据集所构成的多维信息空间;

(2) 数据开发:利用一定的算法和工具对数据进行定量的推演和计算;

(3) 数据分析:对多维数据进行切片、块、旋转等动作剖析,从而多角度、多侧面观察数据;

(4) 数据可视化:将大型数据集中的数据以图形图像形式表示,并利用数据分析和开发工具发现其中未知信息的处理过程。

数据可视化已经提出了许多方法,这些方法根据其可视化的原理不同可以划分为基于几何的技术、面向像素的技术、基于图标的技术、基于层次的技术、基于图像的技术和分布式技术等。

2. 基本思想

数据可视化技术的基本思想,是将数据库中每一个数据项作为单个图元素表示,大量的数据集构成数据图像,同时将数据的各个属性值以多维数据的形式表示,可以从不同的维度观察数据,从而对数据进行更深入的观察和分析。

7.2.2 数据可视化方式

1. 文本可视化

文本可视化技术综合了文本分析、数据挖掘、数据可视化、计算机图形学、人机交互、认知科学等学科的理论和方法,为人们理解复杂的文本内容、结构和内在的规律等信息提供了有效手段。

(1) 文本可视化的作用

将文本中复杂的或者难以通过文字表达的内容和规律以视觉符号的形式表达出来,同时向人们提供与视觉信息进行快速交互的功能,使人们能够利用与生俱来的视觉感知的并行化处理能力快速获取大数据中所蕴含的关键信息。

(2) 文本可视化的重要性

文本可视化涵盖了信息收集、数据预处理、知识表示、视觉呈现和交互等过程。其中,数据挖掘和自然语言处理等技术充分发挥计算机的自动处理能力,将无结构文本信息自动转换为可视的有结构文本信息。而可视化呈现使人类视觉认知、关联、推理的能力得到充分的发挥。因此,文本可视化有效地结合了机器智能和人工智能,为人们更好地理解文本和发现知识提供了新的有效途径。

2. 动态文本时序数据可视化

时序数据也就是我们常说的时间序列数据,在统计学中较为常见。时间序列的定义:同一统计指标按时间顺序记录的数据列。要求在同一数据列中数据之间具有可比性,即各个数据的口径必须相同,数据可以是时间段或时间点。进行时间序列数据分析的目的:一般是通过找出样本内时间序列的统计特性和发展规律特性,来构建时间序列模型,进行样本外预测。

有些文本的形成和变化过程与时间是紧密相关的,因此,如何将动态变化的文本中的时间相关的模式与规律进行可视化展示,是文本可视化的重要内容。引入时间轴是一种主要方法,以河流图最为常见。河流图按照其展示的内容可以划分为主题河流图、文本河流图及事件河流图等。

3. 多维数据可视化

(1) Andrews 曲线

Andrews 曲线将每个样本的属性值转化为傅立叶序列的系数来创建曲线。通过将每一类曲线标成不同颜色可以可视化聚类数据,属于相同类别的样本曲线通常更加接近并构成了更大的结构。

(2) 平行坐标

平行坐标也是一种多维可视化技术。它可以看到数据中的类别以及从视觉上估计其他的统计量。使用平行坐标时,每个点用线段连接。每个垂直的线代表一个属性。一组连接的线段表示一个数据点,可能是一类的数据点会更加接近。

4. 网络图可视化

网络结构由点及连接点的线组成,反映了点所代表的元素之间的关系。网络图使我们对各元素之间的关系有一个直观的认识。

(1) 点

点的大小可以表示该元素所包含的样本数/数值大小等;点的颜色及形状可以表示该元素的类别属性。

(2) 线

线的粗细可以表示两元素之间关联的大小(比如相关系数的大小);线的颜色可以表示两元素之间关联的方向(比如相关系数的正负),或者自定义的某些类别;线可以包含箭头,同样可以表明方向;线的形状可以为直线或曲线,曲线可以在两个元素之间不重合,以上需根据具体研究目的自定义其属性。

7.3 数据可视化软件及工具

信息图表是信息、数据、知识等的视觉化表达工具,它利用人脑对于图形信息相对于文字信息更容易理解的特点,能更高效、直观、清晰地传递信息,在计算机科学、数学及统计学领域有着广泛的应用。

目前已经有许多数据可视化工具,而且大部分都是免费的,可以满足各种可视化需求。数据可视化工具大致分为:

(1) 入门级工具(Excel);

(2) 信息图表工具(D3、Visual.ly、Flot、ECharts、Tableau、大数据魔镜);

(3) 地图工具(Modest Maps、Leaflet、PolyMaps、Openlayers、Kartograph、Quanum GIS);

(4) 高级分析工具(Processing、NodeBox、R、Python、Weka 和 Gephi 等)。

7.3.1 Excel

Excel 是 Microsoft Office 的组件之一,是由 Microsoft 为 Windows 和 Apple Macintosh 操作系统的计算机编写和运行的一款表格计算软件。Excel 是微软办公套装软件的一个重要组成部分,它可以进行各种数据的处理、统计分析、数据可视化显示及辅助决策操作,广泛地应用于管理、统计、财经、金融等众多领域。应用 Excel 进行"工资"和"年龄"拆线图数据展示如图 7-3-1 所示。

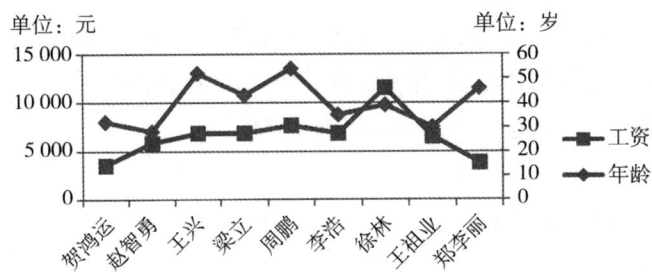

图 7-3-1 Excel 图表中的折线图制作的"工资"和"年龄"数据展示

7.3.2 Processing

Processing 在数据可视化领域有着广泛的应用,可制作信息图形、信息可视化、科学可视化和统计图形等。

7.3.3 D3

D3(Data Driven Documents)是最流行的可视化库之一,它被很多其他的表格插件所使用。它允许绑定任意数据到 DOM,然后将数据驱动转换应用到 Document 中。它能够帮助用户以 HTML 或 SVG 的形式快速可视化展示,进行交互处理,合并平稳过渡,在 Web 页面演示动画。它既可以作为一个可视化框架(如 Protovis),也可以作为构建页面的框架(如 jQuery)。可以利用它以一个数组创建基本的 HTML 表格,或是利用它的流体过度和交互,用相似的数据创建惊人的 SVG 条形图。具体可参考:https://blog.csdn.net/qq_37968920/article/details/81542158。

（1）D3 可以通过一些自定义模块来根据需求增添需要的（非 DOM）特性，并在 WebWorker 上运行。

（2）D3 采用 Selectors API 的第一级标准，若考虑兼容性可以预加载 Sizzle 库。D3.js 是最流行的可视化库之一，是一种数据操作类型的 JavaScript 库（也可视其为插件），用于创建数据可视化图形。它接受数字、数组、字符串或对象，也可以处理 JSON 和 GeoJSON 数据。D3 最擅长处理矢量图形（SVG 图或 GeoJSON 数据），能够提供大量线性图和条形图之外的复杂图表样式。比如 D3 可以非常容易地绘制交互桑基图。桑基图（Sankey diagram），即桑基能量分流图，也叫桑基能量平衡图。它是一种特定类型的流程图，图中延伸的分支的宽度对应数据流量的大小，通常应用于能源、材料成分、金融等数据的可视化分析。桑基图最明显的特征就是，始末端的分支宽度总和相等，即所有主支宽度的总和应与所有分支宽度的总和相等，保持能量的平衡。

可以通过 D3 对 Sunburst Partition 可视化探索。通过解析布点获得的用户行为路径数据，可以用最简单与直接的方式将每个用户的事件路径点击流数据进行统计，并用数据可视化方法将其直观地呈现出来。D3.js 是当前最流行的数据可视化库之一，可以利用其中的 Sunburst Partition 来刻画用户群体的事件路径点击状况。从圆心出发，层层向外推进，代表了用户从开始使用产品到离开的整个行为统计；Sunburst 事件路径图可以快速定位用户的主流使用路径。通过提取特定人群或特定模块之间的路径数据，并使用 Sunburst 事件路径图进行分析，可以定位到更深层次的问题。灵活使用 Sunburst 路径统计图，是路径分析中的一大法宝。

7.3.4 ECharts

ECharts 自 2013 年 6 月正式发布 1.0 版本以来，在短短两年多的时间里，功能不断完善，截至目前，ECharts 已经可以支持包括柱状图（条状图）、折线图（区域图）、散点图（气泡图）、K 线图、饼图（环形图）、雷达图（填充雷达图）、和弦图、力导布局图、地图、仪表盘、漏斗图、孤岛 12 类图表，同时提供标题、详情气泡、图例、值域、数据区域、时间轴、工具箱 7 个可交互组件，支持多图表、组件的联动和混搭展现。图 7-3-2 展示了 ECharts 制作的图表。

图 7-3-2　ECharts 制作的图表

ECharts 缩写来自 Enterprise Charts，商业级数据图表，一个纯 JavaScript 的图表库，可以流畅地运行在 PC 和移动设备上，兼容当前绝大部分浏览器（IE6/7/8/9/10/11、Chrome、Firefox、Safari 等），底层依赖轻量级的 Canvas 类库 ZRender，提供直观、生动、可交互、可高度个性化定制的数据可视化图表。创新的拖拽重计算、数据视图、值域漫游等特性大大增强了用户体验，赋予了用户对数据进行挖掘、整合的能力。具体可参考：http://echarts.apache.org/zh/index.html。

7.3.5 NodeXL

NodeXL 不仅具备常见的分析功能，如计算中心性、Page Rank 值、网络连通度、聚类系数等，还能对暂时性网络进行处理。在布局方面，NodeXL 主要采用力导引布局方式。

NodeXL 的一大特色是可视化交互能力强，具有图像移动、变焦和动态查询等交互功能。其另一特色是可直接与互联网相连，用户可通过插件直接导入 E-mail 或微博网页中的数据。NodeXL 生成网络图的步骤主要有"准备数据"→"生成顶点"→"生成网络图"。

7.3.6 Tableau

Tableau 是桌面系统中最简单的商业智能工具软件。Tableau 没有强迫用户编写自定义代码，新控制台也可以完全自定义配置。在控制台上，不仅能够监测信息，还提供了完整的分析能力。Tableau 控制台灵活，具有高度动态性。Tableau 简单、易用、快速，一方面归功于产生自斯坦福大学的突破性技术。Tableau 是集复杂的计算机图形学、人机交互和高性能的数据库系统于一身的跨领域技术，其中最耀眼的莫过于 VizQL 可视化查询语言和混合数据架构。另一方面在于 Tableau 专注于处理最简单的结构化数据，即已整理好的数据——Excel、数据库等，结构化数据处理在技术上难度较低，这就使 Tableau 有精力在快速、简单和可视上做出更多改进。具体可参考：http://tableau.analyticservice.net/product/？bd_vid=8572864477184920999。

与竞争对手的核心区别在于 Tableau 具有数据混合的特点。另一个独特的特点是实时协作的能力，使其成为商业和非商业组织的宝贵投资。有几种方法可以在 Tableau 中共享这些报告：将它们发布到 Tableau 服务器；通过电子邮件 Tableau Reader 功能；通过公开发布 Tableau 工作簿并授予访问任何有链接的人员的权限。这种选择的大小可以带来很大的灵活性并消除许多限制。Tableau 提供了多种具有鲜明特征的可视化功能，实现了数据发现和深入洞察的智能方式。丰富的可视化类型库包括"文字云"和"气泡图"，如图 7-3-3 所示为 Tableau 文字云图，可为 Tableau 提供独特的高级别理解。树形图为视觉效果提供上下文信息，通常用于描述零件分类数据，重点关注最相关的信息。

另外，还可使用 Tableau 的拖拽式界面，在几分钟内就可以创建许多漂亮的可视化界面。

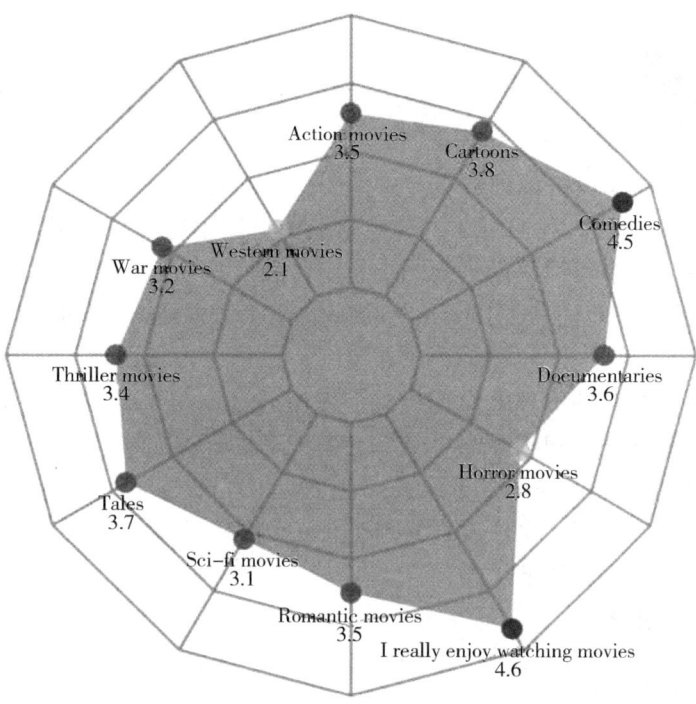

图 7-3-3　Tableau 文字云图

7.3.7　HighCharts

HighCharts 界面美观，由于使用 JavaScript 编写，因此不需要像 Flash 和 Java 一样需要插件才可以运行，而且运行速度快。另外，HighCharts 有很好的兼容性，能够完美支持当前大多数浏览器。HighCharts 是纯 JavaScript 编写的图表库，能够很简单、便捷地为 Web 网站或 Web 应用程序添加交互性图表，并且免费供个人学习、个人网站和非商业用途使用。HighCharts 支持的图表类型主要有曲线图、区域图、柱状图、饼状图、散点图和综合图表等，HighCharts 综合图示例如图 7-3-4 所示。

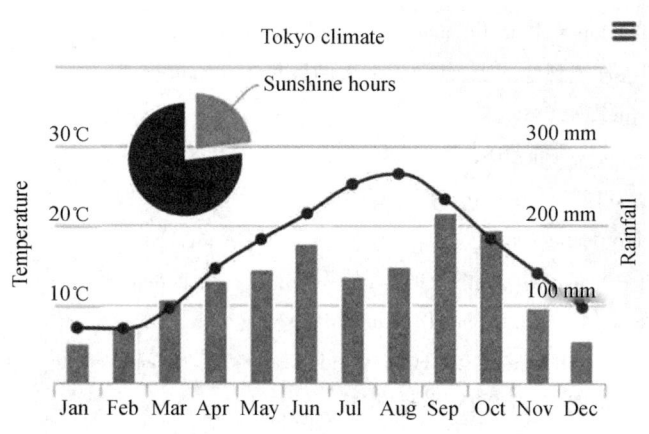

图 7-3-4　HighCharts 综合图

7.3.8 Leaflet

1. 认识 Leaflet

Leaflet 是一个为移动设备设计的交互式地图的开源的 JavaScript 库,它由 Universal Mind 的 Vladimir Agafonkin 创建。我们将在一个应用程序中使用这个封装组件,该应用程序展示了一个地图并提供了一个可以移动到地图中指定位置的按钮。Leaflet 包含了大多数开发者需要的地图特点,其下载地址如下:https://leafletjs.com/download.html。

2. Leaflet 简单应用

下面简单介绍在单一的 HTML 页面中如何使用 Leaflet。

(1) 创建一个文件夹 leaflet_test;

(2) 文件夹下创建一个 index.html;

(3) 将上述下载的 leaflet 文件放到 leaflet_test 文件夹下;

(4) 在 index.html 插入如下代码;

(5) 运行后产生地图。

```
<!-- 引入 文件 -->
<link rel="stylesheet" href="./leaflet.css" />
<script src="./leaflet.js"></script>
<!-- 增加地图高度 -->
<style>
#mapDiv{ height:300px; }
</style>
<!-- 创建一个 地图的 div id -->
<div id="mapDiv"></div>
<script>
var url = 'https://api.tiles.mapbox.com/v4/{id}/{z}/{x}/{y}.png?access_token=pk.eyJ1Ijoia2FuZXdhbmciLCJhIjoiY2pwM2UxNHNkMGF1MzNwc2FtMnNhdXJsMCJ9.KZpCBtizDeltZO6JhGc6_w';
          var leafletMap = L.map('mapDiv').setView([41,123], 5);
//将图层加载到地图上,并设置最大的聚焦还有 map 样式
          L.tileLayer(url,{
              maxZoom:18,
              id:'mapbox.streets'
}).addTo(leafletMap);
//增加一个 marker,地图上的标记,并绑定了一个 popup,默认打开
          L.marker([41,123]).addTo(leafletMap)
              .bindPopup("<b>Hello world!</b><br />I am a popup.").openPopup();
//增加一个圈,设置圆心、半径、样式
          L.circle([41,123], 500,{
```

```
                color: 'red',
                fillColor: '#f03',
                fillOpacity: 0.5
        }).addTo(leafletMap).bindPopup("I am a circle.");
        //增加多边形
        L.polygon([
                [41, 123],
                [39, 121],
                [41, 126]
        ]).addTo(leafletMap).bindPopup("I am a polygon.");
        //为点击地图的事件 增加 popup
        var popup = L.popup();
        function onMapClick(e) {
                popup
                        .setLatLng(e.latlng)
                        .setContent("You clicked the map at " + e.latlng.toString())
                        .openOn(leafletMap);
        }
        leafletMap.on('click', onMapClick);
</script>
```

7.3.9 Python 数据分析常用工具

Python 是数据处理常用工具,可以处理数量级从几千字节至几太字节不等的数据,具有较高的开发效率和可维护性,还具有较强的通用性和跨平台性。Python 可用于数据分析,但其单纯依赖 Python 本身自带的库进行数据分析还是具有一定的局限性,需要安装第三方扩展库来增强分析能力和挖掘能力。Python 数据分析需要安装的第三方扩展库有:Pandas、Numpy、Matplotlib、SciPy、Keras、Scikit-Learn、Scrapy、Gensim 等,下面对常用的第三方扩展库进行简要介绍。

1. Pandas

Pandas 是 Python 强大、灵活的数据分析和探索工具,包含 Series、Data Frame 等高级数据结构和工具,安装 Pandas 可使 Python 处理数据非常快速和简单。Pandas 是 Python 的一个数据分析包,Pandas 最初被用作金融数据分析工具而开发,因此 Pandas 为时间序列分析提供了很好的支持。

Pandas 是为了解决数据分析任务而创建的,Pandas 纳入了大量的库和一些标准的数据模型,提供了高效的操作大型数据集所需要的工具。Pandas 提供了大量快速便捷地处理数据的函数和方法。Pandas 包含了高级数据结构,以及让数据分析变得快速、简单的工具。它建立在 Numpy 之上,使 Numpy 应用变得简单。

带有坐标轴的数据结构,支持自动或明确的数据对齐。这能防止由于数据结构没有对齐,以及处理不同来源、采用不同索引的数据而产生的常见错误。使用 Pandas 更容易处理丢失数据。

2. Numpy

Python 没有提供数组功能,Numpy 可以提供数组支持以及相应的高效处理函数,是 Python 数据分析的基础,也是 SciPy、Pandas 等数据处理和科学计算库最基本的函数功能库,且其数据类型对 Python 数据分析十分有用。

Numpy 提供了两种基本的对象:ndarray 和 ufunc。ndarray 是存储单一数据类型的多维数组,而 ufunc 是能够对数组进行处理的函数。Numpy 的功能如下:

(1) n 维数组,一种快速、高效使用内存的多维数组,它提供矢量化数学运算;

(2) 不使用循环就能对整个数组内的数据进行标准数学运算;

(3) 非常便于传送数据到用低级语言(C/C++)编写的外部库,也便于外部库以 Numpy 数组形式返回数据。

Numpy 不提供高级数据分析功能,但可以更加深刻地理解 Numpy 数组和面向数组的计算。

3. Matplotlib

Matplotlib 是强大的数据可视化工具和作图库,是主要用于绘制数据图表的 Python 库,提供了绘制各类可视化图形的命令字库、简单的接口,可以方便用户轻松掌握图形的格式,绘制各类可视化图形。Matplotlib 是 Python 的一个可视化模块,它能方便地绘制线条图、饼图、柱状图及其他专业图形。Matplotlib 支持所有操作系统下不同的 GUI 后端,并且可以将图形输出为常见的矢量图和图形测试,如 PDF、SVG、JPG、PNG、BMP、GIF。通过数据绘图,我们可以将枯燥的数字转化成人们容易接受的图表。Matplotlib 是基于 Numpy 的一套 Python 包,这个包提供了丰富的数据绘图工具,主要用于绘制一些统计图形。

Matplotlib 有一套允许定制各种属性的默认设置,可以控制 Matplotlib 中的每一个默认属性:图像大小、每英寸点数、线宽、色彩、样式、子图、坐标轴、网格属性、文字和文字属性。

4. SciPy

SciPy 是一组专门解决科学计算中各种标准问题域的包的集合,包含的功能有最优化、线性代数、积分、插值、拟合、特殊函数、快速傅立叶变换、信号处理和图像处理、常微分方程求解和其他科学与工程中常用的计算等,这些功能对数据分析和挖掘十分有用。

SciPy 是一款方便、易于使用、专门为科学和工程设计的 Python 包,它包括统计、优化、整合、线性代数模块、傅立叶变换、信号和图像处理、常微分方程求解器等。SciPy 依赖于 Numpy,并提供许多对用户友好的和有效的数值例程,如数值积分和优化。

Python 有着像 Matlab 一样强大的数值计算工具包 Numpy、绘图工具包 Matplotlib、科学计算工具包 SciPy。

Python 能直接处理数据,而 Pandas 几乎可以像 SQL 那样对数据进行控制。Matplotlib 能够对数据和结果进行可视化,快速理解数据。Scikit-Learn 提供了机器学习算法的支持,Theano 提供了深度学习框架(还可以使 CPU 加速)。

5. Keras

Keras 是深度学习库,人工神经网络和深度学习模型,基于 Theano 之上,依赖于 Numpy 和 SciPy,利用它可以搭建普通的神经网络和各种深度学习模型,如语言处理、图像识别、自编码器、循环神经网络、递归审计网络、卷积神经网络等。

6. Scikit-Learn

Scikit-Learn 是 Python 常用的机器学习工具包,提供了完善的机器学习工具箱,支持数据预处理、分类、回归、聚类、预测和模型分析等强大机器学习库,其依赖于 Numpy、SciPy 和 Matplotlib 等。

Scikit-Learn 是基于 Python 机器学习的模块,基于 BSD 开源许可证。Scikit-Learn 的安装需要 Numpy、Scopy、Matplotlib 等模块。Scikit-Learn 的主要功能分为六个部分:分类、回归、聚类、数据降维、模型选择、数据预处理。

Scikit-Learn 自带一些经典的数据集,比如用于分类的 iris 和 digits 数据集,还有用于回归分析的 boston house prices 数据集。该数据集是一种字典结构,数据存储在.data 成员中,输出标签存储在.target 成员中。Scikit-Learn 建立在 SciPy 之上,提供了一套常用的机器学习算法,通过一个统一的接口来使用,Scikit-Learn 有助于在数据集上实现流行的算法。

Scikit-Learn 还有一些库,比如:用于自然语言处理的 NLTK、用于网站数据抓取的 Scrappy、用于网络挖掘的 Pattern、用于深度学习的 Theano 等。

7. Scrapy

Scrapy 是专门为爬虫而生的工具,具有 URL 读取、HTML 解析、存储数据等功能,可以使用 Twisted 异步网络库来处理网络通信,架构清晰,且包含了各种中间件接口,可以灵活地完成各种需求。

8. Gensim

Gensim 是用来做文本主题模型的库,常用于处理语言方面的任务,支持 TF-IDF、LSA、LDA 和 Word2Vec 在内的多种主题模型算法,支持流式训练,并提供了诸如相似度计算、信息检索等一些常用任务的 API 接口。

以上是对 Python 数据分析常用工具的简单介绍,有兴趣的同学可以深入学习研究相关扩展库的使用方法。

7.4 使用工具对外贸数据进行可视化

7.4.1 使用工具展示销售分布图

使用 Tableau 展示销售分布图:

(1) 根据商品类别进行出口金额统计,如图 7-4-1 所示。

商品统计

产品类别	金额
building_materials	3246.57
chemical_mineral	391183.28
consumer_goods	24408.24
food_native	104645.31
footwear	107037.3
gifts	54265.86
home_decorations	41449.09
lamps_lighting	18959.21

页面 1

图 7-4-1 商品类别

(2) 根据物流方式的企业类型进行统计,如图 7-4-2 所示。

物流方式统计

物流方式	金额
	19681.05
一般贸易	0.0
其他	12151.84
海运	852809.75
空运	4923.48
空运集装箱	76.34
陆运	62166.7

图 7-4-2 物流方式

（3）根据供应商的企业类型进行统计，如图 7-4-3 所示。

企业类型	
企业	出口金额
	265520.27
中外合作企业	4820.59
中外合资企业	367189.16
其他	78644.28
国有企业	98615.36
外商独资企业	77982.89
私营企业	53681.43
集体企业	5355.19

图 7-4-3　企业类型

7.4.2　使用工具展示销售产品占比图

使用 Tableau 工具展示销售产品占比图：
根据贸易方式进行统计，如图 7-4-4 所示。

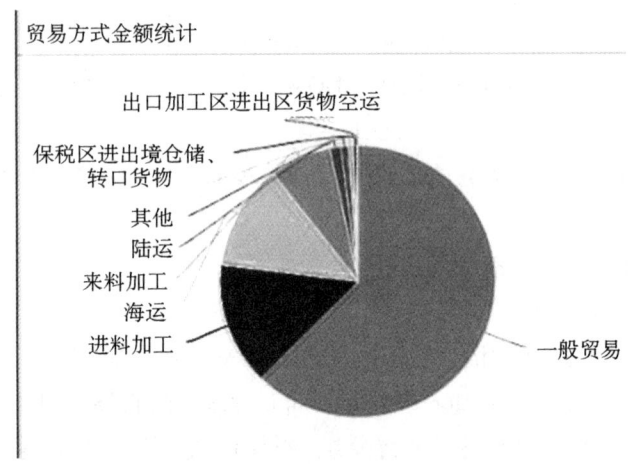

图 7-4-4　贸易方式

7.5　分析不同数据可视化的渠道

数据可视化的处理对象是数据。根据所处理的数据对象不同，数据可视化可分为科学可视化与信息可视化。科学可视化面向科学和工程领域数据，如三维空间测量数据、计算模拟数据和医学影像数据等；信息可视化的处理对象则是非结构化的数据，如金融交易、社交网络和文本数据，面对的挑战是如何从大规模高维复杂数据中提取出有用的信息。

7.5.1 通过 Web 展示数据

1. Web 数据可视化的几种方式

（1）Canvas 方式

Canvas 是 HTML5 提供的一种新标签，IE9 才开始支持的。Canvas 是一个矩形区域的画布，可以用 JavaScript 控制每一个像素在上面绘画。Canvas 标签使用 JavaScript 在网页上绘制图像，本身不具备绘图功能。Canvas 拥有多种绘制路径、矩形、圆形、字符以及添加图像的方法。

ECharts 主要就是用 Canvas 来实现图表的，Canvas 的优点如下：

① Canvas 在各种平台的浏览器上都做过了优化，以前甚至有人尝试在移动浏览器上使用 Canvas 来代替 DOM 展现元素；

② 能实现一些复杂的效果；

③ 能导出图片或二进制文件；

④ 适合游戏实现。

Canvas 的缺点如下：

① 不方便调试，因为在 DOM 里只能看到 Canvas 这一层；

② 不能实现事件，扒开 ECharts 实现的 DOM 可以看到，为了实现事件，它还另外生成了许多 DOM 元素；

③ 只能实现逐帧动画，因为只能通过在<canvas>上不停地刷新、画图这一种方式来实现动画；

④ 不能缩放，因为它是像素级的操作。

（2）SVG

SVG 是一种用 XML 定义的语言，用来描述二维矢量及矢量/栅格图形。SVG 提供了三种类型的图形对象：矢量图形（vector graphic shape，例如：由直线和曲线组成的路径）、图像（image）、文本（text）。图形对象还可进行分组、添加样式、变换、组合等操作，特征集包括嵌套变换（nested transformations）、剪切路径（clipping paths）、alpha 蒙版（alpha masks）、滤镜效果（filter effects）、模板对象（template objects）和其他扩展（extensibility）。

SVG 图形是可交互的和动态的，可以在 SVG 文件中嵌入动画元素或通过脚本来定义动画。它提供了目前网络流行格式无法具备的优势：可以任意放大图形显示，但绝不会以牺牲图像质量为代价；可在 SVG 图像中保留可编辑和可搜寻的状态；平均来讲，SVG 文件比 JPEG 和 PNG 格式的文件要小很多，因而下载也很快。可以相信，SVG 的开发将会为 Web 提供新的图像标准。

SVG 主要通过相关的各种标签来实现图形的绘制。相当于用一种 XML 把图形描述出来,它和 Canvas 的关系就像是图形和图像、几何和美术、Illustrator 和 Photoshop。d3.js 其实就是一个 SVG 的 jQuery。

SVG 主要优点如下:
① 矢量,缩放后不会失真;
② 能实现复杂的动画;
③ 能支持事件;
④ 支持 CSS;
⑤ 包含 DOM,比较直观,方便调试。

SVG 主要缺点如下:
① 不兼容版本较低的浏览器;
② 不适合游戏实现;
③ 大量的 DOM 会拖慢性能。

(3) DOM+CSS3

文档对象模型(Document Object Model,DOM),是 W3C 组织推荐的处理可扩展置标语言的标准编程接口。它是一种与平台和语言无关的应用程序接口(API),它可以动态地访问程序和脚本,更新其内容、结构和 WWW 文档的风格(目前 HTML 和 XML 文档是通过说明部分定义的)。文档可以进一步被处理,处理的结果可以加入当前的页面。DOM 是一种基于树的 API 文档,它要求在处理过程中整个文档都包含在存储器中。另外一种简单的 API 是基于事件的 SAX,它可以用于处理很大的 XML 文档,由于大,所以不适合全部放在存储器中处理。

DOM 实现数据可视化的优点如下:
① 支持事件;
② 支持缩放;
③ 支持一定的动画效果,只要是 CSS3 能做的动画都能应用;
④ 不需要写 JS,但对 CSS 要求较高。

DOM 实现数据可视化的一些缺点如下:
① 元素可能过多导致性能下降;
② 开发实现不方便;
③ 不能实现一些复杂的图形效果,比如贝塞尔曲线。

2. 通过 Web 展示数据的工具——ECharts 的特点

(1) 丰富的可视化类型:提供了常规的折线图、柱状图、散点图、饼图、K 线图,用于统计的盒形图,用于地理数据可视化的地图、热力图、线图,用于关系数据可视化的关系图、treemap、旭日图,多维数据可视化的平行坐标,还有用于 BI 的漏斗图、仪表盘,并且支持图与图之间的混搭。

(2) 多种数据格式无须转换直接使用:内置的 dataset 属性支持直接传入包括二维表、key-value 等多种格式的数据源,此外还支持输入 TypedArray 格式的数据。

（3）千万数据的前端展现：通过增量渲染技术，配合各种细致的优化，ECharts 能够展现千万级的数据量。

（4）移动端优化：针对移动端交互做了细致的优化，例如移动端小屏幕上适于用手指在坐标系中进行缩放、平移。PC 端也可以用鼠标在图中进行缩放（用鼠标滚轮）、平移等。

（5）多渲染方案，跨平台使用：支持以 Canvas、SVG（4.0+）、VML 的形式渲染图表。

（6）深度的交互式数据探索：提供了图例、视觉映射、数据区域缩放、Tooltip、数据筛选等开箱即用的交互组件，可以对数据进行多维度数据筛选、视图缩放、展示细节等交互操作。

（7）多维数据的支持以及丰富的视觉编码手段：对于传统的散点图等，传入的数据也可以是多个维度的。

（8）动态数据和绚丽特效：数据的改变驱动图表展现的改变，绚丽的特效，针对线数据、点数据等地理数据的可视化提供了吸引眼球的特效。

（9）通过 GL 实现更多更强大绚丽的三维可视化：在 VR，大屏场景里实现三维的可视化效果。

（10）无障碍访问：支持自动根据图表配置项智能生成描述，使得盲人可以在朗读设备的帮助下了解图表内容，让图表可以被更多人群访问。

3. 通过 Web 展示数据的案例

我们使用 ECharts 多渲染方案，跨平台使用的特点来实现本次数据展示，因为 ECharts 支持以 Canvas、SVG（4.0+）、VML 的形式渲染图表。

本次案例内容不做详细介绍，主要步骤如下：

① 使用 Python 包管理工具 pip 安装最新版的 Django；

② 安装 MySQL 驱动；

③ 下载项目所需要的 Bootstrap、jQuery 与前端页面；

④ 引入项目所需配置的文件；

⑤ 数据库同步；

⑥ 运行项目。

7.5.2 通过图形化工具展示数据

这里主要介绍通过 Tableau 数据的图形化展示，Tableau 主要特点如下：

（1）和团队与工作组共享分析视角；

（2）使用 Tableau Desktop 工作簿进行查看与交流；

（3）将数据可视化、数据分析与数据整合的优点延伸到团队与工作组；

（4）Tableau Reader 是免费的计算机应用程序，帮助查看内置于 Tableau Desktop 的分析视角与可视化内容；

（5）Desktop 用户创建交互式数据可视化内容，并发布为工作簿打包文件。利用

Reader,可以使用按过滤、排序以及调查得到的数据结果进行交流。

使用 Tableau 展示数据效果如下:

(1) 展示企业类型 enterprisenature.txt 数据,如图 7-5-1 所示;

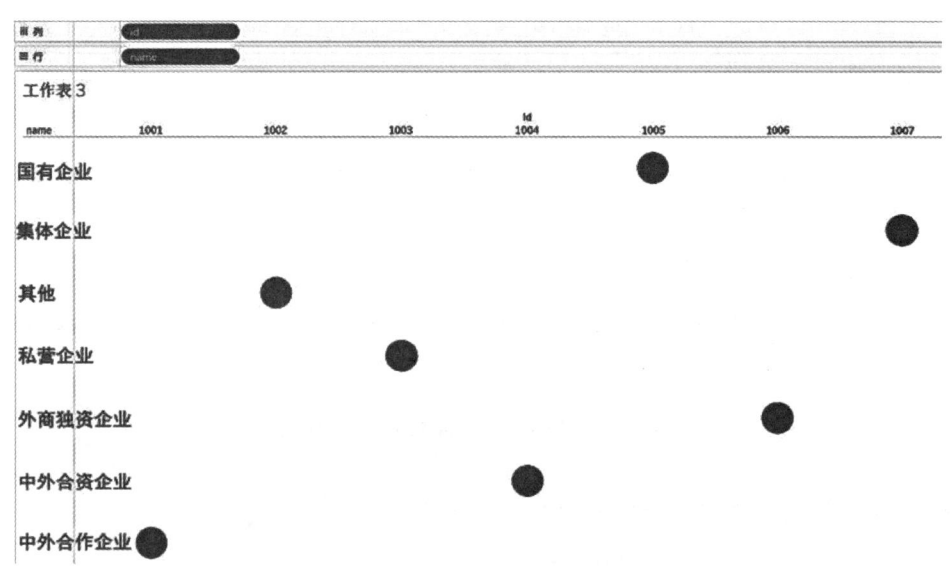

图 7-5-1　展示企业类型 enterprisenature.txt 数据

(2) 展示省级行政区代码 cux_administration_region.txt 数据,如图 7-5-2 所示;

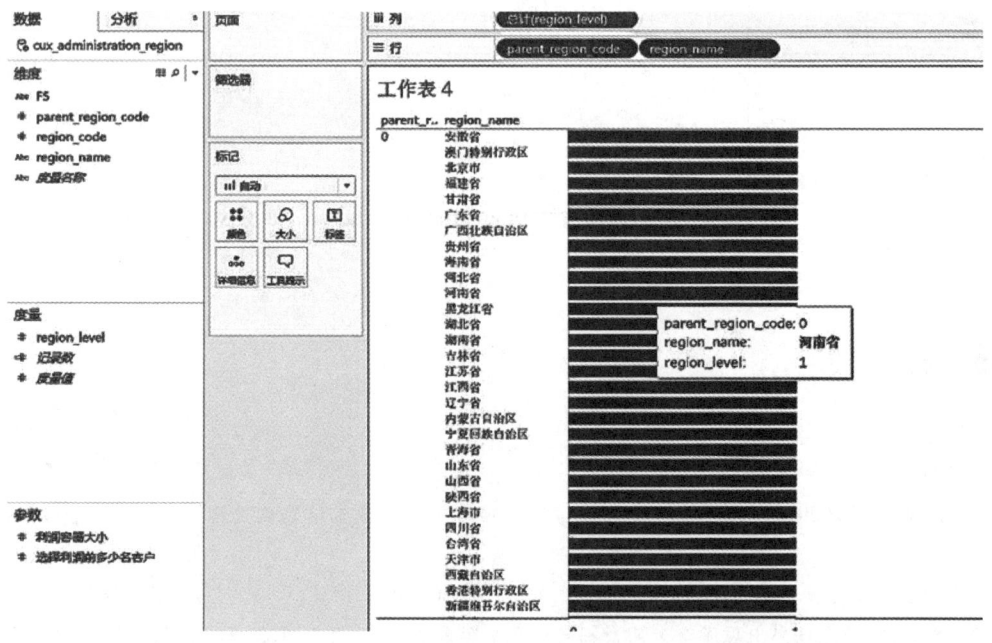

图 7-5-2　展示省级行政区代码 cux_administration_region.txt 数据

（3）展示贸易方式 modeoftrans.txt 数据，如图 7-5-3 所示；

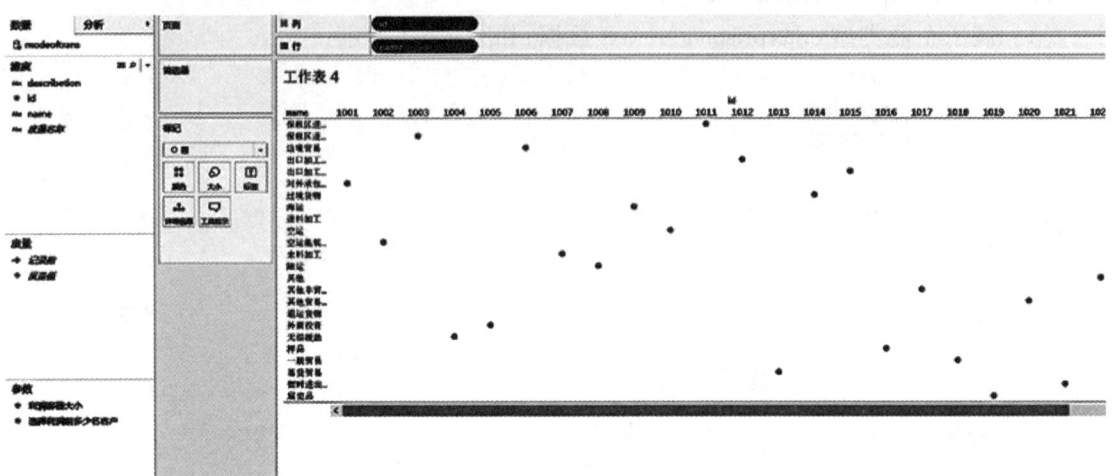

图 7-5-3　展示贸易方式 modeoftrans.txt 数据

（4）展示运输方式 modeoftransportation.txt 数据，如图 7-5-4 所示。

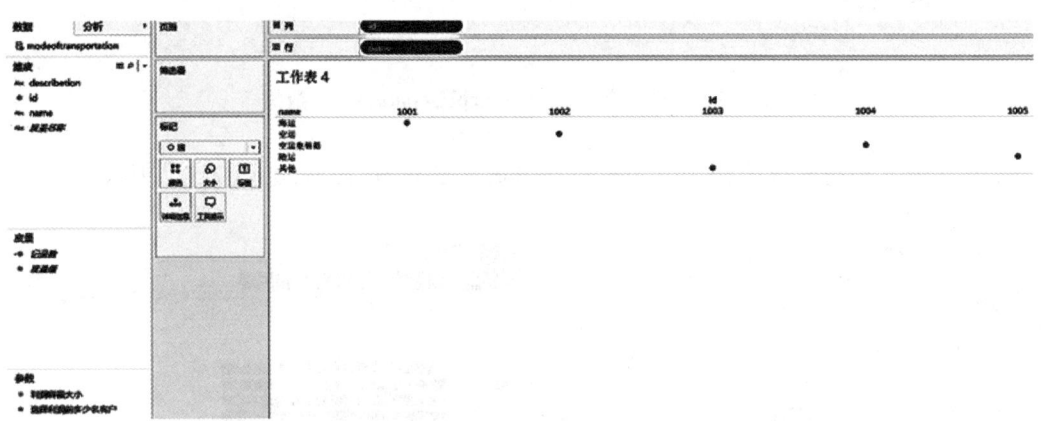

图 7-5-4　展示运输方式 modeoftransportation.txt 数据

7.6　课后习题

1. 选择题

（1）据 WardMO（2010）的研究，超过（　　）的人脑功能用于视觉信息的处理，视觉信息处理是人脑的最主要功能之一。

　　A. 30%　　　　　　　B. 50%　　　　　　　C. 70%　　　　　　　D. 40%

（2）当前，市场上已经出现了众多的数据可视化软件和工具，以下不是数据可视化工具的是（　　）。

　　A. Tableau　　　　　　　　　　　　　　B. Datawatch

C. Platfora D. Photoshop
（3）从宏观角度看，数据可视化的功能不包括（　　）。
A. 信息记录 B. 信息的推理分析
C. 信息清洗 D. 信息传播

2. **填空题**

（1）数据可视化与_____、_____、_____以及_____密切相关。

（2）数据可视化技术包含_____、_____、_____基本概念。

3. **简答题**

（1）什么是数据可视化？

（2）常用的数据可视化工具有哪些？

参考文献

[1] William H. Inmon. 数据仓库[M]. 机械工业出版社,2006.
[2] 李春葆,等. 数据仓库与数据挖掘实践[M]. 北京:电子工业出版社,2014.
[3] Jiawei Han, Micheline Kamber, Jian Pei,等. 数据挖掘概念与技术[M]. 北京:机械工业出版社,2012.
[4] Pang-Ning Tan, Michael Steinbach, Vipin Kumar,等. 数据挖掘导论[M]. 北京:人民邮电出版社,2006.